U0260611

智能科学技术著作丛书

# 生物地理学优化算法及应用

郑宇军　陈胜勇　张敏霞　著

科学出版社
北　京

# 内 容 简 介

　　生物地理学优化算法是一种新兴的智能优化算法。本书系统介绍了生物地理学优化算法的研究进展与典型应用,主要内容包括基础算法与国内外研究现状、对基础算法的重要改进、与其他启发式算法的融合,以及算法在交通运输、作业调度、图像处理和神经网络训练等领域的应用。

　　本书可供智能计算领域的科研人员和工程技术人员使用,也可作为计算机科学、人工智能、自动化和管理科学等专业的教师和学生的参考书。

**图书在版编目(CIP)数据**

生物地理学优化算法及应用/郑宇军,陈胜勇,张敏霞著. —北京:科学出版社,2016
　(智能科学技术著作丛书)
　ISBN 978-7-03-047540-4

　Ⅰ.①生… Ⅱ.①郑…②陈…③张… Ⅲ.①生物地理学-最优化算法-研究 Ⅳ.①TP301.6

中国版本图书馆 CIP 数据核字(2016)第 044371 号

责任编辑:朱英彪　乔丽维 / 责任校对:胡小洁
责任印制:张　倩 / 封面设计:陈　敬

科 学 出 版 社　出版
北京东黄城根北街 16 号
邮政编码:100717
http://www.sciencep.com
文林印务有限公司 印刷
科学出版社发行　各地新华书店经销
＊

2016 年 6 月第　一　版　　开本:720×1000 1/16
2016 年 6 月第一次印刷　　印张:16
　　　　　　　字数:320 000
定价:98.00 元
(如有印装质量问题,我社负责调换)

# 《智能科学技术著作丛书》序

"智能"是"信息"的精彩结晶,"智能科学技术"是"信息科学技术"的辉煌篇章,"智能化"是"信息化"发展的新动向、新阶段。

"智能科学技术"(intelligence science&technology,IST)是关于"广义智能"的理论方法和应用技术的综合性科学技术领域,其研究对象包括:

 • "自然智能"(natural intelligence,NI),包括"人的智能"(human intelligence,HI)及其他"生物智能"(biological intelligence,BI)。

 • "人工智能"(artificial intelligence,AI),包括"机器智能"(machine intelligence,MI)与"智能机器"(intelligent machine,IM)。

 • "集成智能"(integrated intelligence,II),即"人的智能"与"机器智能"人机互补的集成智能。

 • "协同智能"(cooperative intelligence,CI),指"个体智能"相互协调共生的群体协同智能。

 • "分布智能"(distributed intelligence,DI),如广域信息网、分散大系统的分布式智能。

"人工智能"学科自1956年诞生以来,在起伏、曲折的科学征途上不断前进、发展,从狭义人工智能走向广义人工智能,从个体人工智能到群体人工智能,从集中式人工智能到分布式人工智能,在理论方法研究和应用技术开发方面都取得了重大进展。如果说当年"人工智能"学科的诞生是生物科学技术与信息科学技术、系统科学技术的一次成功的结合,那么可以认为,现在"智能科学技术"领域的兴起是在信息化、网络化时代又一次新的多学科交融。

1981年,"中国人工智能学会"(Chinese Association for Artificial Intelligence,CAAI)正式成立,25年来,从艰苦创业到成长壮大,从学习跟踪到自主研发,团结我国广大学者,在"人工智能"的研究开发及应用方面取得了显著的进展,促进了"智能科学技术"的发展。在华夏文化与东方哲学影响下,我国智能科学技术的研究、开发及应用,在学术思想与科学方法上,具有综合性、整体性、协调性的特色,在理论方法研究与应用技术开发方面,取得了具有创新性、开拓性的成果。"智能化"已成为当前新技术、新产品的发展方向和显著标志。

为了适时总结、交流、宣传我国学者在"智能科学技术"领域的研究开发及应用成果,中国人工智能学会与科学出版社合作编辑出版《智能科学技术著作丛书》。需要强调的是,这套丛书将优先出版那些有助于将科学技术转化为生产力以及对社会和国民经济建设有重大作用和应用前景的著作。

我们相信,有广大智能科学技术工作者的积极参与和大力支持,以及编委们的共同努力,《智能科学技术著作丛书》将为繁荣我国智能科学技术事业、增强自主创新能力、建设创新型国家做出应有的贡献。

祝《智能科学技术著作丛书》出版,特赋贺诗一首:

智能科技领域广
人机集成智能强
群体智能协同好
智能创新更辉煌

涂序彦

中国人工智能学会荣誉理事长

2005 年 12 月 18 日

# 前　言

　　自然启发算法是通过模拟和借鉴自然界的机理来求解现实工程问题的计算方法,它起源于 20 世纪 50 年代,并随着 1975 年遗传算法的提出而引起了广泛的关注。近 20 年来,已经涌现出一系列新兴的自然启发算法,其性能表现更加优越,应用范围也日益扩展,目前已成为人工智能领域的研究热点。

　　2008 年,学者 Simon 在 *IEEE Transactions on Evolutionary Computation* 上提出了一种名为生物地理学优化(biogeography-based optimization,BBO)的新型启发式算法。该算法将问题的候选解模拟为生物地理学中的栖息地,巧妙地运用栖息地之间的物种迁移规律来搜索问题的最优解,在大量实际优化问题上表现出优异的性能,在学术界和工业界引起了广泛的研究兴趣。

　　本书作者及所在的课题组长期从事自然启发算法与应用的研究。我们从 2010 年开始关注 BBO 算法,针对算法的改进、与其他启发式算法的融合以及算法的工程应用开展了深入研究,在 *Computers & Operations Research*、*IEEE Transactions on Evolutionary Computation*、*IEEE Transactions on Fuzzy Systems*、*IEEE Transactions on Intelligent Systems* 等国际知名期刊上发表了多篇论文,其中包括提出了一种 BBO 算法的重大改进——生态地理学优化算法(ecogeography-based optimization,EBO),并将该算法应用于灾难救援中的工程维修任务调度,取得了良好的实际效果,这一成果获得了 2014 年国际运筹学联合会颁发的"国际运筹学进展奖"(IFORS Prize for Development)第二名(Runner-Up)。

　　本书系统介绍了 BBO 的基础算法和当前的研究进展,重点介绍了我们对 BBO 算法的改进、扩展与应用成果。全书共 9 章,第 1 章介绍优化问题和优化算法的基本概念,第 2 章介绍生物地理学优化的基础算法及当前的研究进展,第 3 章和第 4 章分别介绍我们对基础生物地理学优化算法的两个重要改进,第 5 章介绍生物地理学优化与其他启发式算法的融合,第 6~9 章分别介绍算法在交通运输、作业调度、图像处理和神经网络训练 4 个典型领域的应用。本书附录部分提供了几种主要 BBO 算法的 Matlab 程序代码。

　　本书可供智能计算领域的科研人员和工程技术人员使用,也可作为计算机科学、人工智能、自动化和管理科学等专业的教师和学生的参考书。

　　本书 1~5 章和第 7 章由郑宇军编写,第 6 章由张敏霞编写,第 8 章和第 9 章由陈胜勇编写,全书由郑宇军统稿。张蓓、吴晓蓓和张杰峰等研究生也承担了部分文字整理和程序调试的工作。

借本书出版之际，衷心感谢中国科学院数学与系统科学研究院的袁亚湘老师、胡晓东老师和刘克老师，北京大学的谭营老师，西交利物浦大学的史玉回老师，绍兴文理学院的马海平老师，以及浙江工业大学的王万良老师、范菁老师、朱艺华老师和沈国江老师等给予的关心、指导和帮助。本书出版得到了国家自然科学基金（编号：61325019、61473263）和浙江工业大学专著与研究生教材出版基金（编号：20150104）的资助，在此表示感谢。

限于作者水平，书中难免存在不妥或需进一步改进之处，恳请读者提出宝贵意见和建议。

作　者

2016 年 1 月

# 目　　录

# 第 1 章　优化问题与算法

优化问题贯穿于人类活动的所有方面。从原始人狩猎的分工协作,到农业生产中的精耕细作,再到工业生产中的作业调度;从家庭餐桌上的营养搭配,到单位的组织分工,乃至国家政策的制定与实施,无不体现着优化的思想。早期的优化主要依赖于经验分析,随着知识水平的提高,人们开始更多地使用精确的数学方法来描述和求解优化问题。自 20 世纪以来,飞速发展的电子计算机技术和人工智能技术为优化提供了全新的手段,使得人们能够有效应对很多以往无法解决的复杂优化问题,极大地促进了社会的进步和发展。

在优化问题的研究过程中,科学家常常能够从大自然中得到启迪,因为大自然本身就是一个"优化大师"。例如,在物种的进化过程中,不适应环境的基因逐步被淘汰,适应环境的基因更有可能被保留下来,并通过优化组合来进一步提高物种的竞争力;以此为启发,Holland 提出了遗传算法(genetic algorithms,GA)[1]来求解优化问题。金属物体在降温的过程中,其每一个分子都会尽可能地向能量最低状态演化,最终使得所有分子的排列由无序转为有序;以此为启发,Kirkpatrick 等提出了模拟退火(simulated annealing,SA)算法[2]。一只蚂蚁的能力微乎其微,蚁群却能够以一种奇妙的方式将蚂蚁组织起来,高效地协同完成觅食、筑巢和搬家等复杂任务,从而顽强地在自然界中生存下来;以此为启发,Dorigo 等提出了蚁群优化(ant colony optimization,ACO)算法[3]。类似地,通过模拟鸟类集群的飞行模式,Kennedy 和 Eberhart 提出了粒子群优化(particle swarm optimization,PSO)算法[4]。通过模拟蜂群的自组织模式,Karaboga 提出了人工蜂群(artificial bee colony,ABC)算法[5]。此外,还涌现出差分进化(differential evolution,DE)[6]、和声搜索(harmony search,HS)[7]、杂草入侵优化(invasive weed optimization,IWO)[8]和布谷鸟搜索(cuckoo search,CS)[9]等启发式算法。

在近年来出现的新型启发式算法中,一种名为生物地理学优化(biogeography-based optimization,BBO)[10]的算法取得了很大的成功。该算法是通过模拟生物地理学(Biogeography)中栖息地之间的物种迁移过程来求解优化问题,它不仅有着良好的模型基础,而且机制简单、性能优越,在短短几年内吸引了大量的研究者,并被应用于广泛的工程优化问题。

本章首先介绍优化问题的基本概念,然后介绍求解优化问题的一些传统精确算法,最后介绍 GA、SA 等几种典型的启发式算法。从第 2 章开始将逐步介绍BBO 算法及其应用。

# 1.1 优化问题

通俗地说,优化问题就是要在众多的方案(解)中找出一个最优的方案(解)。如何知道一个解优于另一个解呢?这是通过问题的目标函数来评判的。假设问题是要找到使目标函数值最小的一个解,那么可采用如下的一般形式来刻画问题:

$$\min f(\boldsymbol{x})$$
$$\text{s. t. } \boldsymbol{g}(\boldsymbol{x}) \geqslant 0 \qquad\qquad (1.1)$$
$$\boldsymbol{x} \in D$$

其中,$f$ 为目标函数;$\boldsymbol{x}$ 为决策变量(可以是一个值,但更多情况下是多个值组成的一个向量);$D$ 为定义域;$\boldsymbol{g}$ 为约束函数集(可包含一个或多个约束函数)。求目标函数最大值的问题可以对称地转换为求最小值的形式;等式或其他形式的不等式约束也都可以转换为 $\geqslant$ 不等式约束的形式。如果约束函数的个数为 0,通常称为无约束优化问题,否则称为约束优化问题。

根据问题定义域 $D$(也叫解空间)的分布情况,优化问题可以分为连续优化问题和组合优化问题两大类。

## 1.1.1 连续优化问题

顾名思义,连续优化问题是指解空间连续分布的优化问题。首先,最常见的一种就是求某个实函数在指定区间内的最优值,例如:

$$\min 4x^3 + 15x^2 - 18x$$
$$\text{s. t. } -1 \leqslant x \leqslant 1 \qquad\qquad (1.2)$$

该问题是一个一维优化问题,即只有一个决策变量。下面看一个多维的、目标函数也更为复杂的问题:

$$\min \sum_{i=1}^{n} \Big( \sum_{k=0}^{20} \big[ 0.5^k \cos(3^k \pi x_i + 0.5) + \sin(5^k \pi x_i) \big] \Big)$$
$$\text{s. t. } -100 \leqslant x_i \leqslant 100, \quad i = 1, 2, \cdots, n \qquad\qquad (1.3)$$

其中,$n$ 表示问题的维数。显然,维数越高,解空间越庞大,搜索起来也就越困难。

再举一个约束连续优化问题的例子。设某人每天至少需要 100 克碳水化合物和 75 克蛋白质的营养,但摄入脂肪量不宜超过 90 克,现只有两种食物 A 和 B 可选,它们的单价分别是 12 元/千克和 16 元/千克,每千克食物中含有的营养成分如表 1-1 所示。问这两种食物各选择多少,能在保证营养需要的前提下使花费最少?

**表 1-1　食物营养成分表**(克)

| 成分<br>食物 | 碳水化合物 | 蛋白质 | 脂肪 |
|---|---|---|---|
| A | 125 | 60 | 60 |
| B | 100 | 120 | 72 |

令选择食物 A 和 B 的量分别为 $x_1$ 千克和 $x_2$ 千克,根据总花费最小的目标和营养需求的约束,该问题可表述为如下形式:

$$\min 12x_1 + 16x_2$$
$$\text{s. t.}\ \ 125x_1 + 100x_2 \geqslant 100$$
$$60x_1 + 120x_2 \geqslant 75 \tag{1.4}$$
$$60x_1 + 72x_2 \leqslant 90$$
$$x_1 \geqslant 0, x_2 \geqslant 0$$

最后看一个传感器网络的例子。如图 1-1 所示,网络中要增加一个新的传感器 S,它需要和已有的传感器 A、B、C 进行通信,表 1-2 给出了 3 个传感器的坐标位置以及它们每日与 S 通信的时长。图中,圆心在 $(18,25)$、半径为 5 的阴影部分表示一个水塘,不能在其中放置传感器。在距离 $d$ 上通信 1 小时的能耗为 $2d^{1.6}$。问如何选择传感器 S 的位置,可使得每日的总能耗最小。

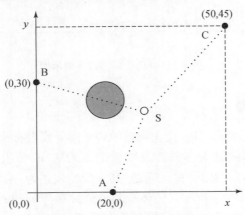

图 1-1　传感器放置问题示意图

**表 1-2　传感器坐标和预期通信时长**

| 传感器 | 坐标 | 通信时长/小时 |
|---|---|---|
| A | $(20,0)$ | 2.5 |
| B | $(0,30)$ | 3.5 |
| C | $(50,45)$ | 3 |

令传感器 S 放置的坐标为 $(x,y)$，问题的目标函数就是它与其余 3 个传感器的通信能耗之和，约束条件是它不能位于阴影部分，故该问题可表述为如下形式：

$$\min 5 \left(\sqrt{(x-20)^2+y^2}\right)^{1.6} + 7 \left(\sqrt{x^2+(y-30)^2}\right)^{1.6}$$
$$+ 6 \left(\sqrt{(x-50)^2+(y-45)^2}\right)^{1.6}$$
$$\text{s. t.} \quad (x-18)^2+(y-25)^2 \geqslant 25 \tag{1.5}$$
$$0 \leqslant x \leqslant 50, \quad 0 \leqslant y \leqslant 45$$

对于很多连续优化问题特别是复杂函数优化问题，一个求解的难点在于局部最优解的存在。局部最优解指在一个区域范围内取得最优值的解，但它并不一定是整个解空间内的最优解，后者称为全局最优解。图 1-2 就给出了一个一维连续优化问题局部最优点的示例。很多算法往往只能求得局部最优解而非全局最优解，有的局部最优解和全局最优解相差不大，而有的局部最优解可能远不如全局最优解，后者是我们应当尽量避免的情况。

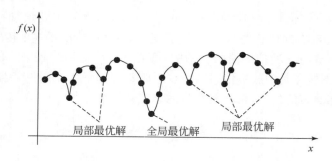

图 1-2　全局和局部最优解示例

## 1.1.2　组合优化问题

和连续优化问题不同，组合优化问题的解空间是离散分布的。之所以称为"组合优化"，是因为这类问题大多都涉及离散个体的选择、分组或排列。著名的 0-1 背包问题就是一个典型的组合优化问题，其一般性表述为：给定一个容积为 $b$ 的背包以及 $n$ 个物品，其中第 $i$ 个物品的体积和价值分别为 $a_i$ 和 $c_i$，问如何装包才能使得背包中物品的总价值最大？该问题的数学模型可表述为如下形式：

$$\max \sum_{i=1}^{n} c_i x_i$$
$$\text{s. t.} \quad \sum_{i=1}^{n} a_i x_i \leqslant b \tag{1.6}$$
$$x_i \in \{0,1\}, \quad i=1,2,\cdots,n$$

式中,$x_i = 1$ 表示把第 $i$ 个物品装入背包,$x_i = 0$ 表示不装。如果把目标函数值取反,就可以把 max 改写为 min 的形式。显然,该问题的定义域 $D = \{0, 1\}^n$ 是离散的,该定义域上的优化问题统称为 0-1 规划问题。

对 0-1 背包问题进行扩展,考虑 $n$ 种物品,每种物品可选多个,则问题模型变为

$$\max \sum_{i=1}^{n} c_i x_i$$
$$\text{s. t.} \quad \sum_{i=1}^{n} a_i x_i \leqslant b \qquad\qquad (1.7)$$
$$x_i \in \mathbb{Z}^+, \quad i = 1, 2, \cdots, n$$

即每个决策变量的定义域为整数,这样的优化问题统称为整数规划问题。

背包问题是一个关于"选择"的组合优化问题。再来看一个关于"排列"的组合优化问题——旅行商问题(traveling salesman problem,TSP)。设一个商人去 $n$ 个城市推销商品,其中任意两个城市 $i$ 和 $j$ 之间的距离记为 $d_{ij}$。他需要从一个城市出发遍历 $n$ 个城市并回到起点城市,且除起点之外的每个城市只访问一次。旅行商问题就是要找到这样一条路径,使得该商人所走的总距离最短。图 1-3 给出了一个包含 5 个城市的旅行商问题实例,其中左侧为城市连接示意图,右侧为各城市间距离的矩阵。

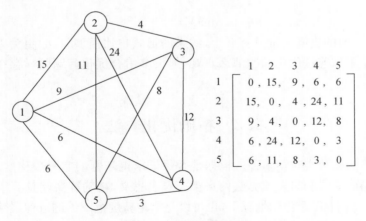

图 1-3  旅行商问题示例

旅行商问题可以采用 0-1 规划模型来表述,此时共有 $n(n-1)$ 个决策变量,每个变量 $x_{ij} = 1$ 表示在路径中包含从城市 $i$ 和城市 $j$ 之间的边(即在访问完城市 $i$ 后访问城市 $j$),否则 $x_{ij} = 0$。这样的模型表示为

$$\min \sum_{i=1}^{n} d_{ij}x_{ij}$$

$$\text{s.t.} \quad \sum_{i=1}^{n} x_{ij} = 1, \quad j = 1,2,\cdots,n$$

$$\sum_{j=1}^{n} x_{ij} = 1, \quad i = 1,2,\cdots,n \qquad (1.8)$$

$$\sum_{i,j \in S} x_{ij} \leqslant |S| - 1, \quad 2 \leqslant |S| \leqslant n-2; S \subset \{1,2,\cdots,n\}$$

$$x_{ij} \in \{0,1\}, \quad i,j = 1,2,\cdots,n; i \neq j$$

其中,第一条约束(实际包含 $n$ 项)表示路径进入每个城市恰好一次;第二条约束表示路径离开每个城市恰好一次;第三条约束表示在任何包含 2 到 $(n-2)$ 个城市的真子集 $S$ 中都不存在回路。

上述旅行商问题的 0-1 规划模型约束较多。采用不同的集合和函数等符号,同一问题可以有多种不同的模型表述。注意到旅行商问题的每一个解都是所有城市的一个排列,令 $V = \{1,2,\cdots,n\}$,perms$(V)$ 表示集合 $V$ 的所有全排列的集合,$x[i]$ 表示排列 $x$ 中的第 $i$ 个元素,则问题可以采用如下的(无约束)优化模型来表述:

$$\min \sum_{i=1}^{n-1} d_{x[i]x[i+1]} + d_{x[n]x[1]}$$

$$\text{s.t.} \quad x \in \text{perms}(V) \qquad (1.9)$$

模型(1.9)的决策变量只有 $n$ 个,约束的形式也比模型(1.8)更为直观。尽管其物理表示不像连续优化问题那么直观,但很多组合优化问题同样存在局部最优解的情况。

## 1.2　精确优化算法

优化算法的分类有很多种。根据是否保证求得问题的实际最优解,优化算法可以分为精确算法和启发式算法两大类。顾名思义,精确算法就是要求得问题的最优解(在误差不可避免的情况下,也可以是指定精度范围内的近似最优解),但它通常对问题的性质和规模有一定的要求。下面就来介绍几种典型的精确优化算法。

### 1.2.1　基于导数的方法

对于某些优化问题,其目标函数的导数性质能够为问题求解提供很大的帮助。特别地,对于一维实数区间上的连续优化问题,如果其目标函数具有一阶连续偏导数,则函数极值点上的导数值为 0。例如,对于式(1.2)描述的连续优化问题,其目标函数的导数 $f'(x) = 12x^2 + 30x - 18 = 6(2x-1)(x+3)$,在指定区间内 $x=0.5$ 处导数为 0,可验证该点函数值 $f(0.5) = -4.75$ 为最小值,这样就直接求解了问题。

但对于更为复杂的目标函数,特别是高维实数空间上的连续优化问题,其导数方程常常难以求解,此时可采用其他基于导数的迭代搜索法来求解。经典的牛顿法就是这样一种方法,其基本原理是在极小点附近用二阶 Taylor 多项式来对目标函数进行近似,进而求出极小点的估计值。以一维问题为例,牛顿法的基本计算步骤如下(其中,$\varepsilon$ 为允许误差)。

---

**算法 1.1 牛顿法**

步骤 1  取初始点 $x^{(0)}$,令 $k = 0$。

步骤 2  对当前点 $x^{(k)}$ 计算偏导数,若 $|f'(x^{(k)})| < \varepsilon$,则返回 $x^{(k)}$ 作为极小点。

步骤 3  否则,采用下式计算 $x^{(k+1)}$,令 $k = k+1$ 并转步骤 2。

$$x^{(k+1)} = x^{(k)} - \frac{f'(x^{(k)})}{f''(x^{(k)})} \tag{1.10}$$

---

牛顿法也可以推广用于高维问题,此时 $\boldsymbol{x}$ 是一个向量,而式(1.10)需要替换为式(1.11),其中,$\nabla^2 f(\boldsymbol{x}(k))^{-1}$ 是 Hesse 矩阵 $\nabla^2 f(\boldsymbol{x}^{(k)})$ 的逆矩阵。

$$\boldsymbol{x}^{(k+1)} = \boldsymbol{x}^{(k)} - \nabla^2 f(\boldsymbol{x}^{(k)})^{-1} \nabla f(\boldsymbol{x}^{(k)}) \tag{1.11}$$

另一种常用的基于导数的搜索方法叫做最速下降法,其思路就是从某点出发,每次选择目标函数值下降最快的方向进行迭代搜索。该方法的基本计算步骤如下。

---

**算法 1.2 最速下降法**

步骤 1  取初始点 $\boldsymbol{x}^{(0)}$,令 $k=0$。

步骤 2  对当前点 $\boldsymbol{x}^{(k)}$ 计算搜索方向 $\boldsymbol{d}^{(k)} = -\nabla f(\boldsymbol{x}^{(k)})$。

步骤 3  若 $|\boldsymbol{d}^{(k)}| < \varepsilon$,则返回 $\boldsymbol{x}^{(k)}$ 作为极小点。

步骤 4  否则,从 $\boldsymbol{x}^{(k)}$ 出发沿 $\boldsymbol{d}^{(k)}$ 方向进行一维搜索,求满足下式的 $\lambda^{(k)}$:

$$f(\boldsymbol{x}^{(k)} + \lambda^{(k)} \boldsymbol{d}^{(k)}) = \min_{\lambda \geqslant 0} f(\boldsymbol{x}^{(k)} + \lambda \boldsymbol{d}^{(k)}) \tag{1.12}$$

步骤 5  令 $\boldsymbol{x}^{(k+1)} = \boldsymbol{x}^{(k)} + \lambda^{(k)} \boldsymbol{d}^{(k)}$,$k=k+1$,转步骤 2。

---

基于导数的方法要求目标函数可导,牛顿法还要求目标函数二阶可导,因此很多函数(如式(1.3)中的目标函数)都不符合。

### 1.2.2　线性规划法

对于实数空间上的连续优化问题,如果目标函数和约束函数都是线性的,则称为线性规划问题,否则称为非线性规划问题。例如,式(1.4)描述的问题就是一个线性规划问题,而式(1.5)对应的是非线性规划问题。一般的线性规划问题总是可以用式(1.13)所示的标准模型来刻画(其中,$c$ 是一个 $n$ 维行向量,$b$ 是一个 $m$ 维行向量,$A$ 是一个 $m \times n$ 型矩阵):

$$\min \ cx$$
$$\text{s. t.} \ \ Ax = b \tag{1.13}$$
$$x \geqslant 0$$

线性规划问题有一个很好的特征,就是它的可行域是凸集(为空集时无解)。以式(1.4)为例,其各项约束条件构成了一个如图 1-4 所示的凸多边形,可行域的范围用阴影部分表示。要求得 $12x_1 + 16x_2$ 的最小值,可以绘制等高线 $12x_1 + 16x_2 = K$,当平移等高线经过凸多边形的顶点 $(0.5, 0.375)$ 时,目标函数值取最小值 12,这就是该问题的最优解。

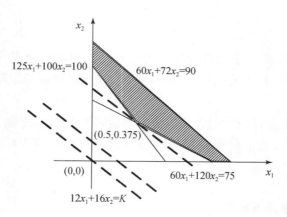

图 1-4　线性规划问题(1.13)的几何图解示意

推广到高维问题,可知一般线性规划问题的最优解总是可以在其可行域凸集的顶点上取得。求解线性规划问题最常用的方法是单纯形法[11],其基本思想是先找到凸集上的一个顶点,然后不断地从一个顶点转到另一个更优的顶点,直至无法改进。对于式(1.13)所示的线性规划标准模型,单纯形法的基本计算步骤如下。

---

**算法 1.3　单纯形法**

**步骤 1**　将 $A$ 分解为 $[B, N]$,其中 $B$ 是 $m$ 阶可逆矩阵(各向量线性无关),称为基。

步骤 2 按下式求得问题的一个基本可行解 $x$,并计算其目标函数值 $f(x)$。

$$x = \begin{bmatrix} B^{-1} b \\ 0 \end{bmatrix} \tag{1.14}$$

步骤 3 检验当前解是否为最优解。对所有非基变量,设其下标集为 $R$,对其中每个下标 $j$,记 $p_j$ 为 $N$ 中对应的列向量,$c_j$ 和 $x_j$ 分别为对应的系数和自变量,按下式选取一个下标 $k$:

$$c_B B^{-1} p_k - c_k = \max_{j \in R}\{c_B B^{-1} p_j - c_j\} \tag{1.15}$$

如果 $c_B B^{-1} p_k - c_k \leqslant 0$,则当前解为最优解,算法结束。

步骤 4 若 $A_k$ 的每个分量均非正数,则问题有无穷多个最优解,算法结束。

步骤 5 在 $A_k$ 为正的分量中,选择对应 $b_r/A_{kr}$ 值最小的一个下标 $r$,将 $r$ 和 $k$ 所对应的变量互换,从而转换顶点并得到新的基 $B$,转步骤 2。

线性规划法的使用范围也很有限,因为它要求目标函数是线性的,而实际应用中大多数问题的目标函数都是非线性的。

### 1.2.3 分支限界法

对于组合优化问题,最直接的解法就是依次考察其离散解空间中的每个解,最后取所有解中最优的一个,故称为穷举法或蛮力法。分支限界法是对穷举法的一种改进,其基本思想是:在算法已考察过的解中最好的目标函数值为 $f_c$,在搜索新解时,若能提前判断新解的目标函数值肯定不会比 $f_c$ 更优,那么可放弃当前的搜索方向,形象地说就是把当前搜索方向的后续可扩展部分"剪去",称为分支限界法。

以图 1-3 所示的旅行商问题为例,设已考察了回路 1-2-3-5-4-1 的长度为 36,则之后搜索新解时,只要部分路径(如 1-2-4)的长度超过 36 就可以放弃。有时还可考虑更好的部分路径估值方法,例如令城市间距离的最小值为 $\delta$,只要当前搜索的部分路径长度加上 $\delta$ 不小于 $f_c$ 就可以进行剪枝。设已考察了回路 1-3-2-5-4-1 的长度为 33,而路径 1-4-2 的长度已经为 30,且 $\delta = 3$,因此所有包含该路径的回路都无需再予以考虑。图 1-5 描述了该问题实例的分支限界求解方法。

求解旅行商问题的分支限界算法步骤如下。

---

**算法 1.4 旅行商问题的分支限界算法**

步骤 1 创建两个列表 L1 和 L2,任选一个出发城市并将其加入 L1 中,设置当前最优目标函数值 $f_c = +\infty$。

步骤 2 从 L1 中取出一个部分路径 $p$,设 $p$ 中已包含 $k$ 个城市,那么分别将剩余 $(n-k)$ 个城市加到 $p$ 最后,可得到 $(n-k)$ 条新路径,对它们分别执行如下操作:

步骤 2.1 若新路径包含 $(n-1)$ 个城市,则将最后一个城市到出发城市的

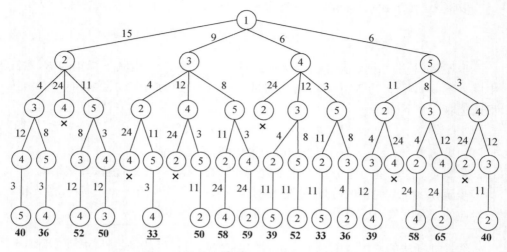

图 1-5　旅行商问题的分支限界求解示意图

长度也计入路径长度 $f(p')$，将构成的回路加入列表 L2，并更新 $f_c = \min(f_c, f(p'))$。

　　步骤 2.2　若 $f(p')+\delta > f_c$，则放弃新路径。

　　步骤 2.3　否则将新路径 $p'$ 加入列表 L1。

　　步骤 3　若列表 L1 为空，返回当前已找到的最佳回路；否则，转步骤 2。

　　穷举法及其改进方法只适用于小规模的组合优化问题，面对大规模组合"爆炸"时，算法的运行时间是无法承受的。例如，假设在某台计算机上用穷举法求解一个包含 5 个城市的旅行商问题需要 1 毫秒，即处理器在 0.001 秒内能够计算 $5! = 120$ 条回路，那么求解 10 个城市的问题（包含 $10! = 3628800$ 条回路）至少需要 30.24 秒的时间，求解 20 个城市的问题（包含 $20! \approx 2.4 \times 10^{18}$ 条回路）则需要大约 $6.4 \times 10^6$ 年。分支限界法只是部分改进了穷举法的效率，不能从根本上解决组合"爆炸"的问题。

### 1.2.4　动态规划法

　　一些组合优化问题可以分解为多个较小的子问题，并且可以在子问题最优解的基础上得到原问题的最优解。由于问题分解过程中可能会产生多个重复的子问题，那么可以在首次遇到这样的子问题时进行求解并记录结果，而在以后遇到相同的子问题直接读取结果，从而提高求解效率，这就是动态规划法的基本思想。

　　以式（1.6）所描述的 0-1 背包问题为例，令 $P(b,n)$ 表示容积为 $b$、物品数量为 $n$ 时背包中可装入的物品最大总价值。分析第 $n$ 件物品，有如下两种情况。

(1)如果其体积 $a_n$ 不大于 $b$，那么有两种选择：①将其装入背包，此时取得收益为 $c_n$，剩余物品可取得的最大收益为 $P(b-a_n,n-1)$；②不将其装入背包，此时收益为 0，剩余物品可取得的最大收益为 $P(b_n,n-1)$。

(2)如果其体积 $a_n$ 大于 $b$，显然只用考虑剩余的 $n-1$ 件物品，所以，$P(b,n)=P(b,n-1)$。

由此可得如下的递归表达式：

$$P(b,n)=\begin{cases}\max(P(b,n-1),P(b-a_n,n-1)+c_n),&a_n\leqslant b\\P(b,n-1),&a_n>b\end{cases}\quad(1.16)$$

那么可从最简单的子问题 $P(0,j)=0$ 和 $P(i,0)=0$ 出发，依次在 $P(i,j-1)$ 和 $P(i-a_j,j-1)$ 的基础上计算出 $P(i,j)$，其中 $0\leqslant i\leqslant b,0\leqslant j\leqslant n$，最终得到 $P(b,n)$。这种求解 0-1 背包问题的算法步骤如下。

---

**算法 1.5　0-1 背包问题的动态规划算法**

步骤 1　创建一个 $(b+1)\times(n+1)$ 型矩阵 $\boldsymbol{P}$，初始化首行元素 $P(0,j)$ 和首列元素 $P(i,0)$ 均为 0，其中 $0\leqslant i\leqslant b,0\leqslant j\leqslant n$（这里假定矩阵首行和首列的下标均为 0）。

步骤 2　对 $[1,b]$ 内的每个 $i$、$[1,n]$ 内的每个 $j$ 依次执行如下步骤：

步骤 2.1　若 $c_j\leqslant i$，设置 $P(i,j)=\max(P(i,j-1),P(i-a_j,j-1)+c_j)$。

步骤 2.2　否则设置 $P(i,j)=P(i,j-1)$。

步骤 3　返回 $P(b,n)$，即为问题的最优目标函数值。

---

动态规划法要求问题同时具有重叠和最优子问题特征，这对于大部分组合优化问题是不满足的。例如，对于旅行商问题，最短回路中的部分路径通常都不是两点间的最短路径。

## 1.3　启发式算法

正如前面介绍的，几乎每种精确优化算法都有其严苛的适用条件或范围。本节介绍的启发式算法采用了与精确优化完全不同的思想来求解优化问题。绝大多数启发式算法都具有如下特点。

(1)模拟和借鉴自然界的内在优化机制来求解优化问题。

(2)对问题的特征没有特殊要求，适用于广泛类型的优化问题。

(3)不保证求得问题的最优解，但对于小规模问题极有可能求得最优解，对于大规模问题则能够在可接受的时间内求得一个满意解。

下面就来介绍几种流行的启发式算法。

### 1.3.1　遗传算法

遗传算法的基本思想来源于达尔文的进化论和孟德尔的遗传学说。根据遗传学说,个体的基本特征由染色体决定,而染色体由一组基因组成,每个不同的基因控制着个体的不同特性,并在很大程度上决定了个体对环境的适应性。按照进化论的观点,在不断进化的过程中,个体的基本特征能够被后代所继承,其中那些更能适应环境的特征更有可能保留下来;后代中也有可能产生一些新的适应环境的变化,而不适应环境的个体将逐渐被淘汰,这就是"适者生存"的原理。

求解组合优化问题时,遗传算法[1]将问题的每个解视为一个染色体,将解的每个要素(解向量的每个分量)视为一个基因。染色体对环境的适应度代表解的优劣性,越适应环境的染色体,其基因越有可能保存到后代中去,而不适应环境的染色体则有很大可能被淘汰。通过一代代不断地进化,最后将得到的最适应环境的个体作为问题的最优解或近似最优解。遗传算法中的三个基本操作分别是选择、杂交和变异。

#### 1. 选择

选择操作决定选取种群中的哪些个体进行杂交来产生下一代。按照"优胜劣汰"的基本原则,适应度越高的个体被选中的概率越大;但选择本身具有随机性,适应度较低的个体也有较小的概率被选中。一种常用的选择方法是"轮盘赌"方法。设种群的大小规模为 $n$,其中每个个体的适应度为 $f_i(0 \leqslant i < N)$,那么个体 $i$ 的选择概率 $p_i$ 可按式(1.17)计算。这好比将一个圆盘分为 $N$ 个扇形,每个扇形的面积与对应个体的适应度成正比;每次选择就好比随机转动圆盘中央的指针,指针指向哪个扇形就选择其对应的个体。

$$p_i = \frac{f_i}{\sum_{j=1}^{N} f_j} \tag{1.17}$$

对于最大化问题,个体的目标函数值就可以作为其适应度;对于最小化问题,则可以取目标函数值的倒数或相反数。有时也可以取其他的适应度评价函数。除了"轮盘赌"方法外,还有其他的选择方法,如进行两两比较的锦标赛方法、精英选择法和稳态选择法等[12]。

#### 2. 杂交

种群中的个体通过杂交操作产生下一代个体。最常用的模式是两两杂交,即两个个体通过杂交产生两个新个体。最简单的杂交操作为单点交叉,它通过一个随机的交叉点将每个母代个体分为两部分,而后重组得到两个子代个体,如图1-6(a)所示。更复杂些的杂交操作是多点交叉,它通过 $k$ 个交叉点将每个母代个体分为$(k+1)$部分后进行重组$(k\geqslant2)$，图 1-6(b)就演示了一个二点交叉的例子。

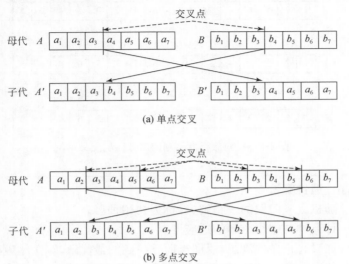

(a) 单点交叉

(b) 多点交叉

图 1-6 杂交操作

上面介绍的杂交操作适用于解的各个分量相互独立的情况,如式(1.3)所描述的多维函数优化问题,否则,杂交操作可能产生不合法的解。以旅行商问题为例,每个解可以表示为所有城市的一个排列,这时两个解交叉之后的结果通常不再是一个排列,即同一个城市可能在解中重复多次。为了满足约束条件,应当对杂交操作进行修正。部分匹配交叉(partially-mapped crossover,PMX)就是针对旅行商问题的一种修正,它是在双点交叉的基础上再对未交叉的部分进行匹配替换。图 1-7 演示了一个部分匹配交叉的例子,两个排列 $A$ 和 $B$ 交叉后得到的 $A'$ 和 $B'$ 都不是合法的排列,其中 $A'$ 中间部分的 234 是由 $B$ 的中间部分替换 $A$ 中的 564 得到,故接下来将前面重复出现的 2 替换成对应的 5,后面的 3 相应地替换为 6,使得 $A'$ 成为一个合法的排列;$B'$ 也是类似的情况。针对旅行商这样的排列问题还有顺序交叉、循环交叉等其他修正方式[13]。

3. 变异

变异操作是随机改变染色体的一个或少数几个基因。对于函数优化问题,通常是将某个解分量替换为可行区间内的一个随机值。对于组合优化问题,常常要定义特殊的变异操作。例如,对于旅行商问题,变异操作可设置为随机选择排列中的两个位置来进行调换,或随机颠倒排列中的一个子序列。

遗传算法的基本步骤如下。

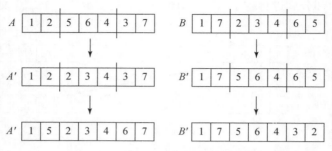

图 1-7　针对旅行商问题的部分匹配交叉示例

**算法 1.6　遗传算法**
步骤 1　随机生成问题的一组解,这称为初始种群。
步骤 2　计算种群中每个解的适应度。
步骤 3　如果终止条件满足,返回当前已找到的最优解,算法结束。
步骤 4　选取种群中的个体进行杂交操作,适应度越高的个体被选择的概率越大,得到新一代群体。
步骤 5　在新群体中选取少量个体进行变异操作,转步骤 2。

应用遗传算法求解某个特定问题,首先要设计好解的编码方式,然后设计选择、杂交和变异操作,最后设置合理的控制参数。遗传算法的种群规模一般在几十到几百之间,交叉率较大,变异率较小,终止条件一般为达到指定的迭代次数或运行时间上限、达到或超过预期的目标函数值。但具体的参数值通常都需要针对具体问题通过反复实验来确定。

以上介绍的是基本的遗传算法,它还有多种改进和扩展的形式,例如,每个个体具有一个显性染色体和一个隐性染色体的双倍体遗传算法,种群规模、交叉率和变异率等参数在搜索过程中自动调整的自适应遗传算法,在当前最优解附近增加执行局部搜索的遗传-局部搜索算法等[14]。

### 1.3.2　模拟退火算法

退火是一种物理过程。金属物体在加热到高温后,其所有分子在状态空间中作高速自由运动;随着温度的下降,这些分子停留在不同的状态,分子运动逐渐趋于有序。热力学的统计研究表明,在指定温度 $T$ 下,分子停留在指定状态 $s$ 的概率 $P_s(T)$ 符合玻尔兹曼(Boltzmann)概率分布:

$$P_s(T) = C_T \exp\left(\frac{-E_s}{T}\right) \tag{1.18}$$

式中,$E_s$ 表示状态 $s$ 的能量。对于同一温度下的两个状态 1 和 2,有

$$\frac{P_1(T)}{P_2(T)} = \frac{C_T \exp\left(\dfrac{-E_1}{T}\right)}{C_T \exp\left(\dfrac{-E_2}{T}\right)} = \exp\left(\frac{E_2 - E_1}{T}\right) \tag{1.19}$$

若 $E_1 > E_2$，则物体停留在状态 1 的概率要小于状态 2。当温度趋向于最低温度时，物体停留在能量最低状态的概率趋向于 1。

模拟退火算法[2]就是通过模拟物体的退火过程来进行优化计算。它将问题的每个解视为一个状态，解的目标函数值代表该状态下的能量值。算法迭代搜索的过程模拟的是温度下降的退火过程，即从初始最高温度 $T^{(0)}$ 出发，在每次迭代（每个温度）下，算法搜索当前解周围的若干个解，并按照状态的概率分布选择其中一个作为新的当前解。当搜索结束时，认为当前状态以较大的概率停留在最优解（最低温度）。

可见，模拟退火算法是基于邻域搜索的。对于连续优化问题，可设定一个较小的距离 $d$，并将距当前解不超过 $d$ 的点视为其邻域解。对于组合优化问题，可通过特定的解变换操作来得到邻域解。例如，对于旅行商问题，可通过调换排列中的两个位置来得到邻域解；对于背包问题，可通过交换背包内和背包外的一对物品来得到邻域解。

模拟退火算法的基本步骤如下。

---

**算法 1.7　模拟退火算法**

**步骤 1**　生成问题的一个初始解 $x^{(0)}$，令 $x = x^{(0)}$，$T = T^{(0)}$。

**步骤 2**　如果终止条件满足，那么返回当前已找到的最优解，算法结束。

**步骤 3**　生成 $x$ 的一个邻域解 $x'$，计算能量差 $\Delta f = f(x) - f(x')$；生成 $[0, 1]$ 内的一个随机数 $r$，若 $\Delta f \leqslant 0$ 或 $\exp(-\Delta f / T) > r$，令 $x = x'$。

**步骤 4**　如果当前温度下搜索的邻域解超过指定上限，转步骤 5；否则，转步骤 2。

**步骤 5**　降低温度 $T$ 并转步骤 2。

---

最简单的降温方式是在每次迭代后设置 $T = rT$，其中 $r$ 是一个小于 1 的正数；有时也可以使用更为复杂的降温函数。此外，初始温度 $T^{(0)}$ 的选择对算法性能的影响也比较大，通常该值应远大于目标函数值的水平，但理想的参数选择通常需要通过反复的实验来确定。

### 1.3.3　蚁群优化算法

蚁群优化算法[3]是模拟自然界中蚁群集体觅食行为的一种群智能算法。在蚁群觅食的过程中，每只蚂蚁都会在经过的路径上分泌一种称为信息素（phero-mone）的化学物质。一个路段上蚂蚁经过的频率越高，累计下来的信息素含量也就越高；由于信息素会随着时间而挥发，蚂蚁经过频率较低的路段上的信息素含量会越来越少。蚂蚁在探路的过程中，选择某个路段的概率与该路段上的信息素含量成正比，这就形成了一个正反馈的过程，最终使得蚁群能够找到巢穴与食物源之间的最短路径。

　　图 1-8 给出了一个部分路段中蚁群搜索的示例。如图 1-8(a)所示，设某一时刻 a 点和 d 点各有两只蚂蚁要分别前往 d 点和 a 点，该路段之前还没有被任何蚂蚁探索过，因此蚂蚁选择路径 abd 和 acd 的概率相同。不妨设两个端点上各有一只蚂蚁选择了 abd 和 acd，再设蚂蚁的行进速度均为 1。那么经过 4 个时间单位，选择路径 acd 的蚂蚁到达了另一个端点，而选择路径 abd 的蚂蚁还在途中。那么对于新来到 a 点和 d 点的蚂蚁来说，它们在路径 acd 上能够探测到两只蚂蚁留下的信息素，在 abd 上则只能探测到一只蚂蚁留下的信息素，所以接下来选择路径 acd 的概率就会更高，如图 1-8(b)所示（虚线部分表示蚂蚁留下的信息素）。上述过程扩展到大量蚂蚁在整个复杂路网上的情况，经过一段时间的搜索，蚁群就有很大的概率找到路网中的最优路径。

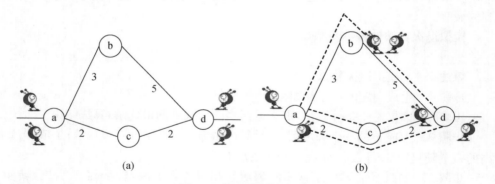

图 1-8　蚁群路径搜索示例

　　蚁群优化算法最早被用于求解旅行商问题，不过它对自然界蚁群的路径搜索过程进行了简化，一是忽略蚂蚁的速度，并假定每只蚂蚁在每个时间单位都从一个城市到达另一个城市；二是在每只蚂蚁找到一条回路后统一释放信息素，而不是在搜索的过程中随时释放。蚁群优化算法的基本计算步骤如下。

### 算法 1.8　蚁群优化算法

　　**步骤 1**　将 $m$ 只蚂蚁随机放到 $n$ 个城市上，设置初始迭代次数 $t=0$，并设置所有路径上的信息素初始量为 0。

　　**步骤 2**　为每只蚂蚁选择下一步要访问的城市。设蚂蚁 $k$ 当前位于城市 $i$，它还未访问过的城市集合记为 $A_k$，城市 $i$ 到城市 $j$ 的距离为 $d_{ij}$，其上的信息素含量

为 $\tau_{ij}$，则该蚂蚁下一步向城市 $j$ 移动的概率计算如下（其中 $\alpha$ 和 $\beta$ 为控制参数）：

$$p_{ij}^k = \begin{cases} \dfrac{(\tau_{ij})^\alpha \, (d_{ij})^{-\beta}}{\sum\limits_{l \in A_k} (\tau_{il})^\alpha \, (d_{il})^{-\beta}}, & j \in A_k \\ 0, & j \notin A_k \end{cases} \qquad (1.20)$$

步骤 3　若各蚂蚁经过的城市还未形成回路，转步骤 2。

步骤 4　否则，计算每只蚂蚁 $k$ 在每条路径 $ij$ 上留下的信息素 $\Delta_{ij}^k$，它与蚂蚁找到的回路长度成反比（蚂蚁未经过的路径上留下的信息素为 0），并按下式更新每条路径上的信息素含量（其中，$\rho$ 为控制参数，称为信息素挥发系数）：

$$\tau_{ij} = (1-\rho)\tau_{ij} + \sum_{k=1}^m \Delta_{ij}^k \qquad (1.21)$$

步骤 5　令 $t = t+1$；如果终止条件满足，返回当前已找到的最短回路，算法结束。

步骤 6　清空蚂蚁访问过的路径，转步骤 2。

该算法也可用于车辆路径问题、作业调度问题等排列调度类问题。如果要应用于其他类型的组合优化问题以及函数优化问题，则需要对算法进行修改或扩展，主要思想大都是把问题的解转换为路径形式，并把解的适应度映射为路径的长度。

## 1.3.4　粒子群优化算法

粒子群优化[4]是模拟自然界中飞鸟集群活动规律的一种群智能算法。和遗传算法类似，粒子群优化算法也是由一组个体所组成的群体在解空间中进行搜索，不过它不使用杂交和变异算子，而是将问题的解空间模拟为飞行空间，每个解视为一个飞行粒子。每个粒子都根据自我经验以及向其他粒子的学习来调整飞行轨迹，从而不断改进搜索过程，促进整个群向最优解收敛。

在 $n$ 维解空间中，每个粒子 $i$ 具有一个位置向量 $\mathbf{x}_i = (x_{i1}, x_{i2}, \cdots, x_{in})$ 和一个速度向量 $\mathbf{v}_i = (v_{i1}, v_{i2}, \cdots, v_{in})$。算法在搜索过程中记录每个粒子 $i$ 迄今为止搜索到的最优位置 $\text{pbest}_i$，以及整个粒子群迄今为止搜索到的最优位置 $\text{gbest}$。在算法的每次迭代中，每个粒子 $i$ 在每一维 $j$ 上都按照下式更新其速度 $v_{ij}$ 和位置 $x_{ij}$：

$$v_{ij} = wv_{ij} + c_1 \cdot \text{rand()} \cdot (\text{pbest}_{ij} - x_{ij}) + c_2 \cdot \text{rand()} \cdot (\text{gbest}_j - x_{ij})$$
$$(1.22)$$

$$x_{ij} = x_{ij} + v_{ij} \qquad (1.23)$$

式中，$w$ 为惯性权重，用于控制粒子沿原有轨迹运动的程度；$c_1$ 和 $c_2$ 是两个学习因子，分别用于控制粒子进行自我学习和向群体学习的比例；$\text{rand()}$ 生成 $[0,1]$ 内的一个随机数。在实际应用时，参数 $w$、$c_1$ 和 $c_2$ 可取常量，也可随着搜索过程而动态调整。一般认为较大的 $w$ 有利于粒子探索新的区域，而较小的 $w$ 使得粒子趋向于

汇集。较常用的一种做法是使得 $w$ 的值随着迭代次数而递减[15]:

$$w = w_{\max} - \frac{t}{t_{\max}}(w_{\max} - w_{\min}) \tag{1.24}$$

式中, $t$ 为当前迭代次数; $t_{\max}$ 为算法最大迭代次数; $w_{\max}$ 和 $w_{\min}$ 分别为 $w$ 的初始值和终止值。

粒子群优化算法的基本步骤如下。

---

**算法 1.9  粒子群优化算法**

步骤 1  随机生成问题的一组初始解。

步骤 2  计算每个解的适应度,更新其 pbest$_i$,并更新整个群的 gbest。

步骤 3  如果终止条件满足,那么返回当前已找到的最优解,算法结束。

步骤 4  按式(1.22)和式(1.23)更新计算每个粒子的速度和位置。

步骤 5  按式(1.24)更新控制参数,转步骤 2。

---

原始的粒子群优化算法适于进行实数空间中的搜索。在扩展用于组合优化问题时,需要针对问题来修改粒子的速度和位置更新操作,但核心思想仍是使个体向自身以及群体经验进行学习。例如,用于求解旅行商问题时,这种学习可以是复制个体最优解及群体最优解中的一段路径。

和其他很多启发式算法类似,粒子群优化算法经常会出现过早收敛(称为"早熟")的现象,即算法收敛到某个局部最优点,且无法跳出来继续搜索全局最优点。具体地说,就是整个群的 gbest 陷入某个局部最优点时,其他粒子会通过学习不断向它靠近,如果该过程中没有找到比该局部最优点更好的解,最终整个群都会聚拢到该点上,并丧失进一步搜索的能力。

针对早熟现象,人们提出了粒子群优化算法的一种改进版本[16],即采用邻域结构对粒子群进行划分,每个粒子只与其他一部分粒子相连接;计算粒子速度时,在式(1.22)中使用其邻域最优解 lbest$_i$ 来替换 gbest,从而降低 gbest 对整个群的影响力,克服或缓解早熟现象。

## 1.3.5  差分进化算法

差分进化[5]是一种非常高效的面向实数空间的启发式算法,其主要思想是基于种群内的个体差异度生成临时个体,随机重组实现种群进化。差分进化算法中也定义了变异、交叉和选择操作,不过这些操作的具体形式与遗传算法有很大不同。差分进化算法的基本计算步骤如下。

**算法 1.10　差分进化算法**

步骤 1　随机生成问题的一组初始解,其中每个解 $x_i$ 都是解空间中的一个实向量 $(x_{i1}, x_{i2}, \cdots, x_{in})$。

步骤 2　对种群中的每个解 $x_i$ 依次执行如下操作:

步骤 2.1　变异。随机选取群体中的 3 个个体,计算其中 2 个解之间的差,再加权后加到第 3 个个体上,得到 1 个变异向量 $v_i$(其中,差分因子 $F$ 是 $[0,1]$ 内的一个控制参数):

$$v_i = x_{r_1} + F \cdot (x_{r_2} - x_{r_3}) \tag{1.25}$$

步骤 2.2　交叉。在每一维上对 $x_i$ 和 $v_i$ 进行组合,得到 1 个实验向量 $u_i$(其中,交叉率 $c_r$ 是 $[0,1]$ 内的一个控制参数,$r_j$ 是 $[0,1]$ 内的一个随机小数,$r_i$ 是 $[0,1]$ 内的一个随机整数以保证至少 $u_i$ 有一维来自于变异向量):

$$u_{ij} = \begin{cases} v_{ij}, & (r_j \leqslant c_r) \vee (j = r_i) \\ x_{ij}, & \text{其他} \end{cases} \tag{1.26}$$

步骤 2.3　选择。将 $x_i$ 和 $u_i$ 中适应度较高的保留在种群中。

步骤 3　如果终止条件满足,返回当前已找到的最优解,算法结束;否则,转步骤 2。

这种基于个体差异的变异操作是差分进化算法区别于遗传算法等其他进化算法的最大特点,该策略能够充分利用群体的分布特性,通过随机偏差扰动产生新个体,从而提高算法的搜索能力。式(1.25)描述的是最基本的变异模式,记为 DE/rand/1/bin。差分进化还可使用多个其他的变异模式,例如:

DE/best/1/bin(其中,$x_{\text{best}}$ 表示当前最优解)

$$v_i = x_{\text{best}} + F \cdot (x_{r_1} - x_{r_2}) \tag{1.27}$$

DE/rand/2/bin

$$v_i = x_{r_1} + F \cdot (x_{r_2} - x_{r_3}) + F \cdot (x_{r_4} - x_{r_5}) \tag{1.28}$$

DE/best/2/bin

$$v_i = x_{\text{best}} + F \cdot (x_{r_1} - x_{r_2}) + F \cdot (x_{r_3} - x_{r_4}) \tag{1.29}$$

DE/rand-to-best/2/bin

$$v_i = x_i + F \cdot (x_{\text{best}} - x_i) + F \cdot (x_{r_1} - x_{r_2}) \tag{1.30}$$

差分进化中的变异操作大大提高了种群内个体之间的信息交互。从选择操作中还可以看出,差分进化算法总是会在种群中保持当前最优解。

将差分优化应用于组合优化问题,主要是自定义解之间的"差异"概念,从而使变异操作能够扩展作用于离散的解空间。

### 1.3.6　和声搜索算法

和遗传算法、蚁群优化等生物启发算法不同,和声搜索算法[6]是对音乐家创作乐曲过程的模拟。音乐家总是通过反复调整各种乐器的音调,最终达到一个优美的和声状态。音调(和声)的来源主要有三种,即直接选取记忆中的和声、对现有和声进行微调以及即兴创作新的和声。

和声搜索算法通过模拟上述三种方式来求解优化问题,其基本步骤如下。

---

**算法 1.11　和声搜索算法**

步骤 1　随机生成问题的一组初始解,并将它们存放在和声记忆库中。

步骤 2　创作一个新的(空白)和声 $x_{new}$,在其每一维 $j$ 上依次执行如下操作:

步骤 2.1　生成一个[0,1]内的随机数,若其值大于记忆库取值概率 HMCR,设置 $x_{new,j}$ 为定义域上的一个随机值,并转入下一维;否则,转步骤 2.3。

步骤 2.2　否则,从记忆库中随机取一个和声 $x_r$,设置 $x_{new,j} = x_{r,j}$。

步骤 2.3　再生成一个[0,1]内的随机数,如果其值小于音调微调概率 PAR,按下式调整分量值(其中,bw 是一个控制参数,称为调节宽度):

$$x_{new,j} = x_{new,j} + rand(-1,1) \cdot bw \tag{1.31}$$

步骤 3　计算 $x_{new}$ 的适应度,如果其优于和声记忆库中最差的一个和声,使用 $x_{new}$ 替换最差和声。

步骤 4　如果终止条件满足,返回当前已找到的最优解,算法结束;否则,转步骤 2。

---

可以看出,和声搜索也维护一个解群(和声记忆库),不过其每次迭代只生成一个新解(新和声),并尝试使用其来替换解群中的最差解。

和声搜索算法的 HMCR 值较大,一般设置为 0.7~0.95,PAR 值一般为 0.1~0.5,bw 值则根据问题定义域的宽度来设置。和声搜索算法的一种改进是使 PAR 和 bw 的值随着迭代过程动态减小,从而在早期偏向于全局探索,在后期侧重于局部开发[17]。

### 1.3.7　烟花爆炸算法

烟花爆炸算法(fireworks algorithm,FWA)[18]模拟的是夜空中烟花爆炸的过程,问题的解空间对应于夜空,而每个解对应于一个烟花或由其爆炸产生的火星。算法首先在解空间中选取若干个位置,在每个位置上释放一个烟花产生火星,然后选取较优(适应度较高)的烟花和火星位置来释放新的烟花,从而不断提高种群的质量并向最优解靠近。

　　FWA 算法的核心思想是使较优的烟花在较小的范围内产生较多的火星,而较差的烟花在较大的范围内产生较少的火星,如图 1-9 所示。这样,较差的解倾向于在全局作大范围的探索,而更好的解倾向于在小范围作局部开发。

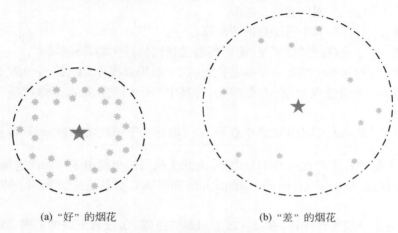

(a) "好" 的烟花　　　　　　　　　　　　(b) "差" 的烟花

图 1-9　烟花爆炸示意图

　　FWA 设计了两种爆炸操作,分别称为一般爆炸和高斯爆炸。一般爆炸时,每个烟花 $\boldsymbol{x}_i$ 产生的火星数 $s_i$ 和爆炸振幅 $A_i$ 分别按式(1.32)和式(1.33)来计算:

$$s_i = M_{\mathrm{e}} \frac{f_{\max} - f(\boldsymbol{x}_i) + \varepsilon}{\sum\limits_{j=1}^{N} (f_{\max} - f(\boldsymbol{x}_j)) + \varepsilon} \tag{1.32}$$

$$A_i = \hat{A} \frac{f(x_i) - f_{\min} + \varepsilon}{\sum\limits_{j=1}^{N} (f(x_j) - f_{\min}) + \varepsilon} \tag{1.33}$$

式中,$M_{\mathrm{e}}$ 和 $\hat{A}$ 是 2 个控制参数;$f_{\max}$ 和 $f_{\min}$ 是当前种群中最大和最小的适应度值;$N$ 表示种群大小;$\varepsilon$ 是一个很小的常数,用以避免发生除以 0 的错误。此外,为了避免在一些极好或极差的烟花上产生"边际效应",火星数 $s_i$ 进一步被限定在预定义的上限 $s_{\max}$ 和下限 $s_{\min}$ 之间。确定了火星数量和爆炸振幅之后,算法每次随机选取当前烟花 $\boldsymbol{x}_i$ 的若干维,对选中的每一维 $d$ 按式(1.34)更新位置,从而获得一个新的火星 $\boldsymbol{x}_j$:

$$x_{jd} = x_{id} + A_i \cdot \mathrm{rand}(-1,1) \tag{1.34}$$

　　进行高斯爆炸时,每个烟花只产生一个火星,其每一维位置的计算公式如下(其中,$\mathrm{norm}(1,1)$ 用于生成一个均值和标准差均为 1 的高斯随机数):

$$x_{jd} = x_{id} \cdot \mathrm{norm}(1,1) \tag{1.35}$$

　　算法每次迭代后,当前最优解总是进入下一代种群,再选取 $(N-1)$ 个个体,其中每个个体被选择的概率与它到其他个体的总距离成正比。烟花爆炸算法的基本步骤如下。

---

**算法 1.12　烟花爆炸算法**

步骤 1　随机生成问题的一组解。

步骤 2　计算种群中每个解的适应度。

步骤 3　如果终止条件满足,返回当前已找到的最优解,算法结束。

步骤 4　对种群中的每一个烟花执行$s_i$次一般爆炸操作,生成 $s_i$ 个火星。

步骤 5　随机选取少量 $M_g$ 个烟花,对其中每个烟花执行高斯爆炸操作,生成一个火星。

步骤 6　从所有烟花和火星中选取 $N$ 个解作为下一代的种群,而后转步骤 2。

---

FWA 的设计中存在一些不足之处,为此文献[19]中提出了一种改进增强型烟花爆炸算法(enhanced fireworks algorithm,EFWA),它从三个方面对 FWA 进行了改进。

(1)对于一般爆炸操作,在每一维上对爆炸振幅 $A_{id}$ 设置不同的下限,以避免较优的烟花的爆炸振幅过小。

(2)对于高斯爆炸操作,通过向当前最优解学习来加快算法的收敛过程,即将式(1.35)改为

$$x_{jd} = x_{id} + (x_{\text{best},d} - x_{id}) \cdot \text{norm}(0,1) \tag{1.36}$$

(3)在选择下一代种群时,随机选取其余$(N-1)$个个体,以避免距离计算的开销。

# 1.4　小　　结

现实生活中存在着大量的优化问题。对于一些简单的或具有特定性质的问题,可使用精确优化算法进行求解;但对于更多的复杂问题,启发式算法提供了更为通用和有效的求解手段。本章重点介绍了 GA、SA、ACO 和 PSO 等经典的启发式算法,从第 2 章起将介绍启发式算法家族中一个新的优秀成员——BBO 算法。

## 参 考 文 献

[1] Holland J H. Adaptation in Natural and Artificial Systems: An Introductory Analysis with Applications to Biology, Control and Artificial Intelligence[M]. Cambridge: MIT Press, 1975.

[2] Kirkpatrick S, Jr D G, Vecchi M P. Optimization by simulated annealing[J]. Science, 1983, 220(4598): 671-680.

[3] Dorigo M, Maniezzo V, Colorni A. Ant system: Optimization by a colony of cooperating agents[J]. IEEE Transactions on Systems, Man, and Cybernetics, Part B: Cybernetics, 1996,

26(1)：29-41.

[4] Kennedy J, Eberhart R. Particle swarm optimization[C]. Proceedings of the IEEE International Conference on Neural Networks, Perth, 1995：1942-1948.

[5] Karaboga D. An Idea Based on Honey Bee Swarm for Numerical Optimization[R]. Kayserispor：Erciyes University, 2005.

[6] Storn R, Price K. Differential evolution-a simple and efficient heuristic for global optimization over continuous spaces[J]. Journal of Global Optimization, 1997, 11(4)：341-359.

[7] Geem Z W, Kim J H, Loganathan G V. A new heuristic optimization algorithm：Harmony search[J]. Simulation, 2001, 76(2)：60-68.

[8] Mehrabian A R, Lucas C. A novel numerical optimization algorithm inspired from weed colonization[J]. Ecological Informatics, 2006, 1(4)：355-366.

[9] Yang X S, Deb S. Cuckoo search viaLévy flights[C]. Proceedings of the IEEE World Congress on Nature & Biologically Inspired Computing, Coimbatore, 2009：210-214.

[10] Simon D. Biogeography-based optimization[J]. IEEE Transactions on Evolutionary Computation, 2008, 12(6)：702-713.

[11] Dantzig G B. Linear Programming and Extensions[M]. Princeton：Princeton University Press, 1998.

[12] Goldberg D E, Deb K. A comparative analysis of selection schemes used in genetic algorithms[J]. Foundations of Genetic Algorithms, 1991, 1(1)：69-93.

[13] Potvin J Y. Genetic algorithms for the traveling salesman problem[J]. Annals of Operations Research, 1996, 63(3)：337-370.

[14] Srinivas M, Patnaik L M. Genetic algorithms：A survey[J]. IEEE Computer, 1994, 27(6)：17-26.

[15] Eberhart R C, Shi Y. Particle swarm optimization：Developments, applications and resources[C]. Proceedings of the IEEE Congress on Evolutionary Computation, Seoul, 2001：81-86.

[16] Kennedy J, Mendes R. Neighborhood topologies in fully informed and best-of-neighborhood particle swarms[J]. IEEE Systems, Man, and Cybernetics, Part C：Applications and Reviews, 2006, 36(4)：515-519.

[17] Mahdavi M, Fesanghary M, Damangir E. An improved harmony search algorithm for solving optimization problems [J]. Applied Mathematics and Computation, 2007, 188 (2)：1567-1579.

[18] Tan Y, Zhu Y. Fireworks algorithm for optimization[M]//Tan Y, Shi Y H, Kan K C. Advances in Swarm Intelligence. Heidelberg：Springer, 2010：355-364.

[19] Zheng S, Janecek A, Tan Y. Enhanced fireworks algorithm[C]. Proceedings of the IEEE Congress on Evolutionary Computation, Cancun, 2013：2069-2077.

# 第 2 章   生物地理学优化算法

　　物种的地理分布也是一种极具魅力的自然现象,其中蕴含了巧妙的优化模式:每一个物种的起源都有很大的随机性,但众多物种经过亿万年的迁徙,在自然界形成了复杂多样、美轮美奂的生态地理风貌。受此启发,学者 Simon 在 2008 年提出了一种新的启发式算法——生物地理学优化(biogeography-based optimization, BBO)算法[1]。该算法借鉴生物地理学中的物种迁移模型来求解优化问题,机制简单明了,而且在许多优化问题上表现出比 GA、PSO 等其他启发式算法更为优越的性能。因此,BBO 算法已经引起了学术界广泛的研究兴趣。

## 2.1   生物地理学背景知识

　　生物地理学是一门研究生物种群在栖息地的分布、迁移和灭绝规律的学科,是生命科学和地球科学的交叉学科。早在 19 世纪,Wallace[2] 和 Darwin 等[3] 所做的工作就为生物地理学的产生和发展奠定了基础。到 20 世纪上半叶,生物地理学的研究主要还是对生物地理分布历史的描述,研究的对象也是以陆地生物为主。在 20 世纪 60 年代,MacArthur 和 Wilson 深入研究了岛屿生物地理分布的数学模型,并在 1967 年出版了经典著作 *The Theory of Island Biogeography*[4],由此生物地理学成为了一个热门的研究领域[5]。

　　在自然界中,生物种群分布在具有明显边界的一系列地理区域内,这些地理区域被称为栖息地(habitat)。栖息地适宜物种生存的程度可用一个适宜度指数(habitat suitability index, HSI)来描述[6]。影响 HSI 的因素有很多,包括降雨量、植被的多样性、地质的多样性、陆地面积和温度等,这些因素被称为适宜度变量(suitability index variables, SIV)。

　　一般说来,高 HSI 的栖息地拥有较多的物种数量,低 HSI 的栖息地拥有较少的物种数量。在高 HSI 的栖息地中,由于内部资源竞争等原因,很多物种的部分个体会选择迁出到邻近的栖息地,因此该类栖息地的迁出率(emigration rate)较高;而高 HSI 的栖息地由于可容纳的物种数量趋于饱和,可迁入的物种极少,因此该类栖息地的迁入率(immigration rate)较低。总的看来,高 HSI 的栖息地呈现一种相对稳定的状态。

　　相反地,低 HSI 的栖息地具有较低的迁出率和较高的迁入率。由于物种的迁入,该类栖息地的 HSI 可以得到一定程度上的提高;但如果 HSI 仍旧保持较低,则迁入的物种将面临灭绝的危险;当某些物种灭绝后,该类栖息地又会出现新的物种大量迁入的机会。因此,和高 HSI 的栖息地相比,低 HSI 的栖息地中的物种分布的动态变化更为明显。

图 2-1 描述了一个栖息地物种多样性的简单数学模型,其中 $\lambda$ 表示迁入率, $\mu$ 表示迁出率,它们都是关于栖息地物种数量 $s$ 的函数。

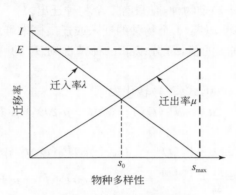

图 2-1　栖息地物种多样性模型

首先观察迁入率曲线。$I$ 表示栖息地的最大可能迁入率,当栖息地的物种数量为 0 时,迁入率 $\lambda = I$。随着物种数量的增加,栖息地越来越拥挤,能够成功地迁入并生存下去的物种越来越少,因此 $\lambda$ 值不断降低。当物种数量达到栖息地可容纳的最大可能物种数量 $s_{max}$ 时,$\lambda$ 降为 0。

然后观察迁出率曲线。当栖息地中不存在任何物种时,迁出率 $\mu$ 必定为 0。随着物种数量的增加,栖息地越来越拥挤,越来越多的物种将离开该栖息地去探索新的可能居住地,因此 $\mu$ 值不断增高。$E$ 表示栖息地的最大可能迁出率,当物种数量达到最大数量 $s_{max}$ 时,$\mu = E$。

在迁入率曲线和迁出率曲线的交点上,物种的迁入和迁出达到平衡,其对应的物种数量记为 $s_0$。但是,一些突发状况可能导致物种数量偏离该平衡状态。正向偏离(增长)的原因包括迁入者的突然涌入(如从邻近栖息地涌来大量的流离失所者)、物种的突然爆发(如类似于寒武纪大爆发的情形)等。负向偏离(减少)的原因包括疾病、自然灾害以及强悍捕食者的进入等。在遭遇巨大的扰动之后,物种数量往往需要相当长的时间才能恢复平衡。

图 2-1 中的迁入率和迁出率呈现简单的线性模式,但更多情况下它们会是更为复杂的非线性模式。尽管对细节进行了简化,图 2-1 所示的模型还是展示出了物种迁入和迁出过程的基本性质。下面对模型进行进一步的数学分析。

假设一个栖息地正好容纳 $s$ 个物种的概率为 $P_s$,则 $P_s$ 从时刻 $t$ 到时刻 $(t + \Delta t)$ 的变化情况可用式(2.1)进行描述:

$$P_s(t + \Delta t) = P_s(t)(1 - \lambda_s \Delta t - \mu_s \Delta t) + P_{s-1}\lambda_{s-1}\Delta t + P_{s+1}\mu_{s+1}\Delta t \quad (2.1)$$

式中，$\lambda_s$ 和 $\mu_s$ 分别表示栖息地物种数量为 $s$ 时的迁入率和迁出率。该式的含义是，栖息地若要在时刻 $(t+\Delta t)$ 容纳 $s$ 个物种，则应满足下列条件之一。

（1）在时刻 $t$ 有 $s$ 个物种，且在时刻 $t$ 到时刻 $(t+\Delta t)$ 期间无迁入和迁出。

（2）在时刻 $t$ 有 $(s-1)$ 个物种，且只有 1 个物种迁入。

（3）在时刻 $t$ 有 $(s+1)$ 个物种，且只有 1 个物种迁出。

这里假定 $\Delta t$ 足够小，多于 1 个物种的迁入或迁出概率可忽略不计。为了便于标记，令 $n = s_{\max}$。根据 $s$ 的值，可分以下三种情况对 $P_s$ 的变化情况进行进一步分析。

（1）$s=0$，此时 $P_{s-1}=0$，式（2.1）转化为

$$P_0(t + \Delta t) = P_0(t)(1 - \lambda_0 \Delta t - \mu_0 \Delta t) + \mu_1 P_1 \Delta t$$

对其进行推导可得

$$P_0(t + \Delta t) - P_0(t) = -(\lambda_0 + \mu_0)P_0(t)\Delta t + \mu_1 P_1 \Delta t$$

$$\frac{P_0(t + \Delta t) - P_0(t)}{\Delta t} = -(\lambda_0 + \mu_0)P_0(t) + \mu_1 P_1$$

（2）$1 \leqslant s \leqslant n$，此时对式（2.1）进行推导可得

$$P_s(t + \Delta t) - P_s(t) = -(\lambda_s + \mu_s)P_s \Delta t + \lambda_{s-1} P_{s-1}\Delta t + \mu_{s+1} P_{s+1}\Delta t$$

$$\frac{P_s(t + \Delta t) - P_s(t)}{\Delta t} = -(\lambda_s + \mu_s)P_s + \lambda_{s-1} P_{s-1} + \mu_{s+1} P_{s+1}$$

（3）$s=n$，此时 $P_{s+1}=0$，式（2.1）转化为

$$P_n(t + \Delta t) = P_n(t)(1 - \lambda_n \Delta t - \mu_n \Delta t) + \lambda_{n-1} P_{n-1}\Delta t$$

对其进行推导可得

$$P_n(t + \Delta t) - P_n(t) = -(\lambda_n + \mu_n)P_n \Delta t + \lambda_{n-1} P_{n-1}\Delta t$$

$$\frac{P_n(t + \Delta t) - P_n(t)}{\Delta t} = -(\lambda_n + \mu_n)P_n + \lambda_{n-1} P_{n-1}$$

令 $\dot{P}_s = \lim\limits_{\Delta t \to 0} \dfrac{P_s(t + \Delta t) - P_s(t)}{\Delta t}$，综合以上三种情况可得

$$\dot{P}_s = \begin{cases} -(\lambda_s + \mu_s)P_s + \mu_{s+1}P_{s+1}, & s = 0 \\ -(\lambda_s + \mu_s)P_s + \lambda_{s-1}P_{s-1} + \mu_{s+1}P_{s+1}, & 1 \leqslant s \leqslant n \\ -(\lambda_s + \mu_s)P_s + \lambda_{s-1}P_{s-1}, & s = n \end{cases} \quad (2.2)$$

记 $\boldsymbol{P} = [P_0 \cdots P_n]^{\mathrm{T}}$，则式（2.2）可用矩阵形式描述为

$$\dot{\boldsymbol{P}} = \boldsymbol{AP} \quad (2.3)$$

式中

$$\boldsymbol{A} = \begin{bmatrix} -(\lambda_0 + \mu_0) & \mu_1 & 0 & \cdots & 0 \\ \lambda_0 & -(\lambda_1 + \mu_1) & \mu_2 & \ddots & \vdots \\ \vdots & \ddots & \ddots & \ddots & \vdots \\ \vdots & \ddots & \lambda_{n-2} & -(\lambda_{n-1} + \mu_{n-1}) & \mu_n \\ 0 & \cdots & 0 & \lambda_{n-1} & -(\lambda_n + \mu_n) \end{bmatrix}$$

对于图 2-1 所示的曲线，迁入率和迁出率分别为

$$\mu_s = \frac{s}{n} E \tag{2.4}$$

$$\lambda_s = I\left(1 - \frac{s}{n}\right) \tag{2.5}$$

进一步，考虑 $E = I = 1$ 的简化情况，则有

$$\lambda_s + \mu_s = E \tag{2.6}$$

此时，矩阵 $\boldsymbol{A}$ 变为

$$\boldsymbol{A} = E \begin{bmatrix} -1 & \dfrac{1}{n} & 0 & \cdots & 0 \\ \dfrac{n}{n} & -1 & \dfrac{2}{n} & \ddots & \vdots \\ \vdots & \ddots & \ddots & \ddots & \vdots \\ \vdots & \ddots & \dfrac{2}{n} & -1 & \dfrac{n}{n} \\ 0 & \cdots & 0 & \dfrac{1}{n} & -1 \end{bmatrix}$$

$$= E\boldsymbol{A}' \tag{2.7}$$

显然，0 是 $\boldsymbol{A}'$ 的一个特征值，对应的特征向量为

$$\boldsymbol{v} = [v_1 \cdots v_{n+1}]^{\mathrm{T}} \tag{2.8}$$

其中

$$v_i = \begin{cases} \dfrac{n!}{(n-1-i)!(i-1)!}, & i \leqslant \dfrac{(n+1)}{2} \\ v_{n+2-i}, & i > \dfrac{(n+1)}{2} \end{cases} \tag{2.9}$$

例如，当 $n = 4$ 和 $n = 5$ 时分别有

$$\boldsymbol{v} = [1\ 4\ 6\ 4\ 1]^{\mathrm{T}}$$

$$\boldsymbol{v} = [1\ 5\ 10\ 10\ 5\ 1]^{\mathrm{T}}$$

**推论 2.1**  $\boldsymbol{A}'$ 的特征值为

$$\left\{0, -\frac{2}{n}, -\frac{4}{n}, \cdots, -2\right\}$$

**定理 2.1**  每个物种数量的稳态值由下式给出：

$$P(\infty) = \frac{v}{\sum\limits_{i=1}^{n+1} v_i} \tag{2.10}$$

这里不再给出推论 2.1 和定理 2.1 的详细证明,感兴趣的读者可参考文献[1]和[7]。

## 2.2    生物地理学优化(BBO)算法

受生物地理学理论的启发,Simon 提出了 BBO 算法。和很多其他启发式算法类似,BBO 也是一种基于种群的算法,不过它将种群中的每个解看成一个栖息地,将解的适应度看成栖息地的 HSI,解的每个分量则是一个 SIV,通过模拟生物地理学中的迁移和变异过程来对种群进行不断演化,从而求解优化问题。BBO 算法中的两个主要操作就是迁移操作和变异操作。

### 2.2.1    迁移操作

BBO 算法将优化问题的每个解看成一个栖息地。解的适应度越高,表示栖息地拥有的物种越多,其迁出率就越高、迁入率就越低;反之,解的适应度越低,其对应的迁出率越低、迁入率越高。

迁移操作的目的就是在不同的解之间进行信息分享,其中好的解倾向于把自身的信息传播给其他解,而差的解更倾向于从其他解中接收信息。在具体实现时,BBO 算法的每次迭代都会考察种群中的每个解 $H_i$,设其迁入率和迁出率分别为 $\lambda_i$ 和 $\mu_i$,则其每个分量都有 $\lambda_i$ 的概率被修改(即进行迁入);如果要迁入,则以迁出率 $\mu_j$ 为概率从种群中选择一个迁出解 $H_j$(可参考遗传算法中的轮盘赌选择方法),再将 $H_i$ 的当前分量替换为 $H_j$ 的对应分量。对 $H_i$ 的所有分量都执行完上述操作后,就产生了一个新解 $H_i'$。算法比较 $H_i$ 和 $H_i'$ 的适应度,将适应度更高的一个保留在种群中。

上述迁移操作的过程可用算法过程 2.1 所示的伪代码来描述,其中 $D$ 表示问题的维度即解向量的长度,rand()用于生成一个[0,1]内的随机数。

---

**算法过程 2.1    BBO 算法的迁移操作**

1. **for** $d=1$ **to** $D$ **do**
2.     **if** rand()$<\lambda_i$ **then**
3.         以迁出率为概率 $\mu_j$,从种群中选出另一个栖息地 $H_j$;
4.         $H_i(d) \leftarrow H_j(d)$;
5.     **end if**
6. **end for**

---

其中,第3行代码表示按迁出率选取一个迁出解 $H_j$,每个解被选中的概率与其迁出率 $\mu_j$ 成正比,这类似于遗传算法中的轮盘赌操作。

很显然,BBO 的迁移操作也是一种随机操作:对于被迁入的解,其不同分量可能被替换成其他不同解中的对应分量,但不一定每个分量都会被替换。较好的解可能有分量被迁入,而较差的解也可能有分量向外迁出,只不过概率较小。

## 2.2.2　变异操作

一些重大突发事件会急剧改变一个自然栖息地的某些性质,从而改变 HSI 并导致物种数量发生显著变化。BBO 算法将这种情况建模为 SIV 变异。式(2.2)描述了一个栖息地的物种数量概率,它决定了栖息地的变异率。物种数量过多或过少时,物种数量概率都相对较低;在中等的物种数量下(接近平衡点),物种数量概率较高。

以 $n=5$ 为例,由定理 2.1 可计算出各物种的稳态值为

$$\boldsymbol{P}(\infty) = \left[\frac{1}{32},\frac{5}{32},\frac{10}{32},\frac{10}{32},\frac{5}{32},\frac{1}{32}\right]^{\mathrm{T}}$$

可见上述物种概率值呈中心对称分布,如图 2-2 所示。

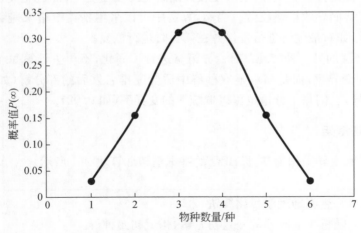

图 2-2　物种概率的分布

对应地,BBO 算法给种群中的每个解 $H_i$ 都赋予一个关联的物种数量概率 $P_i$,其中适应度偏高或偏低的解的概率较低,而中等适应度的概率较大。解 $H_i$ 的变异率 $\pi_i$ 与物种数量概率成反比:

$$\pi_i = \pi_{\max}\left(\frac{1-P_i}{P_{\max}}\right) \tag{2.11}$$

式中,最大变异率 $\pi_{\max}$ 是一个控制参数。

在具体实现时,BBO 算法的每次迭代都会考察种群中的每个解 $H_i$,并使解的每

个分量都有 $\pi_i$ 的概率发生变异。假设要求解的是一个连续优化问题,问题第 $d$ 维的取值范围为 $[l_d, u_d]$,则 BBO 的变异操作过程可用算法过程 2.2 所示的伪代码来描述。

---

**算法过程 2.2    BBO 算法的变异操作**

1. **for** $d=1$ **to** $D$ **do**
2.     **if** rand() $<\pi_i$ **then**
3.         $H_i(d) \leftarrow l_d + $ rand() $* (u_d - l_d)$;
4.     **end if**
5. **end for**

---

其中,第 3 行代码就是在第 $d$ 维的取值范围内取一个随机值,这种方式也适用于取值范围为离散的情况,只不过随机取值的形式不同。而对于各维变量之间存在相关性的组合优化问题(如 TSP 等),则需要设计专门的变异操作。

BBO 的变异机制有利于提高种群的多样性。适应度较低的解易发生变异,这使它们有了提高自身的机会;适应度较高的解也易发生变异,能避免其在种群中占据较大的优势而导致早熟收敛。当然,算法中可以采用精英策略来避免破坏种群中的最优解,如对最优解进行备份并在需要时进行恢复。

BBO 算法的另一种实现[8]对变异策略进行了简化,不再去计算每个解的物种数量概率和变异率,而是简单地取种群中适应度排名靠后的部分解(如后 20% 的解)进行变异,它们每个分量也可以取统一的变异率(如 0.02)。

### 2.2.3    算法框架

以迁移和变异操作为基础,BBO 的基本框架如算法 2.1 所示。

---

**算法 2.1    生物地理学优化算法**

步骤 1    随机生成问题的一组初始解,构成初始种群。

步骤 2    计算种群中每个解的适应度,并依此计算每个解的迁入率、迁出率和变异率。

步骤 3    更新当前已找到的最优解 $H_{\text{best}}$,若 $H_{\text{best}}$ 不在当前种群中,则将其加入种群。

步骤 4    如果终止条件满足,返回当前已找到的最优解,算法结束。

步骤 5    对种群中的每个解,按算法过程 2.1 进行迁移操作。

步骤 6    对种群中的每个解,按算法过程 2.2 进行变异操作;而后,转步骤 2。

---

算法 2.1 在步骤 3 中包含了精英策略,它要求当前种群中的最优解要么被改进,要么保留到下一代中。

在 Simon 提供的最新 BBO 算法版本中[8],迁移操作并不修改现有的解,而是生成一个新解,将两个解中较优的一个保留在种群中。这种方式也自然地包含了精英策略。

在算法实现时,式(2.4)和式(2.5)中的物种数量 $s$ 可用解的适应度函数值替换,那么计算栖息地 $H_i$ 迁入率和迁出率的公式分别变为

$$\lambda_i = I \frac{f_{\max} - f(H_i)}{f_{\max} - f_{\min}} \qquad (2.12)$$

$$\mu_i = E \frac{f(H_i) - f_{\min}}{f_{\max} - f_{\min}} \qquad (2.13)$$

式中,$f_{\min}$ 和 $f_{\max}$ 分别表示当前种群中适应度的最小值和最大值。如果问题是求目标函数的最小值,那么物种多样性应与目标函数值成反比。

另一种实现方式是将种群中的个体按适应度由大到小排序,再按照下式计算排第 $i$ 位的个体的迁入率和迁出率:

$$\lambda_i = I \frac{i}{n} \qquad (2.14)$$

$$\mu_i = E \left(1 - \frac{i}{n}\right) \qquad (2.15)$$

在求解一般连续优化问题时,BBO 算法的建议参数设置:种群大小 $N = 50$,最大迁移率 $E = I = 1$,最大变异率 $\pi_{\max} = 0.01$。当然,要想针对具体问题取得更好的优化性能,则需要通过实验来进一步调节参数。

## 2.2.4　与一些经典启发式算法的比较

和其他很多启发式算法类似,BBO 算法也是一种基于种群的优化算法,通过对种群中每个个体的相关操作来对种群进行不断演化,从而在解空间内搜索问题的最优解。但 BBO 算法是以生物地理学的理论模型为基础,与其他启发式算法相比具有自己独特的性质。

BBO 算法不对种群中的不同个体进行重组,因此也不存在"父代"和"子代"之间的区别,这一点与 GA 等经典进化算法存在明显区别。

BBO 算法在迭代过程中始终保留着初始的解集,只是通过迁移和变异操作来改变其中的解。这一点与 GA 算法也是不同的,后者在每一次迭代中都会产生一组新解,这样当前解和新解会组成一个更大的解集,需要从中选取解来构成新一代的种群。BBO 算法则不需要这样的选择操作。

相对而言,BBO 算法与 PSO、DE 等算法更为相似,它们都是先随机生成一个初始解集,然后在算法运行过程中使这些解不断通过学习来改善质量。其中,PSO

算法是通过向群体最优解和个体历史最优解的位置移动来进行学习,DE 算法是通过与其他解进行差分混合的方式来进行学习,而 BBO 算法则主要是通过从其他解的迁入要素来进行学习。

为了检验 BBO 算法的性能优势,Simon 从文献[9]~[11]中选取了一系列基准测试函数,并通过仿真实验与如下七种启发式算法的性能进行了比较。

(1)基本的 ACO 算法[12]。

(2)基本的 DE 算法[13]。

(3)基本的 PSO 算法[14]。

(4)进化策略(evolution strategy,ES)[15],也是一种典型的进化算法,其特点是变异和杂交操作同等重要,而且允许多于两个的父代个体作用于同一个子代个体。

(5)基本的遗传算法(GA)[16]。

(6)PBIL 算法[17],是 GA 的一种改进,其特点是并不直接保存种群,而是保存与种群相关的数据。

(7)SGA[18],是 GA 的另一种改进,其特点是每一代的最优个体会参与每次杂交操作。

实验中,每种算法分别在每个基准函数上随机独立运行 100 次,统计出 100 次求解的平均时间,以及结果的平均值和最优值,分别列在表 2-1 和表 2-2 中。为提高比较结果的直观性,对目标函数优化的结果值进行了归一化处理,使得表格每行数据的最小值为 100(以粗体标识)。

表 2-1　BBO 及其比较算法在基准测试函数上的平均优化结果和 CPU 运行时间[1]

| 函数 | ACO | DE | PSO | ES | GA | PBIL | SGA | BBO |
|---|---|---|---|---|---|---|---|---|
| Ackley | 182 | 146 | 192 | 197 | 197 | 232 | 103 | **100** |
| Fletcher-Powell | 1013 | 385 | 799 | 494 | 415 | 917 | 114 | **100** |
| Griewank | 162 | 272 | 1023 | 696 | 516 | 2831 | **100** | 117 |
| Penalty #1 | 2.22E+07 | 9.70E+04 | 2.09E+06 | 1.26E+06 | 2.46E+05 | 2.82E+07 | **100** | 1.16E+04 |
| Penalty #2 | 5.02E+05 | 5862 | 6.35E+04 | 4.23E+04 | 1.06E+04 | 5.37E+05 | **100** | 715 |
| Quartic | 3213 | 1176 | 8570 | 7008 | 2850 | 4.81E+04 | **100** | 262 |
| Rastrigin | 454 | 397 | 470 | 536 | 421 | 634 | 134 | **100** |
| Rosenbrock | 1711 | 253 | 516 | 716 | 428 | 1861 | **100** | 102 |
| Schwefel 1.2 | 202 | 391 | 592 | 425 | 166 | 606 | 110 | **100** |

| 函数 | ACO | DE | PSO | ES | GA | PBIL | SGA | BBO |
|---|---|---|---|---|---|---|---|---|
| Schwefel 2.21 | 161 | 227 | 179 | 162 | 184 | 265 | 146 | **100** |
| Schwefel 2.22 | 688 | 290 | 665 | 1094 | 500 | 861 | 142 | **100** |
| Schwefel 2.26 | 108 | 137 | 142 | 140 | 142 | 177 | **100** | 118 |
| Sphere | 1347 | 250 | 1000 | 910 | 906 | 2785 | 109 | **100** |
| Step | 248 | 302 | 1161 | 813 | 551 | 3271 | **100** | 112 |
| 运行时间/秒 | 3.2 | 3.3 | 2.9 | 2.3 | 2.1 | **1.0** | 2.1 | 2.4 |

表 2-2　BBO 及其比较算法在基准测试函数上的最佳优化结果[1]

| 函数 | ACO | DE | PSO | ES | GA | PBIL | SGA | BBO |
|---|---|---|---|---|---|---|---|---|
| Ackley | 205 | 178 | 262 | 220 | 224 | 325 | 114 | **100** |
| Fletcher-Powell | 1711 | 527 | 1451 | 544 | 632 | 1947 | **100** | 109 |
| Griewank | 240 | 576 | 2241 | 1081 | 404 | 4665 | **100** | 181 |
| Penalty #1 | **100** | 2.67E+05 | 4.05E+07 | 5.47E+07 | 6198 | 1.65E+10 | 1090 | 3660 |
| Penalty #2 | **100** | 3.42E+07 | 1.13E+09 | 4.69E+08 | 8.79E+05 | 2.60E+10 | 4878 | 4651 |
| Quartic | 1.64E+04 | 4847 | 3.51E+04 | 2.50E+04 | 4378 | 1.57E+05 | **100** | 432 |
| Rastrigin | 541 | 502 | 544 | 564 | 466 | 798 | 123 | **100** |
| Rosenbrock | 2012 | 418 | 558 | 615 | 443 | 2696 | 103 | **100** |
| Schwefel 1.2 | 391 | 1344 | 1742 | 1209 | 186 | 2091 | **100** | 174 |
| Schwefel 2.21 | 259 | 571 | 307 | 381 | 249 | 597 | **100** | 109 |
| Schwefel 2.22 | 779 | 374 | 670 | 560 | 468 | 1297 | 142 | **100** |
| Schwefel 2.26 | **100** | 215 | 188 | 174 | 161 | 231 | 104 | 119 |
| Sphere | 1721 | 278 | 1445 | 111 | 751 | 5196 | **100** | 115 |
| Step | 279 | 585 | 1580 | 1155 | 530 | 5595 | **100** | 106 |

　　观察表 2-1 可知,BBO 和 SGA 两种算法分别在 7 个函数上获得了最佳的平均结果;而观察表 2-2 可知,SGA、BBO 和 ACO 三种算法分别在 7 个、4 个和 3 个函数上取得了最佳的函数最小值。总体看来,SGA 性能表现最好,BBO 算法排名第二。而从表 2-1 中的计算时间来看,PBIL 算法运行速度最快,BBO 算法排名第五。

　　上述仿真实验只是在基准函数上部分地展现了这些算法的性能,实验中没有对算法进行细致的参数调整。根据无免费午餐定律[19,20],并不能笼统地说某种算法比其他算法更优。尽管如此,上述结果还是能表明 BBO 算法是一种极具前途和潜力的算法。

# 2.3　生物地理学优化算法研究进展

近年来,BBO算法受到了国内外学者的广泛关注,短短数年来已取得了丰硕的研究成果,成为当前进化计算领域的一个研究热点。对 BBO 算法的研究大致可分为两个方面:一方面是对算法本身的机制进行改进研究,特别是改善其全局探索和局部开发的平衡能力;另一方面是将 BBO 算法扩展应用于不同类型的优化问题。本节将国内外对 BBO 算法的改进和应用研究进行概要介绍,本书后面的章节将详细介绍作者所在的研究团队在这方面的研究成果。

## 2.3.1　算法改进研究

迁移操作是 BBO 算法的核心操作,因此最早对 BBO 的改进研究包括对迁移操作方式以及迁移率模型的改进。

Ma 和 Simon[21] 提出了一种混合型 BBO(blended biogeography-based optimization,B-BBO)算法。该算法受到 GA 混合交叉操作[22] 的启发,将原始 BBO 算法中的迁移操作改进为一种混合型的迁移操作,即在对解 $H_i$ 进行迁移时,将 $H_i$ 的当前分量和根据迁出率选定的迁出解 $H_j$ 的对应分量进行混合,其操作形式为

$$H_i'(d) = \alpha H_i(d) + (1 - \alpha) H_j(d) \tag{2.16}$$

式中,$\alpha$ 是一个[0,1]内的实数,它可以取一个预定义的值(如 0.5),也可以取随机值。从式(2.16)可以看出,混合迁移是原始迁移的一般化表示,当 $\alpha = 0$ 时,混合迁移操作就变成了原始的迁移操作。

混合迁移操作将当前解自身的特征信息与来自迁出解的特征信息进行组合,不仅达到了原始迁移操作所起的信息交互作用,使得较差的解可以获得来自较优解的特征而提高自身解的质量,而且进一步避免了较优的解因迁移而产生质量下降的情况。这种混合迁移操作也比原始的迁移操作更能提高解的多样性。在一组单目标约束优化函数上的实验结果表明,B-BBO 算法的性能优于原始 BBO 算法[21]。

生物地理学中存在着不同的迁移模型。原始 BBO 算法采用了最简单的线性迁移模型,但生态系统本质上是非线性的,系统中某一部分的微小改变可能对整个系统产生复杂的影响,因此实际的物种迁移过程比线性模型所描述的情况更为复杂。Ma 在文献[7]中介绍了多种非线性的迁移模型,并选择了几种具有代表性的模型来研究非线性迁移行为对算法性能的影响。

一种非线性模型是二次迁移模型,其中物种数量为 $s$ 的栖息地的迁入率和迁出率分别按如下公式进行计算:

$$\lambda_s = I \left(1 - \frac{s}{n}\right)^2 \tag{2.17}$$

$$\mu_s = E \left( \frac{s}{n} \right)^2 \tag{2.18}$$

这样，$\lambda_s$ 和 $\mu_s$ 都是 $s$ 的二次凸函数，如图 2-3 所示。

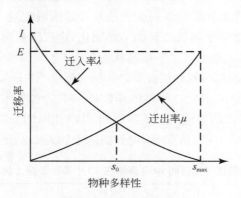

图 2-3 二次迁移模型

该模型基于岛屿生物地理学中的一个实验测试理论[4]，即栖息地的迁移率是栖息地大小和地理邻近度的一个二次函数：如果栖息地拥有较少的物种数量，那么迁入率就从最大迁入率开始迅速减小，而迁出率从零开始缓慢增大；当栖息地中的物种数量趋近于饱和状态时，迁入率逐渐减小，而迁出率快速增大。

另一种非线性模型是正弦迁移模型，其迁入率和迁出率的计算公式为

$$\lambda_s = \frac{I}{2} \left( \cos \frac{s\pi}{n} + 1 \right) \tag{2.19}$$

$$\mu_s = \frac{E}{2} \left( -\cos \frac{s\pi}{n} + 1 \right) \tag{2.20}$$

这样，$\lambda_s$ 和 $\mu_s$ 都是 $s$ 的三角函数，如图 2-4 所示。

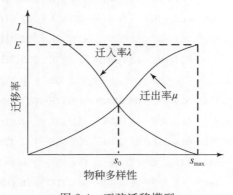

图 2-4 正弦迁移模型

　　该模型描述的曲线更加符合自然界中栖息地的实际情况,因为它将诸如捕食者与猎物的关系、物种的流动、物种的进化以及种群大小等因素都考虑在内,这些因素使得迁移曲线的形状类似于正弦曲线[23]。当栖息地拥有较少或大量的物种数量时,迁入率和迁出率都将从各自的极值处开始缓慢改变;而当栖息地拥有中等数量的物种时,迁移率从平衡值处开始迅速变化,这意味着自然界中的栖息地需要花费很长的时间来达到物种数量平衡的状态。

　　为了研究不同迁移模型起到的效果,Ma从文献[10]中选取了23个基准函数,其中包含高维单峰函数(f1～f7)、高维多模函数(f8～f13)和低维多模函数(f14～f23)。使用不同迁移模型的BBO算法均采用与原始BBO相同的参数设置,并在每个基准函数上执行50次Monte Carlo仿真,得到的结果如表2-3所示。

表 2-3　使用不同迁移模型的 BBO 算法在 23 个基准函数上的仿真实验结果[7]

| f | 线性模型 | | | 二次模型 | | | 正弦模型 | | |
|---|---|---|---|---|---|---|---|---|---|
| | 最佳值 | 平均值 | 中位数 | 最佳值 | 平均值 | 中位数 | 最佳值 | 平均值 | 中位数 |
| f1 | 1.25E−03 | 5.23E+03 | 7.04E−03 | 7.14E−02 | 8.24E−02 | 7.03E−03 | **1.02E−03** | **1.10E−03** | 7.11E−04 |
| f2 | 7.23E−02 | 1.12E−01 | 3.34E−02 | 0.00E+00 | 0.00E+00 | 0.00E+00 | **0.00E+00** | **0.00E+00** | 0.00E+00 |
| f3 | 1.35E+02 | 1.43E+03 | 2.11E+02 | 6.41E+02 | 7.93E+03 | 6.56E+02 | **2.04E+01** | **7.73E+02** | 1.32E+02 |
| f4 | 5.53E−02 | 6.85E−02 | 8.93E−02 | 2.52E−15 | 4.31E−14 | 4.22E−14 | **1.47E−15** | **7.56E−15** | 4.32E−15 |
| f5 | 2.52E+00 | 3.32E+00 | 4.26E+00 | **1.33E−02** | **5.14E−01** | 7.45E−01 | 3.28E+00 | 8.76E+00 | 5.05E+00 |
| f6 | 1.24E+00 | 6.27E+00 | 3.74E+00 | 8.65E−03 | 1.19E−02 | 9.67E−02 | **0.00E+00** | **0.00E+00** | 0.00E+00 |
| f7 | 6.46E−03 | 8.32E−03 | 7.09E−03 | 9.01E−05 | 1.84E−04 | 4.35E−04 | **3.77E−07** | **9.54E−07** | 3.35E−07 |
| f8 | 3.42E−01 | 3.35E+00 | 3.41E−01 | 8.03E−01 | 2.72E+00 | 8.67E−01 | **0.00E+00** | **0.00E+00** | 0.00E+00 |
| f9 | 1.95E−01 | 1.03E+00 | 9.05E−01 | **1.15E−02** | **1.56E−01** | 1.23E−01 | 2.33E−01 | 4.50E−01 | 8.36E−01 |
| f10 | 2.45E−02 | 2.27E−01 | 2.10E−02 | 4.82E−01 | 5.38E−01 | 5.73E−01 | **1.99E−02** | **2.12E−01** | 2.05E−02 |
| f11 | 1.45E−01 | 6.78E−01 | 1.22E−01 | 2.76E−01 | 2.98E−01 | 3.89E−01 | **1.02E−01** | **2.37E−01** | 1.90E−02 |
| f12 | 7.27E−32 | 8.76E−32 | 9.66E−32 | 1.86E−32 | 2.87E−32 | 4.57E−31 | **1.11E−32** | **1.71E−32** | 6.89E−32 |
| f13 | 1.18E−03 | 2.10E−03 | 8.45E−03 | **1.68E−33** | **5.54E−32** | 1.99E−32 | 3.77E−32 | 9.03E−32 | 4.92E−32 |
| f14 | 1.41E−04 | 3.65E−04 | 3.21E−05 | 0.00E+00 | 0.00E+00 | 0.00E+00 | **0.00E+00** | **0.00E+00** | 0.00E+00 |
| f15 | 7.05E−04 | 8.90E−04 | 3.18E−05 | **9.89E−09** | **5.89E−08** | 6.92E−08 | 3.19E−04 | 5.29E−04 | 6.27E−05 |
| f16 | 4.12E−06 | 9.01E−06 | 9.22E−07 | 2.76E−08 | 3.85E−08 | 1.33E−08 | **2.67E−09** | **1.51E−08** | 7.32E−08 |
| f17 | 9.33E−03 | 5.05E−02 | 6.03E−02 | 8.11E−12 | 2.83E−10 | 7.55E−10 | **2.17E−15** | **1.44E−14** | 4.77E−14 |
| f18 | 6.51E−15 | 7.38E−15 | 9.04E−15 | 6.72E−12 | 6.04E−11 | 1.66E−11 | **6.06E−15** | **7.05E−15** | 2.56E−16 |
| f19 | 7.00E−25 | 8.77E−25 | 6.48E−25 | 3.62E−30 | 6.45E−30 | 3.35E−30 | **0.00E+00** | **0.00E+00** | 0.00E+00 |
| f20 | 9.26E−04 | 5.76E−04 | 5.09E−03 | 1.02E−08 | 4.65E−08 | 1.92E−09 | **0.00E+00** | **0.00E+00** | 0.00E+00 |

续表

| f | 线性模型 | | | 二次模型 | | | 正弦模型 | | |
| --- | --- | --- | --- | --- | --- | --- | --- | --- | --- |
| | 最佳值 | 平均值 | 中位数 | 最佳值 | 平均值 | 中位数 | 最佳值 | 平均值 | 中位数 |
| f21 | 1.07E−03 | 2.38E−03 | 1.91E−03 | 1.33E−05 | 1.10E−04 | 2.43E−05 | **5.29E−08** | **6.14E−07** | 6.60E−08 |
| f22 | 4.77E−07 | 4.31E−06 | 7.87E−06 | 2.28E−09 | 3.27E−09 | 9.51E−10 | **9.60E−12** | **2.89E−10** | 7.31E−10 |
| f23 | 9.57E−08 | 8.65E−07 | 2.63E−07 | 4.35E−10 | 5.34E−09 | 6.37E−10 | **3.55E−12** | **7.34E−11** | 5.78E−12 |

从实验结果中可以看出,采用正弦迁移模型的 BBO 算法在绝大部分函数上取得的结果显著优于采用另两个模型,而采用二次方迁移模型的 BBO 算法性能也优于原始 BBO 算法。产生这一结果的原因可能是这两个模型的迁移特性更接近于自然规律,这一点类似于对 GA 进行更为符合自然的修改能够有效地改善算法性能。这样的结果也表明对迁移模型的改进是提升 BBO 算法性能的一种有效方法。

对于基于种群的启发式算法,种群的拓扑结构往往也对算法性能有着较大的影响。我们对 BBO 算法的种群拓扑结构进行了深入研究,提出了基于局部邻域结构的生物地理学优化(localized biogeography-based optimization,Local-BBO)算法[24],并在此基础上设计了两种全新的迁移操作,进一步提出了生态地理学优化(ecogeography-based optimization,EBO)算法[25],这两种算法的具体内容将在本书第 3 章和第 4 章中分别进行介绍。

另外,也可将 BBO 算法与其他启发式算法进行混合,这部分的研究成果丰富多样,具体将在第 5 章进行详细介绍。

### 2.3.2　算法在约束优化中的应用研究

约束优化问题除了要考虑目标函数外,还需考虑约束条件。由于约束的存在,问题的解分为可行解与不可行解两大类,可行解满足所有的约束条件,不可行解则至少违反一个约束条件。研究者提出了多种约束处理技术[26,27],其中最常用的一种是罚函数法,即通过对目标函数增加一个惩罚项,将约束条件并入目标函数之中,从而将原始的约束优化问题转化为一个无约束优化问题。

一种常用罚函数的形式可描述为

$$\phi(x) = \sum_{i=1}^{p} r_i G_i + \sum_{j=1}^{q} c_j H_j \tag{2.21}$$

式中,$r_i$ 和 $c_j$ 都是正常数,称为惩罚因子;$p$ 和 $q$ 分别是≤不等式约束和等式约束的个数(≥不等式约束需转换为≤不等式约束);$G_i$ 和 $H_j$ 分别是不等式约束 $g_i(x)$ 和等式约束 $h_j(x)$ 的函数,一般的计算公式如下所示:

$$G_i = \max\left[0, g_i(x)\right]^{\alpha} \tag{2.22}$$

$$H_j = |h_j(x)|^{\beta} \tag{2.23}$$

式中，$\alpha$ 和 $\beta$ 通常设为 1 或 2。如果解 $x$ 满足一个不等式约束 $g_i(x) \leqslant 0$，$\max[0, g_i(x)]$ 将返回 0，因此该约束条件对函数 $\phi$ 无影响；同样，如果 $x$ 满足一个等式约束 $h_j(x) = 0$，$h_j(x)$ 也将返回 0。如果 $x$ 违反了一个约束条件，即 $g_i(x) \geqslant 0$ 或 $h_j(x) \neq 0$，则函数 $\phi$ 将对其增加一个较大的惩罚项，从而降低不可行解的适应度评估值。

设 $f$ 为原问题的目标函数，则使用罚函数修正后的目标函数形式如下（对于求目标函数最小值的问题取＋，求目标函数最大值的问题则取－）：

$$F(x) = f(x) \pm \phi(x) \tag{2.24}$$

罚函数法的优点是简单易行，缺点在于对惩罚因子较为敏感。

Boussaïd 等在文献[28]中提出了三种针对约束优化问题的 BBO 算法的变种，分别命名为 CBBO、CBBO-DM 和 CBBO-PM，它们都采用罚函数法重新定义了目标函数，运用随机排序过程[29]来动态地平衡可行解和不可行解的支配地位，即根据其适应度值及违反约束的个数来对种群中的个体进行排序，并基于该排序结果来控制迁移过程：排名最高的栖息地具有较高的迁出率，更有机会将自己的信息传递给适应度较差的个体。

三个变种算法的主要区别在于采用了不同的种群更新策略。

(1)CBBO：采用原始 BBO 算法的种群更新策略。

(2)CBBO-DM：采用差分进化算法中的变异过程[13,30,31]生成新的向量以替换原始 BBO 算法中的变异过程，再对新生成的变异向量执行迁移操作。

(3)CBBO-PM：框架类似于 CBBO-DM，但其变异过程采用改进的支点法（pivot method，PM）[32]，使得每个个体都可通过结合最优个体和另一个随机选取的个体的信息来生成一个的新位置。

在更新种群后，算法基于如下原则来对每个个体 $H_i$ 及其操作后新生成的个体 $H_i'$ 进行选择。

(1)如果 $H_i$ 和 $H_i'$ 均可行，则选择其中适应度较优的一个。

(2)如果 $H_i$ 和 $H_i'$ 均不可行，则选择其中罚函数较小的一个。

(3)如果 $H_i$ 和 $H_i'$ 一个可行、另一个不可行，则选择其中可行的一个。

Boussaïd 等选取了文献[29]中的 12 个基准函数来进行测试，其中包含了线性、非线性、等式和不等式四种不同类型的约束。实验结果表明，CBBO-DM 策略在绝大部分函数上的测试结果均优于其他两种算法，这说明 DE 变异操作为算法带来的性能提升显著优于 CBBO 算法和 PM 方法。通过进一步对比不同的 DE 变异策略对算法的影响，建议在实现时采用 DE/rand/1/bin 变异策略。

Bi 和 Wang[33]采用了 $\varepsilon$ 约束方法来处理优化问题中的约束条件，并设计了一种动态迁移策略和一种分段 logistic 混沌变异机制来提高搜索效率，形成的新算法称为 $\varepsilon$ 约束生物地理学优化（$\varepsilon$ constrained biogeography-based optimization，$\varepsilon$ BBO）算法。

（1）基于 $\varepsilon$ 约束的排序。BBO 算法中每个栖息地的迁入率和迁出率根据其 HSI 值排名计算得到，对于无约束优化问题，HSI 值即对应于目标函数值；而对于约束优化问题，HIS 要同时考虑目标函数值和约束违反度。$\varepsilon$BBO 采用如算法过程 2.3 所示的伪代码来对种群中的 $N$ 个解进行排序，其中，$f$ 表示目标函数（假定为求最小值），$\phi$ 表示约束违反度。

---

**算法过程 2.3　基于 $\varepsilon$ 约束的排序过程**

1. **for** $i = 1$ **to** $N$ **do**
2.     **for** $j = 1$ **to** $N - 1$ **do**
3.         **if** ( $\phi_j - \phi_{j+1} \leqslant \varepsilon$ ) or ( $\phi_j = \phi_{j+1}$ ) **then**
4.             **if** ($f_{j+1} < f_j$ ) **then**
5.                 swap($\boldsymbol{x}_j, \boldsymbol{x}_{j+1}$);
6.             **end if**
7.         **else**
8.             **if** ( $\phi_{j+1} < \phi_j$ ) **then**
9.                 swap($\boldsymbol{x}_j, \boldsymbol{x}_{j+1}$);
10.             **end if**
11.         **end if**
12.     **end for**
13.     **if** no swap done **then**
14.         break;
15.     **end if**
16. **end for**

---

这样的排序方式能保证可行解分布在种群较靠前的位置，从而在一定程度上利于算法偏向可行解空间范围进行搜索。

（2）动态迁移策略。新的迁移策略在原有迁移机制的基础上，增加了差分向量，并通过迁入率对差分向量进行动态调节，实现偏差扰动。改进后的迁移公式为

$$x_{ij} = x_{kj} + (r_{\min} + \lambda_i \cdot r \cdot (r_{\max} - r_{\min}))(x_{r_1 j} - x_{r_2 j}) \tag{2.25}$$

式中，$x_{ij}$ 表示栖息地 $\boldsymbol{x}_i$ 的第 $j$ 维分量；$x_{kj}$ 表示选定的迁出地 $\boldsymbol{x}_k$ 的第 $j$ 维分量；$r_1$ 和 $r_2$ 是 $[1, N]$ 内的随机数；$r$ 表示控制差分向量扰动程度的时间因子，其范围为 $[r_{\min}, r_{\max}]$，且取值随代数 $t$ 按如下公式变化（$\beta$ 是一个较小的正常数）：

$$r^{(t)} = (1 - \beta)r^{(t-1)} + \beta \tag{2.26}$$

可知偏差扰动的程度由 $r$ 和迁入率 $\lambda_i$ 共同决定。在进化初期，扰动幅度较小，利于保留较优个体原有的特性；而在进化后期，扰动幅度增大，利于较差个体尽快

形成新个体,提高种群多样性。因此,新的迁移策略就是根据栖息地的优劣差异和算法进化代数对每个栖息地个体进行动态调整。

(3)分段 logistic 混沌变异策略。随机变异的方式可能导致算法在进化后期无法搜索到更优的解而陷入局部最优,因此,ε BBO 算法借鉴分段 logistic 混沌映射[34]的思想,将原始的随机方式改进为分段 logistic 混沌映射方式,以便在最优解附近进行更为有效的局部搜索,从而提高解的精确度。新的变异操作先根据变异率按式(2.27)生成混沌序列,再按式(2.28)进行变异:

$$z_{g+1,j} = \begin{cases} 4\mu z_{gj}(0.5 - z_{gj}), & 0 \leqslant z_{gj} < 0.5 \\ 4\mu(z_{gj} - 0.5)(1 - z_{gj}), & 0.5 \leqslant z_{gj} < 1 \end{cases} \tag{2.27}$$

$$x_{ij} = (2 - 2z_{ij})\, x_{ij} + (2z_{ij} - 1)\, x_{bestj} \tag{2.28}$$

式中,$z_{ij}$ 是一个$(0,1)$内的随机数;$\mu$ 是一个控制参数(其值通常设置为 4);$g$ 表示迭代次数;$x_{bestj}$ 表示当前最优解 $x_{best}$ 的第 $j$ 维分量。

ε BBO 算法的基本框架如算法 2.2 所示。

---

**算法 2.2　ε 约束生物地理学优化算法**

步骤 1　随机生成初始种群。

步骤 2　计算种群中每个解的适应度。

步骤 3　按算法过程 2.3 对种群进行排序,计算各个解的迁入率和迁出率。

步骤 4　对种群中的每个解依次执行如下操作:

步骤 4.1　按式(2.25)和式(2.26)进行动态迁移操作。

步骤 4.2　按式(2.27)和式(2.28)进行混沌变异操作。

步骤 4.3　使用 ε 约束方法比较新解与原解,如果新解更优,则用其取代原解。

步骤 5　如果终止条件满足,返回当前已找到的最优解,算法结束;否则,转步骤 2。

---

Bi 和 Wang 选取了文献[29]中的 13 个基准函数来进行测试,并与 B-BBO 算法进行了对比,实验结果如表 2-4 所示。从结果中可以看出,ε BBO 算法仅在函数 g2 和 g13 上没有搜索到全局最优解,在其他 11 个函数上都取得了最优值或几乎接近最优解的值,且标准差也极小,表明了算法良好的稳定性。与 B-BBO 算法的结果进行对比,ε BBO 算法展现出了显著的性能优势。

表 2-4　εBBO 和 B-BBO 算法的约束优化实验结果对比[33]

| 函数 | ε BBO | | B-BBO | |
|------|---------|---------|---------|---------|
| | 平均值 | 中位数 | 平均值 | 中位数 |
| g1 | **−15.000** | 7.31E−20 | −14.708 | 4.71E−02 |
| g2 | −0.77021 | 1.74E−03 | −0.62148 | 5.99E−02 |
| g3 | **−1.000** | 00E+00 | −0.105 | 7.27E−02 |
| g4 | −30665.539 | 00E+00 | −30665.538 | 3.84E−01 |
| g5 | 5126.498 | 00E+00 | 5475.324 | 2.67E+02 |
| g6 | −6961.814 | 00E+00 | **−6961.814** | 4.71E−07 |
| g7 | **24.3062** | 4.50E−11 | 24.4790 | 7.73E−02 |
| g8 | 0.095825 | 00E+00 | **0.095825** | 00E+00 |
| g9 | **680.6300** | 00E+00 | 680.671 | 3.82E−02 |
| g10 | **7049.248** | 00E+00 | 7640.745 | 2.43E−02 |
| g11 | **0.74990** | 00E+00 | 0.97320 | 7.49E−02 |
| g12 | **−1.000** | 00E+00 | **−1.000** | 00E+00 |
| g13 | 0.130914 | 2.51E−02 | 0.930752 | 1.73E−02 |

### 2.3.3　算法在多目标优化中的应用研究

原始 BBO 算法本身并不具备求解多目标优化问题的能力,因此需要建立适用于 BBO 的多目标优化模型。求解单目标优化问题时,BBO 算法中的 HSI 对应于目标函数;而多目标优化并非只有唯一解,在求解时需要根据 Pareto 支配关系来重新定义 HSI,以便通过非支配解集来平衡各个目标。

Ma 等[35] 提出了一种生物地理学多目标优化(biogeography-based multi-objective optimization,BBMO)算法,其主要思想是并行运行多个 BBO 子过程,每个过程对应优化一个目标函数;并行优化过程中,以每个解的 Pareto 排序作为其适应度排序 $k(i)$,在此基础上计算每个解的迁入率和迁出率:

$$\lambda_i = I\left(1 - \frac{k(i)}{n}\right) \tag{2.29}$$

$$\mu_i = E\left(\frac{k(i)}{n}\right) \tag{2.30}$$

BBMO 算法的其他过程与原始 BBO 算法基本相同。

毕晓君等[36] 提出了一种基于混合生物地理学优化的多目标优化(multi-objective optimization based on hybrid biogeography-based optimization,MOBBO)算法,根据多目标优化的特点重新定义了适宜度指数 HSI,提出了自适应的迁移率计算方式、动态迁移策略及分段 logistic 混沌变异策略,并采用一种新的基于动态距离矩阵的分布性保持机制以保持栖息地种群的分布性。

(1)适宜度指数 HSI 的确定方式。令种群 $\boldsymbol{P} = \{H_1, H_2, \cdots, H_n\}$,其中,$H_i$ 的适应度值定义为

$$f_i = \sum_{H_j \in \boldsymbol{P}, H_j \prec H_i} \left\{ \frac{1}{n} \Big| \{k \big| H_j, H_k \in \boldsymbol{P} \wedge H_j \prec H_k \} \Big| \right\}, \quad i = 1, 2, \cdots, n$$

(2.31)

表明栖息地的适应度由其受其他解支配的程度决定:受支配程度越低,适应度就越高。

(2)自适应迁移率的计算方式。每个栖息地的迁移率根据当前种群中非支配个体的比重进行自适应调节,其中,栖息地 $H_i$ 的迁入率 $\lambda_i$ 和迁出率 $\mu_i$ 按如下方式进行计算:

$$\lambda_i = \left( \frac{f_i - f_{\min}}{f_{\max} - f_{\min}} \right) \frac{1}{N^\alpha}$$

(2.32)

$$\mu_i = 1 - \lambda_i$$

(2.33)

式中,$f_{\max}$ 和 $f_{\min}$ 分别表示当前种群中适应度的最大值和最小值;$\alpha$ 表示种群的非支配率,即 $f_i = 0$ 的个体在种群中所占的比重。这种迁移率自适应调节的好处在于:在进化初期非支配个体较少时,根据个体的优劣可快速进化支配程度较差的个体;而随着进化过程的不断推进,非支配个体数逐渐增多,解集分布较为聚集的非支配个体有更多机会参与进化,使之分布更为均匀。

(3)基于动态距离矩阵的分布性保持机制。该机制采用竞争选择的方式保持种群的分布性,首先在各个栖息地之间建立距离矩阵,然后根据矩阵显示的聚集程度选择聚集度较高的一对个体,通过竞争淘汰其中聚集度更高的一方,最后对矩阵进行动态更新。该过程可用算法过程 2.4 所示的伪代码描述,其中,$\boldsymbol{A}^*$ 为算法当前搜索到的非支配解集,$N_P$ 表示非支配解的个数,$U$ 为一个临时集合,$\boldsymbol{P}_n$ 表示新产生的种群。

---

**算法过程 2.4　MOBBO 算法的分布性保持机制**

1. **for** $i = 1$ to $N_P$ **do**

2. 　**for** $j = 1$ to $N_P - 1$ **do**

3. 　　$d_{ij} = $ Euclidean_distance($H_i$, $H_j$);

4. 　**end for**

5. **end for**

6. **while** size($\boldsymbol{A}^*$) $> n$

7. 　选出相互间距离最小的一对个体 $H_A$、$H_B$;

8. 　分别找出 $d_A$ 列和 $d_B$ 列中的次小值,记作 $l_A$ 和 $l_B$;

9.　**if** $l_A < l_B$ **then**

10.　　Add $A$ to $U$;

11.　**else**

12.　　　Add $B$ to $U$;

13.　**end if**

14.　$\text{size}(A^*) = \text{size}(A^*) - 1$;

15. **end while**

16. **for** $i = 1$ **to** $n$ **do**

17.　**if** $H_i \notin U$ **then**

18.　Add $H_i$ to $P_n$;

19.　**end if**

20. **end for**

此外,该算法的动态迁移策略及分段 logistic 混沌变异策略与文献[33]中的策略相同。

MOBBO 算法的基本框架如算法 2.3 所示。

**算法 2.3　基于混合生物地理学优化的多目标优化算法**

步骤 1　随机生成一个初始种群 $P$(包含 $N$ 个解)。

步骤 2　计算种群中每个解的目标函数值。

步骤 3　根据式(2.31)计算适应度,并确定当前种群中的非支配解。

步骤 4　若非支配解的个数小于 $N$,执行步骤 4.1;否则,执行步骤 4.2。

　步骤 4.1　对 $P$ 中的解按 HSI 值升序排序,保留前 $N$ 个解构成新种群 $P_n$。

　步骤 4.2　对非支配种群按算法过程 2.4 进行竞争选择,取排名前 $N$ 的解构成新种群 $P_n$。

步骤 5　如果终止条件满足,转步骤 9;否则,继续步骤 6。

步骤 6　根据式(2.32)和式(2.33)计算迁入率和迁出率,计算变异率。

步骤 7　按式(2.25)和式(2.26)进行动态迁移操作,再按式(2.27)和式(2.28)进行混沌变异操作,产生新的种群 $P_c$。

步骤 8　合并 $P_n$ 和 $P_c$ 替换原种群 $P$,转步骤 2。

步骤 9　输出非支配栖息地种群 $P_n$。

文献[36]中将 MOBBO 算法与其他几种代表性的多目标进化算法进行对比,通过在典型的 ZDT 和 DTLZ 测试问题上分别比较世代距离(generational distance metric,GD)指标[37]和空间度量(spacing metric,SP)指标[38]得出,MOBBO 算法可以获得最小的 GD 和 SP 值,表明其具有良好的收敛性和分布均匀性,能有效地解决复杂的多目标优化问题。

徐志丹[39]提出了另一种基于生物地理学的多目标优化算法,其中使用了与 SPEA2(strength Pareto evolutionary algorithm 2)[40]相同的适应度评价方法,并设计了一种新的扰动迁移操作和一种外部种群更新操作以实现对种群的进化。

(1)外部种群更新操作。首先初始化一个空的外部种群(档案)$Q$,随后在内部种群 $P$ 和外部种群 $Q$ 的集合中按照支配关系选出非支配个体,将其存入外部种群 $Q$ 中。由于非支配个体的数量随着迭代次数的增加而增加,因此算法像 SPEA2 那样将外部种群 $Q$ 的规模限定为一个固定值 $M$。

(2)扰动迁移操作。在原迁移操作的基础上,增加了一个 $(0,1.2)$ 内均匀分布的随机数 $\alpha$ 作为扰动因子,在对解 $H_i$ 进行迁移时,根据迁出率选定的迁出解 $H_j$,并按式(2.34)设置其当前分量:

$$H_i'(d) = \alpha H_j(d) \tag{2.34}$$

如果扰动迁移后的分量超出了界限,则按式(2.35)进行修复:

$$H_i'(d) = \begin{cases} u_d - \beta(u_d - H_i'(d)), & (H_i'(d) - l_d) > (u_j - H_i'(d)) \\ l_d + \beta(H_i'(d) - l_d), & (H_i'(d) - l_d) \leqslant (u_d - H_i'(d)) \end{cases} \tag{2.35}$$

式中,$u_d$ 和 $l_d$ 分别表示第 $d$ 维的上下界;$\beta$ 是一个 $(0,0.5)$ 内的均匀分布随机数。由式(2.35)可以看出,修复规则是根据原分量与上下界之间的距离来确定该分量的新值,即当原分量接近上界时,用上界附近的随机数取代,否则用下界附近的随机数取代,这样的方式既确保了每个分量的可行性,又提高了解的多样性。

该多目标 BBO 算法的主要步骤如算法 2.4 所示,算法流程如图 2-5 所示。

---

**算法 2.4　基于生物地理学的多目标优化算法**

步骤 1　随机生成初始种群 $P$,并初始化一个空的外部种群 $Q$。

步骤 2　计算种群 $P$ 和 $Q$ 中每个解的适应度。

步骤 3　执行外部种群更新操作。

步骤 4　如果终止条件满足,输出外部种群 $Q$,算法结束。

步骤 5　计算外部种群 $Q$ 中每个解的适应度并对其排序,计算得到迁入率和迁出率。

步骤 6　对 $Q$ 中的解执行扰动迁移操作,得到新的种群 $Q'$。

步骤 7　对 $Q'$ 中的解执行变异及边界修复,使用 $Q'$ 替换原种群 $P$,转步骤 3。

---

## 2.3.4　算法在组合优化中的应用研究

Simon 等[41]通过将 Inver-over 算子[42]引入 BBO 算法来求解 TSP 问题。该算

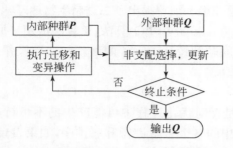

图 2-5 基于生物地理学的多目标优化算法流程图[39]

子的过程可描述如下。

(1)选取 2 个父代个体 $p_1$ 和 $p_2$,每个个体都是一组城市序列。

(2)从 $p_1$ 中随机选取一个城市 $c_1$,并选择紧随 $c_1$ 之后的城市作为起始城市 $c_s$。

(3)在 $p_2$ 中搜索到 $c_1$,选择紧随其后的城市作为终止城市 $c_e$。

(4)在 $p_1$ 中搜索到 $c_e$,将 $p_1$ 中从 $c_s$ 到 $c_e$ 的城市序列进行反转,形成一个子代个体 child。

图 2-6 显示了 Inver-over 算子的执行过程。

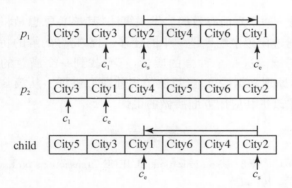

图 2-6 针对 TSP 问题的 Inver-over 算子执行过程示意图[41]

对于如何选取父代个体,不同的算法有不同的实现。文献[41]是结合 BBO 算法的特点,基于迁移率来进行父代选择,即首先按适应度对种群中的每个个体进行排序,规定迁出率 $\mu$ 随适应度的增加而增大,而迁入率 $\lambda$ 随适应度的增加而减小;然后根据迁入率选出父代 $p_1$,根据迁出率选出父代 $p_2$。这种方式使得待迁入解 $p_1$ 有较大可能是适应度较差的个体,而待迁出解 $p_2$ 有较大可能是适应度较优的个体,从而使 BBO 算法的迁移机制合理地融入 Inver-over 算子。实验结果表明 BBO 算法与 Inver-over 算子结合的方式非常有利于解决 TSP 问题。

此外,文献[43]和[44]中也给出了不同的用于求解 TSP 问题的 BBO 算法。

针对 0-1 背包问题,Zhao 等[45]提出了二进制生物地理学优化(binary biogeography-based optimization,Binary BBO)算法,该算法沿用了原始 BBO 算法的迁移操作,并针对 0-1 背包问题的特征设计了两种新的变异操作。第一种变异操作是对解的 0-1 分量进行取反:

$$H_i(d) = 1 - H_i(d) \tag{2.36}$$

第二种变异操作是针对优化过程中可能产生的不可行解设计了贪心变异操作。按 $c_i/a_i$ 的值对解中的各个分量进行升序排序,如果发现不是可行解,则对该解的分量按 $c_i/a_i$ 的顺序不断翻转直至该解变为可行解。

通过在 4 个不同规模的背包问题[46-49]上的比较实验,表明 Binary BBO 算法的收敛速度显著快于 GA,搜索到最优解的成功率也更高。

此外,对于装箱问题[41]、聚类问题[50]和顶点着色问题[51]等其他组合优化问题,BBO 算法也展示了解决问题的可行性及良好的性能,从而为解决组合优化问题提供了一种有效的选择。

# 2.4 小　　结

BBO 算法是一种新兴而有效的启发式算法,其核心思想是将问题的每个解看成一个栖息地,通过模拟生物地理学中的迁移过程,将好的解的特征不断"迁移"到差的解上,从而持续改进整个种群的质量,直到找到一个满意的解。本章介绍了 BBO 算法的基本原理和结构,以及算法的当前研究进展。从第 3 章起将着重介绍我们在 BBO 算法改进和应用方面所做的工作。

## 参 考 文 献

[1] Simon D. Biogeography-based optimization[J]. IEEE Transactions on Evolutionary Computation,2008,12(6):702-713.

[2] Wallace A R. The Geographical Distribution of Animals:With a Study of the Relations of Living and Extinct Faunas as Elucidating the Past Changes of the Earth's Surface[M]. Cambridge:Cambridge University Press,1876.

[3] Darwin C,Beer G. The Origin of Species[M]. Oxford:Oxford University Press,1951.

[4] MacArthur R,Wilson E. The Theory of Biogeography[M]. New Jersey:Princeton University Press,1967.

[5] Hanski I. Metapopulation Ecology[M]. Oxford:Oxford University Press,1999.

[6] Wesche T A,Goertler C M,Hubert W A. Modified habitat suitability index model for brown trout in southeastern Wyoming[J]. North American Journal of Fisheries Management,1987,7(2):232-237.

[7] Ma H. An analysis of the equilibrium of migration models for biogeography-based optimiza-

tion [J]. Information Sciences,2010,180(18)：3444-3464.

[8] Simon D. Biogeography-based optimization[EB/OL]. http://academic. csuohio. edu/simond/bbo. [2009-5-28].

[9] Back T. Evolutionary Algorithms in Theory and Practice[M]. Oxford：Oxford University Press,1996.

[10] Yao X,Liu Y,Lin G. Evolutionary programming made faster[J]. IEEE Transactions on Evolutionary Computation,1999,3(2)：82-102.

[11] Cai Z,Wang Y. A multiobjective optimization-based evolutionary algorithm for constrained optimization[J]. IEEE Transactions on Evolutionary Computation,2006,10(6)：658-675.

[12] Dorigo M,Stutzle T. Ant Colony Optimization[M]. Cambridge：MIT Press,2004.

[13] Storn R,Price K. Differential evolution - a simple and efficient heuristic for global optimization over continuous spaces[J]. Journal of Global Optimization,1997,11(4)：341-359.

[14] Clerc M. Particle Swarm Optimization[M]. Amsterdam：ISTE Publishing,2006.

[15] Beyer H. The Theory of Evolution Strategies[M]. New York：Springer,2001.

[16] Goldberg D. Genetic Algorithms in Search,Optimization,and Machine Learning[M]. Reading：Addison-Wesley,1989.

[17] Parmee I. Evolutionary and Adaptive Computing in Engineering Design[M]. New York：Springer,2001.

[18] Khatib W,Fleming P J. The stud GA：A mini revolution?[C]. Proceedings of the 5th International Conference on Parallel Problem Solving from Nature,Amsterdam,1998：683-691.

[19] Wolpert D H,Macready W G. No free lunch theorems for optimization[J]. IEEE Transactions on Evolutionary Computation,1997,1(1)：67-82.

[20] Ho Y C,Pepyne D L. Simple explanation of the no-free-lunch theorem and its implications[J]. Journal of optimization theory and applications,2002,115(3)：549-570.

[21] Ma H,Simon D. Blended biogeography-based optimization for constrained optimization[J]. Engineering Applications of Artificial Intelligence,2011,24(3)：517-525.

[22] Schlierkamp-Voosen D,Mühlenbein H. Predictive models for the breeder genetic algorithm[J]. Evolutionary Computation,1993,1(1)：25-49.

[23] Whittaker R. Island Biogeography[M]. Oxford：Oxford University Press,1998.

[24] Zheng Y J,Ling H F,Wu X B,et al. Localized biogeography-based optimization[J]. Soft Computing,2014,18(11)：2323-2334.

[25] Zheng Y J,Ling H F,Xue J Y. Ecogeography-based optimization：Enhancing biogeography-based optimization with ecogeographic barriers and differentiations[J]. Computers & Operations Research,2014,50(10)：115-127.

[26] Michalewicz Z,Schoenauer M. Evolutionary algorithms for constrained parameter optimization problems [J]. Evolutionary Computation,1996,4(1)：1-32.

[27] Coello C A C. Theoretical and numerical constraint-handling techniques used with evolutionary algorithms：A survey of the state of the art[J]. Computer Methods in Applied Mechanics and Engineering,2002,191(11)：1245-1287.

[28] Boussaïd I,Chatterjee A,Siarry P,et al. Biogeography-based optimization for constrained op-

timization problems[J]. Computers & Operations Research,2012,39(12)：3293-3304.

[29] Runarsson T P, Yao X. Stochastic ranking for constrained evolutionary optimization[J]. IEEE Transactions on Evolutionary Computation,2000,4(3)：284-294.

[30] Kaelo P，Ali M M. Differential evolution algorithms using hybrid mutation[J]. Computational Optimization and Applications，2007，37(2)：231-246.

[31] Price K,Storn R M,Lampinen J A. Differential Evolution：A Practical Approach to Global Optimization[M]. Heidelberg：Springer-Verlag,2006.

[32] Clerc M. TRIBES-un exemple d'optimisation par essaim particulaire sans parametres de contrôle[C]. Proceedings of the Séminaire Optimisation par Essaim Particulaire,Paris,2003：1-14.

[33] Bi X,Wang J. Constrained optimization based on epsilon constrained biogeography-based optimization[C]. Proceedings of the 4th IEEE International Conference on Intelligent Human-Machine Systems and Cybernetics,Nanchang,2012：369-372.

[34] 范九伦,张雪峰. 分段 Logistic 混沌映射及其性能分析[J]. 电子学报,2009,37(4)：720-725.

[35] Ma H P,Ruan X Y,Pan Z X. Handling multiple objectives with biogeography-based optimization[J]. International Journal of Automation and Computing,2012,9(1)：30-36.

[36] 毕晓君,王珏,李博. 基于混合生物地理学优化的多目标优化算法[J]. 系统工程与电子技术,2014,36(1)：179-186.

[37] Tang L,Wang X. A hybrid multiobjective evolutionary algorithm for multiobjective optimization problems [J]. IEEE Transactions on Evolutionary Computation,2013,17(1)：20-45.

[38] Schott J R. Fault Tolerant Design Using Single and Multi-criteria Genetic Algorithm Optimization[D]. Cambridge：Massachusetts Institute of Technology,1995.

[39] 徐志丹. 基于生物地理算法的多目标优化理论与应用研究[D]. 哈尔滨:哈尔滨工程大学,2013.

[40] Zitzler E,Laumanns M,Thiele L. SPEA2：improving the strength Pareto evolutionary algorithm[C]. Proceedings of the Evolutionary Methods for Design,Optimisation and Control with Applications to Industrial Problems,Athens,2002：95-100.

[41] Simon D,Rarick R,Ergezer M,et al. Analytical and numerical comparisons of biogeography-based optimization and genetic algorithms [J]. Information Sciences,2011,181 (7)：1224-1248.

[42] Tao G,Michalewicz Z. Inver-over operator for the TSP[C]. Proceedings of the 5th International Conference on Parallel Problem Solving from Nature,Amsterdam,1998：803-812.

[43] Mo H,Xu L. Biogeography migration algorithm for traveling salesman problem[M]//Tan Y,Shi Y H,Kan K C. Advances in Swarm Intelligence. Heidelberg：Springer,2010：405-414.

[44] Song Y,Liu M,Wang Z. Biogeography-based optimization for the traveling salesman problems[C]. Proceedings of the 3rd International Joint Conference on Computational Science and Optimization,Huangshan,2010：295-299.

[45] Zhao B,Deng C,Yang Y,et al. Novel binary biogeography-based optimization algorithm for

the knapsack problem[M]//Tan Y, Shi Y H, Ji Z. Advances in Swarm Intelligence. Heidelberg: Springer, 2012:217-224.

[46] Alves M J, Almeida M. MOTGA: A multiobjective tchebycheff based genetic algorithm for the multidimensional knapsack problem[J]. Computers & Operations Research, 2007, 34 (11): 3458-3470.

[47] 张铃, 张钹. 佳点集遗传算法[J]. 计算机学报, 2001, 24(9): 1-6.

[48] 沈显君, 王伟武, 郑波尽, 等. 基于改进的微粒群优化算法的 0-1 背包问题求解[J]. 计算机工程, 2006, 32(18): 23-24.

[49] 高天, 王梦光, 唐立新, 等. 特殊一维背包问题的降维替换算法研究[J]. 系统工程理论方法应用, 2002, 11(2): 125-130.

[50] Hamdad L, Achab A, Boutouchent A, et al. Self organized biogeography algorithm for clustering[M]//Vicente J M F, Sánchez J R A, López F P, et al. Natural and Artificial Models in Computation and Biology. Heidelberg: Springer, 2013:396-405.

[51] Ergezer M, Simon D. Oppositional biogeography-based optimization for combinatorial problems[C]. Proceedings of the IEEE Congress on Evolutionary Computation, New Orelans, 2011: 1496-1503.

# 第 3 章　局部化生物地理学优化算法

种群拓扑结构指种群中个体之间的连接方式。对于基于种群的启发式算法，种群的拓扑结构往往对算法性能有着较大的影响。本章首先介绍几种典型的种群拓扑结构，然后介绍基于局部拓扑结构对 BBO 算法的改进策略及其效果。

## 3.1　种群拓扑结构

对于基于种群的启发式算法，种群拓扑结构决定了个体间的信息传递方式，即个体能够与哪些其他个体进行信息交互。对于种群中的每个个体 $X$，记与其直接相连的其他个体的集合为 $N(X)$，称 $N(X)$ 为 $X$ 的邻域（neighborhood），称 $N(X)$ 中的元素个数为 $X$ 的邻域规模。种群中所有个体的平均邻域规模越大，个体间的信息传递速度就越快，算法的收敛速度通常也越快，但算法的计算代价会更高，陷入局部最优的可能性也会更大；反之，种群的平均邻域规模越小，个体间的信息传递速度就越慢，所需的计算代价通常更低，陷入局部最优的可能性也较小，但算法收敛速度较慢。因此，为启发式算法选择合适的种群拓扑结构，是算法设计的一个重要方面。

### 3.1.1　全局拓扑结构

全局拓扑结构指种群中的所有个体之间都是互连的，即任意两个个体之间都可以进行信息交互，如图 3-1 所示，图中的顶点表示种群中的个体，边表示个体之间的连接。

如果对种群拓扑结构不加限制，则基于种群的启发式算法默认采用的都是全局拓扑结构。例如，在经典 GA 中，任何两个染色体都有可能进行交叉操作；在经典 ACO 算法中，任何一只蚂蚁留下的信息素都可能会对其余的蚂蚁产生影响。设种群大小为 $N$，其中的每个个体都可以与其他$(N-1)$个个体进行交互，即全局拓扑结构的邻域规模为$(N-1)$。

基于种群的启发式算法或多或少都会采用向当前最优个体学习的策略。采用全局拓扑结构时，种群中的所有其他个体都能直接向当前最优个体学习。当这个最优个体相比于种群中其他个体的优势过于明显时，它可能会对其他个体产生很强的"吸引力"。例如，在 GA 中，占据明显优势的最优染色体会具有很大的选择概率，从而在子代中大量复制自身信息。又如，在 ACO 算法中，占据明显优势的最优

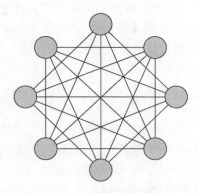

图 3-1　全局拓扑结构示意图

蚂蚁会在其路径上留下大量的信息素,从而大大提高其他蚂蚁选择其路径的概率。那么如果这个最优个体本身正好位于局部最优附近,整个种群就可能很快陷入此局部最优,丧失跳出局部最优并继续进行全局搜索的能力,如图 3-2(a)所示。

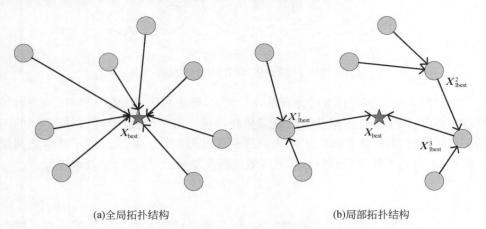

(a)全局拓扑结构　　　　　　　　　　　　　　(b)局部拓扑结构

图 3-2　全局和局部拓扑结构中的个体间学习示意图

### 3.1.2　局部拓扑结构

　　和全局拓扑结构不同,在局部拓扑结构中,每个个体只与种群中的一部分其他个体相连。由于个体不能与不相邻的其他个体直接交互,信息在种群中的传播速度会比较慢,从而导致算法的收敛速度也比较慢。

　　这种慢速传播也有自己的好处,即不容易陷入局部最优。在局部拓扑结构中,每个个体主要向其邻域中的最优个体(称为局部最优个体)学习,如图 3-2(b)所示。一方面,不同邻域中的局部最优个体通常会散布在解空间的不同位置;另一方面,每个局部最优个体都对所有邻居占据明显优势的可能性也比较小。这样算法不会很快地陷入某个局部最优,在较长的搜索过程中更有可能发现新的有价值的搜索区域,从而更有可能跳出局部最优并继续进行全局搜索。

下面介绍几种常见的局部拓扑结构。

### 1. 简单隔离结构

简单隔离结构将整个种群简单地分隔为若干个子种群,每个子种群中的所有个体之间都可以进行交互,不同子种群中的个体之间则不能进行交互,如图 3-3 所示(每个虚线圆圈表示一个子种群)。设种群的规模为 $N$,子种群的数量为 $K$,则简单隔离结构的平均邻域规模为 $(N/K)-1$。

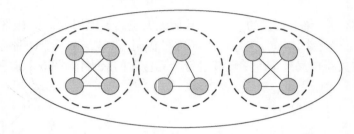

图 3-3　简单隔离拓扑结构示意图

简单隔离结构实现起来较为简单,因为它实际上只需要设定一个 $K$ 值来对种群进行划分,每个子种群默认采用全局拓扑结构。每个子种群可以在解空间的不同部分进行搜索,这样也减少了陷入局部最优的可能性。其缺点是子种群之间缺乏交互,不同的子种群可能会对同一区域进行重复搜索,导致算法效率较低。

### 2. 环形结构

环形结构是最简单的局部拓扑结构之一,种群中的每个个体只与其前后两个个体相互连接,这样所有个体之间首尾相连形成环形,如图 3-4(a)所示。很显然,环形拓扑结构的平均邻域规模为 2,其缺点是种群中的信息传输较慢,优点是平衡性较好。

在算法实现时,若种群中的所有 $N$ 个个体都存放在一个数组 $X$ 中,则每个个体 $X[i]$ 的两个邻居分别是 $X[(i-1)\%N]$ 和 $X[(i+1)\%N]$,其中%表示取余运算。

### 3. 矩形结构

矩形结构也是一种常用的局部拓扑结构,种群中每个个体与其上下左右四个

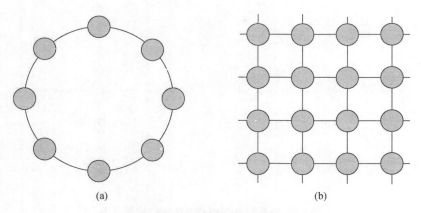

图 3-4　环形和矩形拓扑结构示意图

个体相互连接,如图 3-4(b)所示(最上一行的个体与最下一行的对应个体相连,最左一列的个体与最右一列的对应个体相连,从而形成循环连接,这在图中未表现出来)。很显然,矩形拓扑结构的平均邻域规模为 4,其信息传输速度会比环形结构快很多。

在算法实现时,设种群的个体数量 $N=K^2$,则每个个体 $X[i]$ 的 4 个邻居分别是 $X[(i-K)\%N]$(上)、$X[(i+K)\%N]$(下)、$X[(i-1)+K_1]$(左)和 $X[(i+1)-K_2]$(右),其中 $K_1$ 在 $i\%K=0$ 时为 $K$,否则为 $0$;$K_2$ 在 $(i+1)\%K=0$ 时为 $K$,否则为 $0$。

4. 星形结构

图 3-5(a)为星形结构的示意图,其中心个体与种群的所有其他个体相连,而其他个体只与中心个体相连。设种群的规模为 $N$,易知星形拓扑结构的平均邻域规模为 $2(N-1)/N$。

基于星形拓扑结构的种群,受中心个体的影响太大。一种改进是对非中心个体增加连接,例如,图 3-5(b)中的结构就是将非中心个体依次首尾相连,这相当于星形结构和环形结构的组合。

5. 菱形结构

图 3-6 为菱形结构的示意图,种群中每个个体与其左、右、左上、右上、左下、右下共 6 个其他个体相连(和矩形结构类似,最上一行与最下一行、最左一列与最右一列的连接在图中未表现出来),故其平均邻域规模为 6。

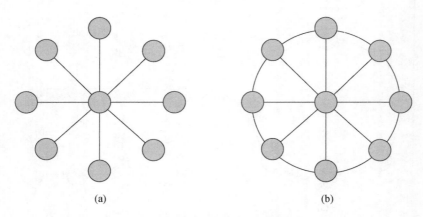

(a)　　　　　　　　　　　　　　(b)

图 3-5　星形拓扑结构及其扩展结构示意图

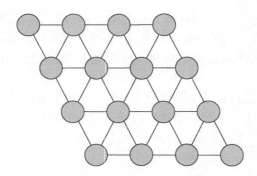

图 3-6　菱形拓扑结构示意图

### 6. 随机结构

在基于上述局部拓扑结构的种群中,每个个体的邻域都是固定的。随机拓扑结构是一种更为广义的局部拓扑结构,其中每个个体的邻域个体都是从种群中随机选择的。为种群设置随机拓扑结构时,通常会先指定一个参数 $K$ 作为邻域规模,然后为每个个体随机选择 $K$ 个邻居。这种邻域结构可通过一个链表来进行维护。对于随机拓扑结构,通常在算法执行若干次迭代后需要重置邻域,即为每个个体重新随机选择 $K$ 个邻居。

除了随机结构外,上述其他局部拓扑结构都能够在二维平面上直观地表现出来。此外还有一些更复杂的三维拓扑结构,它们在启发式算法中的应用并不常见,这里不再详细介绍。

### 3.1.3　局部拓扑结构在启发式算法中的应用

局部拓扑结构将种群中的个体分为相对独立的几个部分(子集),每部分可在解空间的不同区域进行搜索,这能够有效地增加种群中个体的多样性,从而避免早熟现象。另外(除简单隔离结构的情况以外),这些相对独立的部分仍可以通过相交的个体进行间接通信,使得信息在整个种群中顺利流通。因此,选用合适的局部拓扑结构往往能够有效地改进算法的求解效果。

GA 默认采用全局拓扑结构,在种群中一个或若干个染色体占显著优势后很容易出现"近亲繁殖"的现象,从而陷入局部最优。为应对这一问题,人们考虑引入"物以类聚"的原则,使种群中的个体总是去与自己类似的个体进行"同类交配",这种技术被称为"小生境"(niche)技术[1]。基于隔离的小生境技术是将 GA 的初始群体分为几个子群体,即采用简单分离的局部拓扑结构,子群体之间独立进化,从而有效地保证群体中解的多样性[2]。但这种静态的隔离结构大大限制了种群中的信息共享,严重影响算法的收敛速度。一种改进策略是在算法进化过程中动态地重新划分小生境,以打破原有的隔离[3]。目前,这类技术在多模优化问题和多目标优化问题中有着较为广泛的应用[3-6]。

原始的 PSO 算法存在较严重的过早收敛问题,其主要原因是种群中的所有粒子都向一个全局最优粒子学习。在提出 PSO 算法后不久,Kennedy[7]就尝试将局部拓扑结构引入 PSO 算法,使得每个粒子只能向其邻域最优而非全局最优粒子学习,从而缓解过早收敛的情况。Kennedy 和 Mendes[8]对多种局部拓扑结构上的 PSO 算法进行了系统的研究,结果表明针对不同的问题来选择合适的拓扑结构对算法性能有着很大的影响。Li[9]在 PSO 算法中将环形拓扑结构与小生境技术相结合,以简化参数设置和提高信息交互。随着研究的深入,人们发现使用动态拓扑结构的 PSO 算法在大部分问题上表现出了良好的性能[10-12]。例如,目前最流行的 PSO 算法版本 SPSO 2011[13]使用的就是动态的随机拓扑结构。

人们发现 DE 算法在很多问题上也常常出现搜索停滞和早熟的现象,而仅仅依靠改变变异模式难以取得较好的效果。Chakraborty 等[14]和 Omran 等[15]分别开始了对基于局部拓扑结构的 DE 算法的研究,即将 DE/best/1/bin 和 DE/best/2/bin 等变异模式中的 best 由全局最优替换为邻域最优,从而有效地克服早熟现象。Das 等[16]进一步将局部拓扑结构与全局拓扑结构结合起来,在算法中通过一个权重参数来控制对拓扑结构的选择。这种策略在大量多模优化问题上表现出了良好的性能[17]。

局部拓扑结构在其他很多基于种群的启发式算法中也有着成功的应用。Pan 等[18]将局部拓扑结构引入和声搜索算法,使新和声在创作过程中有更多的机会向邻域最优和声学习,而且算法的拓扑结构也是动态可变的。此外,Mo 和 Zeng[19]将局部拓扑结构引入拟态物理学优化(artificial physics optimization)算法,Hu 等[20]将局部拓扑结构引入文化基因算法(memetic algorithm),都取得了较好的效果。

# 3.2　局部化生物地理学优化(Local-BBO)算法

原始的 BBO 算法使用的也是全局拓扑结构,即任意两个栖息地之间都有可能发生迁移操作。如果种群中当前最优的栖息地陷入了局部最优,其信息会有很大的概率不断地迁移给其他栖息地,从而导致算法陷入局部最优。

为解决这一问题,我们首次提出将环形拓扑结构引入 BBO 算法[21],又研究了多种局部拓扑结构特别是随机结构的 BBO 算法[22],实验结果证明这些局部拓扑结构能够有效地提高 BBO 算法的性能。这些算法统称为局部化生物地理学优化(Local-BBO)算法。

## 3.2.1　基于环形结构的迁移

设种群中有 $N$ 个栖息地,它们以解向量的形式存放在数组 $H$ 中,其中第 $i$ 个栖息地用 $H_i$ 表示。在环形结构中,栖息地 $H_i$ 只与它左右两个栖息地 $H_{(i-1)\%N}$ 和 $H_{(i+1)\%N}$ 相邻。记这两个邻居栖息地在数组中的索引分别为 $i1$ 和 $i2$。在对 $H_i$ 进行迁移操作时,选择左邻居作为迁出栖息地的概率是 $\mu_{i1}/(\mu_{i1}+\mu_{i2})$,选择右邻居的概率是 $\mu_{i2}/(\mu_{i1}+\mu_{i2})$。

算法过程 3.1 描述了环形结构上的迁移操作过程的伪代码,其中,$D$ 表示问题的维数即解向量的长度,rand()用于生成一个 $[0,1]$ 内的随机数,$f$ 表示解的适应度函数。

---

**算法过程 3.1　基于环形邻域结构的迁移操作**

1. **for** $d=1$ **to** $D$ **do**
2. 　　**if** rand()$< \lambda_i$ **then**
3. 　　　let $i1=(i-1)\%N, i2=(i+1)\%N$;
4. 　　　**if** rand()$< \mu_{i1}/(\mu_{i1}+\mu_{i2})$ **then**
5. 　　　　Select $H_{i1}$ as $H_j$;
6. 　　　**else**
7. 　　　　Select $H_{i2}$ as $H_j$;
8. 　　　**end if**
9. 　　　$H_i(d) \leftarrow H_j(d)$;

10.　**end if**
11. **end for**

---

值得注意的是,在原始 BBO 算法中,每一维的迁移操作都要从整个种群中寻找迁出栖息地,因此操作的时间复杂度是 $O(N)$。而在使用了环形结构后,每次执行迁移操作只需要从左右两个邻居中寻找迁出栖息地,操作的时间复杂度是 $O(2)$。因此,原始 BBO 算法每次迭代的复杂度是 $O(N^2 D)$,而基于环形结构的 BBO 算法每次迭代的复杂度下降到 $O(2ND)$。

### 3.2.2　基于矩形结构的迁移

令 $\omega$ 表示矩形结构的网格宽度;不失一般性,设种群大小 $N$ 是 $\omega$ 的整数倍。同样采用数组形式来维护种群,并按照矩形结构从左到右再从上到下的顺序来依次存放各个栖息地,则栖息地 $H_i$ 的 4 个邻居分别是 $H_{(i-1)\%N}$、$H_{(i+1)\%N}$、$H_{(i-\omega)\%N}$ 和 $H_{(i+\omega)\%N}$。在迁移操作时,采用轮盘赌方法从 $H_i$ 的这 4 个邻居中选择一个作为迁出栖息地。

算法过程 3.2 描述了这种矩形结构上的迁移操作过程的伪代码。

---

**算法过程 3.2　基于矩形邻域结构的迁移操作**

1. **for** $d=1$ **to** $D$ **do**
2.　　**if** rand()$<\lambda_i$ **then**
3.　　　**let** $i1 = (i-1)\%N, i2=(i+1)\%N, i3 =(i-\omega)\%N, i4 =(i+\omega)\%N$;
4.　　　**let** $r = $ rand();
5.　　　**if** $r < \mu_{i1}$ **then**
6.　　　　select $H_{i1}$ as $H_j$;
7.　　　**else if** $r < (\mu_{i1} + \mu_{i2})$ **then**
8.　　　　select $H_{i2}$ as $H_j$;
9.　　　**else if** $r < (\mu_{i1} + \mu_{i2} + \mu_{i3})$ **then**
10.　　　　select $H_{i3}$ as $H_j$;
11.　　　**else**
12.　　　　select $H_{i4}$ as $H_j$;
13.　　　**end if**
14.　　　$H_i(d) \leftarrow H_j(d)$;
15.　　**end if**
16. **end for**

---

类似地,上述过程中选择迁出栖息地的时间复杂度也是 $O(4)$,因此基于矩形

结构的 BBO 算法每次迭代的复杂度是 $O(4ND)$。

### 3.2.3　基于随机结构的迁移

环形结构和矩形结构的邻域大小分别固定在 2 和 4，但在随机结构中，可以根据需要来设置拓扑结构中邻域的平均规模 $K$ $(0 < K < N)$。

在算法实现时，可以使用一个 $N \times N$ 的邻接矩阵 Link 来维护种群。对任意两个栖息地 $H_i$ 和 $H_j$，$\text{Link}(i,j)=1$ 表示两者相邻，$\text{Link}(i,j)=0$ 表示两者不相邻。

假设 $K$ 的值已经确定，那么如何来随机地初始化矩阵 Link 呢？一个简单的方法是为每个栖息地随机选择 $K$ 个邻居。然而，这种方法有如下两个缺陷。

(1) $K$ 必须是整数，这使得它可调整的程度不高。

(2) 种群中所有栖息地拥有相同数量的邻居，这在有些应用场景下并不适合。例如，从社交网络上抽象出来的模型中，不同个体的邻域规模往往不同[8]。

这里采用另一种更有效的方法来随机地初始化矩阵 Link，即设置任意两个栖息地相邻的概率为 $K/(N-1)$，这样整个种群的平均邻域规模也是 $K$。这种方法的好处如下。

(1) $K$ 可以是小数，这使得我们能够针对具体问题对该参数进行充分的调整。

(2) 种群中不同栖息地的邻居数量各不相同（涵盖了 0 和 $(N-1)$ 之间的所有数值），这更加丰富了邻域结构的实际形式，有助于提高算法的性能特别是求解多峰优化问题的能力。

这种初始化种群邻接矩阵的伪代码如算法过程 3.3 所示。

---

**算法过程 3.3　初始化随机邻域结构的邻接矩阵 Link**

1. Initialize an $N * N$ matrix Link;
2. **let** $p = K/(N-1)$;
3. **for** $i = 1$ **to** $N$ **do**
4. 　　**for** $j = 1$ **to** $N$ **do**
5. 　　　**if** rand() $< p$ **then**
6. 　　　　　$\text{Link}(i,j) = \text{Link}(j,i) = 1$;
7. 　　　**else**
8. 　　　　　$\text{Link}(i,j) = \text{Link}(j,i) = 0$;
9. 　　　**end if**
10. 　　**end for**
11. **end for**

---

这里的迁移操作同样是采用轮盘赌方法来选择迁出栖息地，其伪代码如算法过程 3.4 所示。

---

**算法过程 3.4　基于随机邻域结构的迁移操作**

1. **for** $d=1$ **to** $D$ **do**
2. 　**if** rand()$< \lambda_i$ **then**
3. 　　**let** $e=0, J=\{\}$;
4. 　　**for** $j=1$ **to** $N$ **do**
5. 　　　**if** $(j \neq i \land \mathrm{Link}(i,j)=1)$ **then**
6. 　　　　$e=e+\mu_j, J=J \bigcup \{j\}$;
7. 　　　**end if**;
8. 　　**end for**
9. 　　**let** $k=0, j=J(0), c=\mu_j, r=\mathrm{rand}()*e$;
10. 　　**while** $(c<r \land k<|J|)$ **do**
11. 　　　$k=k+1, j=J(k), c=\mathrm{c}+\mu_j$;
12. 　　**end while**
13. 　　$H_i(d) \leftarrow H_j(d)$;
14. 　**end if**
15. **end for**

---

类似地，上述过程中选择迁出栖息地的时间复杂度也是 $O(K)$，因此基于随机结构的 BBO 算法每次迭代的复杂度是 $O(KND)$。

在问题求解过程中，可根据种群所处的状态来决定是否要重置邻域结构。具体的重置策略有多种，如每次或固定若干次迭代后进行重置，或在当前最优解经过一次或若干次迭代后没有改善时进行重置。

### 3.2.4　Local-BBO 算法框架

用算法过程 3.1 或算法过程 3.2 去替换第 2 章算法 2.1 的步骤 5 中的算法过程 2.1，就得到了基于环形结构或矩形结构的局部化 BBO 算法框架。基于随机结构的局部化 BBO 算法的基本步骤描述如下（其中，$N_{I\max}$ 表示最优解无改善的迭代次数上限，即如果算法连续 $N_{I\max}$ 次迭代后最优解无改善，则重置邻接矩阵 Link）。

---

**算法 3.1　基于随机拓扑结构的 BBO 算法框架**

**步骤 1**　随机生成一个初始种群。

**步骤 2**　按算法过程 3.3 生成一个初始连接矩阵 Link，令 $N_I=0$。

步骤 3　计算种群中每个解的适应度,并依此计算每个解的迁入率、迁出率和变异率。

步骤 4　若找到新的最优解 $H_{best}$,令 $N_I = 0$;若 $H_{best}$ 不在当前种群中,则将其加入种群。

步骤 5　否则,令 $N_I = N_I + 1$;如 $N_I = N_{Imax}$,则按算法过程 3.3 重置连接矩阵 Link。

步骤 6　如果终止条件满足,返回当前已找到的最优解,算法结束。

步骤 7　对种群中的每个解,按算法过程 3.4 进行迁移操作。

步骤 8　对种群中的每个解,按算法过程 2.2 进行变异操作;而后转步骤 2。

## 3.3　算法性能测试

这里分别设计了三种基于不同局部拓扑结构的 BBO 算法[21,22]。

(1)RingBBO:采用环形拓扑结构。

(2)SquareBBO:采用矩形拓扑结构。

(3)RandBBO:采用动态随机拓扑结构。

下面通过仿真实验对上述算法和原始的 BBO 算法进行性能比较。

### 3.3.1　实验配置

这里选取文献[23]中的基准函数集,这是一个在连续优化领域中被广泛采用的测试函数集,包含 23 个测试函数,分别记为 f1～f23,其中,f1～f13 是可拓展的高维函数,f14～f23 是低维函数,它们涵盖了连续优化问题中常见的各种特征。在前 13 个高维函数中,f1～f5 都是单峰函数;f6 是阶跃函数,只含有一个最小值且不连续;f7 是一个含噪声的四次函数;f8～f13 都是多模函数,其含有的局部极小值随问题维数成倍增加,此类问题是多数优化算法最难解决的。

表 3-1 对这些函数的基本信息进行了概括,其中 $D$ 是函数的维度,$x^*$ 是最优解,$f(x^*)$ 是最优解的目标函数值,RA(required accuracy) 是精度要求——如果某次算法运行得到的最优目标函数值的误差小于 RA,则认为此次运行是"成功"的。参照 CEC 2005 算法竞赛的配置[24],函数 f7 的 RA 设为 $10^{-2}$,其余 22 个函数的 RA 均设为 $10^{-8}$。

**表 3-1　23 个基准函数的详细信息**

| 编号 | 函数名 | 取值范围 | $D$ | $x^*$ | $f(x^*)$ | RA |
|------|--------|----------|-----|-------|----------|-----|
| f1 | Sphere | $[-100,100]^D$ | 30 | $0^D$ | 0 | $10^{-8}$ |
| f2 | Schwefel 2.22 | $[-10,10]^D$ | 30 | $0^D$ | 0 | $10^{-8}$ |
| f3 | Schwefel 1.2 | $[-100,100]^D$ | 30 | $0^D$ | 0 | $10^{-8}$ |
| f4 | Schwefel 2.21 | $[-100,100]^D$ | 30 | $0^D$ | 0 | $10^{-8}$ |
| f5 | Rosenbrock | $[-2.048,2.048]^D$ | 30 | $1^D$ | 0 | $10^{-8}$ |
| f6 | Step | $[-100,100]^D$ | 30 | $0^D$ | 0 | $10^{-8}$ |
| f7 | Quartic | $[-1.28,1.28]^D$ | 30 | $0^D$ | 0 | $10^{-2}$ |
| f8 | Schwefel | $[-500,500]^D$ | 30 | $420.9687^D$ | $-12569.5$ | $10^{-8}$ |
| f9 | Rastrigin | $[-5.12,5.12]^D$ | 30 | $0^D$ | 0 | $10^{-8}$ |
| f10 | Ackley | $[-32.768,32.768]^D$ | 30 | $0^D$ | 0 | $10^{-8}$ |
| f11 | Griewank | $[-600,600]^D$ | 30 | $0^D$ | 0 | $10^{-8}$ |
| f12 | Penalized1 | $[-50,50]^D$ | 30 | $1^D$ | 0 | $10^{-8}$ |
| f13 | Penalized2 | $[-50,50]^D$ | 30 | $1^D$ | 0 | $10^{-8}$ |
| f14 | Shekel's Foxholes | $[-65.536,65.536]^D$ | 2 | $(-32,32)$ | 1 | $10^{-8}$ |
| f15 | Kowalik | $[-5,5]^D$ | 4 | $(0,1928,0.1908,0.1231,0.1358)$ | $0.000307$ | $10^{-8}$ |
| f16 | Six-Hump Camel-Back | $[-5,5]^D$ | 2 | $(\pm0.08983,\mp0.7126)$ | $-1.0316285$ | $10^{-8}$ |
| f17 | Branin | $[-5,10]\times[0,15]$ | 2 | $(\pm3.142,7.275\mp5)$ | $0.398$ | $10^{-8}$ |
| f18 | Goldstein-Price | $[-2,2]^D$ | 2 | $(0,-1)$ | 3 | $10^{-8}$ |
| f19 | Hartman's Family 1 | $[0,1]^D$ | 3 | $(0.114,0.556,0.852)$ | $-3.86$ | $10^{-8}$ |
| f20 | Hartman's Family 2 | $[0,1]^D$ | 6 | $(0.201,0.150,0.477,0.275,$<br>$0.311,0.657)$ | $-3.32$ | $10^{-8}$ |
| f21 | Shekel's Family 1 | $[0,10]^D$ | 4 | 5 optima | $-10.1532$ | $10^{-8}$ |
| f22 | Shekel's Family 2 | $[0,10]^D$ | 4 | 7 optima | $-10.4029$ | $10^{-8}$ |
| f23 | Shekel's Family 3 | $[0,10]^D$ | 4 | 10 optima | $-10.5364$ | $10^{-8}$ |

从表 3-1 可知,除 f8 以外的所有高维函数的最优函数值都是 0,而 f8 和所有低维函数的最优解函数值不是 0。为便于计算,在实验中对 f8 和所有低维函数的表达式进行修改,通过增加常数项来将它们的最优函数值调整为 0。

对于原始的 BBO 算法,我们直接采用算法设计者所提供的最新代码[25],其中对 BBO 算法的参数设置为:种群大小 $N = 50$,最大迁移率 $E = I = 1$,最大变异率 $\pi_{max} = 0.01$。对三种基于局部拓扑结构的 BBO 算法也设置同样的种群大小和最大迁移率。考虑到局部拓扑结构削弱了迁移操作的影响,需要提高变异率来进行弥补,故对三种局部化 BBO 算法设置最大变异率 $\pi_{max} = 0.02$。对 Rand BBO 算法,设置邻域规模 $K=3$, $NI_{max}=1$。

算法的终止条件是其执行的函数估值次数(number of function evaluations, NFE)达到指定的上限(maximum NFE,MNFE)。为保证公平比较,在每个测试函数上为各个算法设置相同的 MNFE。在每个测试函数上,每个算法使用不同的随机种子分别执行 60 次随机仿真,并统计其平均实验结果。

### 3.3.2 实验结果

在 23 个测试函数上,四种算法的优化结果如表 3-2 所示。在其中的第 3~6 列,每个单元格的上半部分为算法取得的平均最优函数值,下半部分是对应的标准差。从中可以看出,除测试函数 f7 以外,在其余 22 个测试函数上三种 Local-BBO 算法的平均最优适应度值都好于原始 BBO 算法。尤其在除 f7 以外的所有高维测试函数上,Local-BBO 算法的平均最优适应度值仅是原始 BBO 算法的 1‰~20%。

对原始 BBO 算法和 Local-BBO 算法的实验结果进行 rank-sum 统计性检验,并在表 3-2 的第 3~6 列中用上标符号"·"标识后者的性能显著优于前者,用上标符号"°"标识前者显著优于后者(可信度均为 95%)。表 3-2 最后加上了统计行,用于记录 Local-BBO 算法显著优于原始 BBO 算法的函数个数,以及原始 BBO 算法显著优于 Local-BBO 算法的函数个数。

从统计性检验结果中可以发现,RingBBO 和 SquareBBO 算法在 20 个函数上的性能相比原始 BBO 算法有显著提高,RandBBO 算法则在 21 个函数上有显著提高。仅在简单的低维函数 f18 上,四种算法的性能之间没有显著性差异。

**表 3-2　原始 BBO 算法和和三种 Local-BBO 算法在 23 个测试函数上的仿真优化结果**

| 编号 | MNFE | BBO | RingBBO | SquareBBO | RandBBO |
|------|------|-----|---------|-----------|---------|
| f1 | 150000 | 2.43E+00<br>(8.64E−01) | 2.90E−01·<br>(1.01E−01) | 3.09E−01·<br>(1.19E−01) | 3.26E−01·<br>(1.38E−01) |
| f2 | 150000 | 5.87E−01<br>(8.60E−02) | 1.96E−01·<br>(3.72E−02) | 1.95E−01·<br>(4.18E−02) | 2.09E−01·<br>(3.73E−02) |
| f3 | 500000 | 4.23E+00<br>(1.73E+00) | 4.88E−01·<br>(2.09E−01) | 4.09E−01·<br>(1.58E−01) | 3.98E−01·<br>(1.58E−01) |
| f4 | 500000 | 1.62E+00<br>(2.80E−01) | 7.61E−01·<br>(1.00E−01) | 6.55E−01·<br>(1.44E−01) | 7.00E−01·<br>(1.25E−01) |
| f5 | 500000 | 1.15E+02<br>(3.66E+01) | 8.60E+01·<br>(2.84E+01) | 6.63E+01·<br>(3.73E+01) | 7.83E+01·<br>(3.25E+01) |

续表

| 编号 | MNFE | BBO | RingBBO | SquareBBO | RandBBO |
|------|------|-----|---------|-----------|---------|
| f6 | 150000 | 2.20E+00<br>(1.61E+00) | 0.00E+00·<br>(0.00E+00) | 3.33E−02·<br>(1.83E−01) | 3.33E−02·<br>(1.83E−01) |
| f7 | 300000 | 3.31E−03<br>(3.01E−03) | 6.16E−03°<br>(3.65E−03) | 5.93E−03°<br>(3.13E−03) | 5.90E−03°<br>(2.44E−03) |
| f8 | 300000 | 1.90E+00<br>(8.02E−01) | 2.44E−01·<br>(1.17E−01) | 2.35E−01·<br>(9.27E−02) | 2.04E−01·<br>(5.92E−02) |
| f9 | 300000 | 3.51E−01<br>(1.40E−01) | 3.89E−02·<br>(1.73E−02) | 3.94E−02·<br>(1.18E−02) | 3.69E−02·<br>(1.06E−02) |
| f10 | 150000 | 7.79E−01<br>(2.03E−01) | 1.76E−01·<br>(4.02E−02) | 1.77E−01·<br>(4.85E−02) | 1.63E−01·<br>(4.21E−02) |
| f11 | 200000 | 8.92E−01<br>(1.01E−01) | 2.36E−01·<br>(7.00E−02) | 2.35E−01·<br>(8.34E−02) | 2.82E−01·<br>(8.34E−02) |
| f12 | 150000 | 7.35E−02<br>(2.87E−02) | 7.32E−03·<br>(3.68E−03) | 6.29E−03·<br>(4.23E−03) | 7.71E−03·<br>(7.19E−03) |
| f13 | 150000 | 3.48E−01<br>(1.23E−01) | 3.81E−02·<br>(2.81E−02) | 4.19E−02·<br>(2.87E−02) | 3.90E−02·<br>(2.71E−02) |
| f14 | 50000 | 3.80E−03<br>(1.01E−02) | 3.38E−06·<br>(1.41E−05) | 3.44E−06·<br>(1.87E−05) | 1.01E−06·<br>(4.04E−06) |
| f15 | 50000 | 6.59E−03<br>(7.70E−03) | 2.42E−03·<br>(2.12E−03) | 3.52E−03·<br>(5.23E−03) | 2.99E−03·<br>(4.25E−03) |
| f16 | 50000 | 2.61E−03<br>(3.85E−03) | 2.40E−04·<br>(3.71E−04) | 1.55E−04·<br>(1.51E−04) | 2.40E−04·<br>(4.87E−04) |
| f17 | 50000 | 4.71E−03<br>(1.18E−02) | 5.78E−04·<br>(9.65E−04) | 3.90E−04·<br>(7.37E−04) | 6.61E−04·<br>(1.05E−03) |
| f18 | 50000 | 9.30E−01<br>(4.93E+00) | 3.44E−03<br>(7.08E−03) | 3.50E−03<br>(6.32E−03) | 2.54E−03<br>(4.54E−03) |
| f19 | 50000 | 2.59E−04<br>(2.37E−04) | 2.19E−05·<br>(3.62E−05) | 1.41E−05·<br>(1.66E−05) | 2.49E−05·<br>(1.97E−05) |
| f20 | 50000 | 2.83E−02<br>(5.12E−02) | 3.99E−03·<br>(2.17E−02) | 7.95E−03·<br>(3.02E−02) | 3.63E−05·<br>(3.63E−05) |
| f21 | 20000 | 5.08E+00<br>(3.40E+00) | 2.70E+00·<br>(3.39E+00) | 2.95E+00·<br>(3.63E+00) | 3.60E+00·<br>(3.67E+00) |

续表

| 编号 | MNFE | BBO | RingBBO | SquareBBO | RandBBO |
|------|------|-----|---------|-----------|---------|
| f22 | 20000 | 4.25E+00<br>(3.44E+00) | 3.14E+00<br>(3.41E+00) | 3.91E+00<br>(3.48E+00) | 2.32E+00·<br>(3.34E+00) |
| f23 | 20000 | 5.01E+00<br>(3.37E+00) | 3.64E+00·<br>(3.48E+00) | 2.55E+00·<br>(3.36E+00) | 1.98E+00·<br>(3.31E+00) |
| | Win | | 20 vs 1 | 20 vs 1 | 21 vs 1 |

原始 BBO 算法仅在函数 f7 上有一定的性能优势。这里,f7 是有一个极值点的噪声函数,其噪声是一个均匀分布在[0,1]内的随机数。在这种相对简单的函数上,原始 BBO 算法所采用的全局拓扑结构的抗噪声能力更好。但由于 Ring BBO 和 SquareBBO 算法的时间复杂度小,当给定的时间相同时,RingBBO 和 SquareBBO 算法仍能在函数 f7 上得到比原始 BBO 算法更好的结果。而在大多数不含噪声的多维测试函数上,局部拓扑结构具有明显的优势。

表 3-3 中统计了各算法在 60 次运行中达到精度要求(结果误差小于 RA)的成功率。可见,三种 Local-BBO 算法的成功率在函数 f6 和 f14 上均比原始 BBO 算法有明显提高。原始 BBO 算法虽然在函数 f7 上的结果优于 Local-BBO 算法,但其成功率和三种局部化 BBO 算法的差别并不明显。

**表 3-3　原始 BBO 算法和三种 Local-BBO 算法在 23 个测试函数上的成功率**

| 编号 | BBO | RingBBO | SquareBBO | RandBBO |
|------|-----|---------|-----------|---------|
| f1 | 0 | 0 | 0 | 0 |
| f2 | 0 | 0 | 0 | 0 |
| f3 | 0 | 0 | 0 | 0 |
| f4 | 0 | 0 | 0 | 0 |
| f5 | 0 | 0 | 0 | 0 |
| f6 | 13.3 | 100 | 96.7 | 96.7 |
| f7 | 96.7 | 83.3 | 90 | 93.3 |
| f8 | 0 | 0 | 0 | 0 |
| f9 | 0 | 0 | 0 | 0 |
| f10 | 0 | 0 | 0 | 0 |
| f11 | 0 | 0 | 0 | 0 |
| f12 | 0 | 0 | 0 | 0 |
| f13 | 0 | 0 | 0 | 0 |
| f14 | 13.3 | 50 | 56.7 | 40 |

续表

| 编号 | BBO | RingBBO | SquareBBO | RandBBO |
|------|-----|---------|-----------|---------|
| f15 | 0 | 0 | 0 | 0 |
| f16 | 0 | 0 | 0 | 0 |
| f17 | 0 | 0 | 0 | 0 |
| f18 | 0 | 0 | 0 | 0 |
| f19 | 0 | 0 | 0 | 0 |
| f20 | 0 | 0 | 0 | 0 |
| f21 | 0 | 0 | 0 | 0 |
| f22 | 0 | 0 | 0 | 0 |
| f23 | 0 | 0 | 0 | 0 |

比较三种 Local-BBO 算法,可以看到它们的性能并没有明显差异。大致而言,RandBBO 算法的性能比 RingBBO 和 SquareBBO 算法好,但其计算成本也略高。从大部分高维函数的最优适应度值的平均值上看,SquareBBO 算法相比 RingBBO 算法略胜一筹,但 RingBBO 算法的标准差比 SquareBBO 算法好。

另外,分别绘制高维函数 f1~f13 上各个算法的收敛曲线,结果如图 3-7 所示,其中横坐标表示算法迭代次数,纵坐标表示最优适应度的平均值,以显示算法的最优适应度值随迭代次数的变化过程。从中可以看出,在除 f7 以外的所有高维函数上,三种局部化 BBO 算法的收敛速度相比原始 BBO 算法有明显优势。

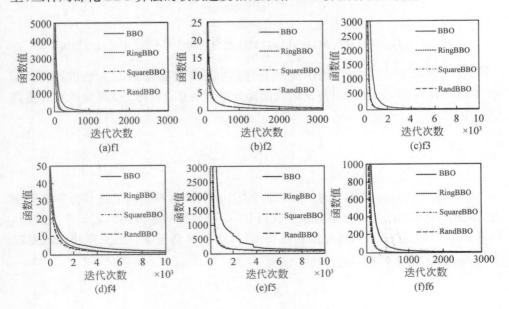

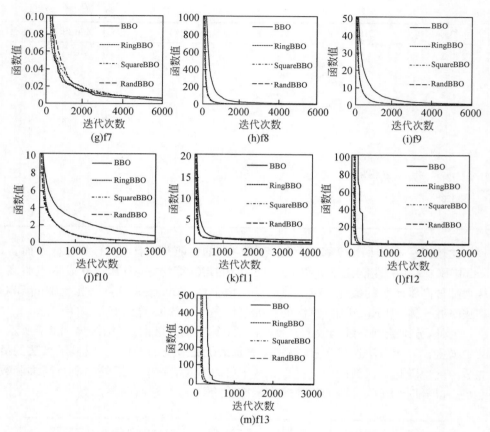

图 3-7　原始 BBO 算法和 Local-BBO 算法在测试函数 f1～f13 上的收敛曲线

　　综上,仿真实验的结果证明局部拓扑结构可以有效提升 BBO 算法的性能。其中,RandBBO 和 SquareBBO 算法的性能提升更为明显,RingBBO 算法则具有更好的稳定性。

# 3.4　小　　结

　　将邻域结构引入 BBO 算法,可使得种群中的每个解只能与其他部分解进行交互,从而避免少数几个解主导算法进化过程,提高种群的多样性。实验结果表明,Local-BBO 算法能够有效地克服传统 BBO 算法的早熟现象。第 4 章将在此基础上对算法进行更大的改进。

## 参 考 文 献

[1] Goldberg D E,Richardson J. Genetic algorithms with sharing for multimodal function optimization[C]. Proceedings of the 2nd International Conference on Genetic Algorithms, Hillsdale,1987：41-49.

[2] 林焰,郝聚民,纪卓尚,等.隔离小生境遗传算法研究[J].系统工程学报,2000,15(1)：86-91.

[3] Miller B L,Shaw M J. Genetic algorithms with dynamic niche sharing for multimodal function optimization[C]. Proceedings of the IEEE International Conference on Evolutionary Computation,Nagoya,1996：786-791.

[4] Nafpiontis H J,Goldberg D E. Multiobjective Optimization Using the Niched Pareto Genetic Algorithms[R]. Urbana：IlliGAL,1993.

[5] Wei L,Zhao M. A niche hybrid genetic algorithm for global optimization of continuous multimodal functions[J]. Applied Mathematics and Computation,2005,160(3)：649-661.

[6] 林琳,王树勋.基于自适应小生境混合遗传算法的说话人识别[J].电子学报,2007,35(1)：8-12.

[7] Kennedy J. Small worlds and mega-minds：effects of neighborhood topology on particle swarm performance[C]. Proceedings of the Congress on Evolutionary Computation,Washington,1999：1931-1938.

[8] Kennedy J,Mendes R. Neighborhood topologies in fully informed and best-of-neighborhood particle swarms[J]. IEEE Transactions on Systems Man and Cybernetics,Part C：Applications and Reviews,2006,36(4)：515-519.

[9] Li X. Niching without niching parameters：particle swarm optimization using a ring topology[J]. IEEE Transactions on Evolutionary Computation,2010,14(1)：150-169.

[10] Hu X,Eberhart R. Multiobjective optimization using dynamic neighborhood particle swarm optimization[C]. Proceedings of the IEEE Congress on Evolutionary Computation, Honolulu, 2002：1677-1681.

[11] Mohais A S,Mendes R,Ward C,et al. Neighborhood re-structuring in particle swarm optimization [M]//Zhang S, Jarvis R. AI 2005：Advances in Artificial Intelligence. Heidelberg：Springer, 2005：776-785.

[12] Akat S B,Gazi V. Particle swarm optimization with dynamic neighborhood topology：Three neighborhood strategies and preliminary results[C]. Proceedings of the IEEE Swarm Intelligence Symposium,Saint Louis,2008：1-8.

[13] Clerc M. Standard particle swarm optimization[EB/OL]. http://www. particleswarm. info. [2013-10-09].

[14] Chakraborty U K,Das S,Konar A. Differential evolution with local neighborhood[C]. Proceedings of the IEEE Congress on Evolutionary Computation,Vancouver,2006：2042-2049.

[15] Omran M G H,Engelbrecht A P,Salman A. Using the ring neighborhood topology with self-

adaptive differential evolution[M]//Jiao L, Wang L, Gao X, et al. Advances in Natural Computation. Heidelberg: Springer, 2006: 976-979.

[16] Das S, Abraham A, Chakraborty U K, et al. Differential evolution using a neighborhood-based mutation operator[J]. IEEE Transactions on Evolutionary Computation, 2009, 13(3): 526-553.

[17] Qu B Y, Suganthan P N, Liang J J. Differential evolution with neighborhood mutation for multimodal optimization[J]. IEEE Transactions on Evolutionary Computation, 2012, 16(5): 601-614.

[18] Pan Q, Suganthan P N, Liang J J, et al. A local-best harmony search algorithm with dynamic neighborhood[J]. Engineering Optimization, 2010, 42(3): 101-117.

[19] Mo S, Zeng J. Performance analysis of the artificial physics optimization algorithm with simple neighborhood topologies[C]. Proceedings of the International Conference on Computational Intelligence and Security, Beijing, 2009: 155-160.

[20] Hu Z, Cai X, Fan Z. An improved memetic algorithm using ring neighborhood topology for constrained optimization[J]. Soft Computing, 2014, 18(10): 2023-2041.

[21] Zheng Y, Wu X, Ling H, et al. A simplified biogeography-based optimization using a ring topology[M]//Tan Y, Shi Y, Mo H. Advances in Swarm Intelligence. Heidelberg: Springer, 2013: 330-337.

[22] Zheng Y J, Ling H F, Wu X B, et al. Localized biogeography-based optimization[J]. Soft Computing, 2014, 18(11): 2323-2334.

[23] Yao X, Liu Y, Lin G. Evolutionary programming made faster[J]. IEEE Transactions on Evolutionary Computation, 1999, 3(2):82-102.

[24] Suganthan P N, Hansen N, Liang J J, et al. Problem Definitions and Evaluation Criteria for the CEC 2005 Special Session On-real-parameter Optimization[R]. Singapore: Nanyang Technological University, 2005.

[25] Simon D. Biogeography-based optimization[EB/OL]. http://academic. csuohio. edu/simon d/bbo/. [2009-05-08].

# 第 4 章 生态地理学优化算法

使用局部拓扑结构是对 BBO 算法进行改进的一种有效方式,但这仅仅是改变迁出栖息地的选择范围,并没有对迁移操作本身进行修改。借鉴生态地理学模型的思想,我们在 Local-BBO 算法的基础上进一步定义了全新的迁移操作,从而提出一种 BBO 算法的重大改进——生态地理学优化(ecogeography-based optimization,EBO)算法[1]。

## 4.1 生态地理学背景知识

在第 2 章介绍的生物地理学迁移模型中,迁移可以发生在任意两个栖息地之间,迁移率只与栖息地的物种多样性有关,而与栖息地到栖息地的迁移路径无关。可见该模型对现实情况作了极大的简化,特别是忽略了迁移过程中的各种生态阻隔因素。

在历史生物地理学的研究中,有学者认为物种通常都是在某个中心位置诞生,而后该物种的一些个体会偶然地散布到其他地方,并受自然选择的影响而发生变化,这种解释称为"散布说"[2-4]。另一种观点则认为物种的祖先一开始就被分隔在较为广泛的区域,它们的后代在自己的区域里繁衍生息,这种解释称为"阻隔说"[5,6]。两种学说都承认生态阻隔的存在:散布说认为物种的初始种群就被阻隔所包围,但某些个体可以穿越阻隔去开拓新的栖息地,最后很有可能演变为新的种类,如图 4-1 所示。阻隔说则认为物种的初始种群会被它们所不能穿越的阻隔划分为若干个子种群,并很有可能演变为不同的新种类,如图 4-2 所示。也就是说,散布说认为阻隔的出现早于物种的诞生,而阻隔说认为阻隔的出现晚于物种的诞生[7]。

杂交种群之间的基因交换会因为新阻隔的出现而中断,这种生态阻隔的演化被认为是物种形成的决定性因素之一[8]。两个被完全阻隔的栖息地之间一般不会存在任何物种相似性。除此之外,栖息地之间的迁移路径可以根据阻隔程度的不同而分为以下三类[9]。

(1)廊道(corridors):迁移是畅通的,几乎没有任何阻隔,如平原和草原等。廊道所连接的栖息地之间的物种相似性一般会非常高。

(2)滤道(filter bridges):能够使得一部分生物体通过,如山脉等。滤道所连接的栖息地之间的物种相似性与连接所需的时间大致成反比。

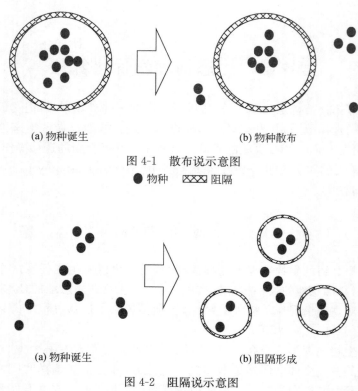

(a) 物种诞生　　　　　　　　(b) 物种散布

图 4-1　散布说示意图
● 物种　　▨ 阻隔

(a) 物种诞生　　　　　　　　(b) 阻隔形成

图 4-2　阻隔说示意图
● 物种　　▨ 阻隔

（3）险道（sweepstakes route）：只有极少数的生物体才能通过，如海峡等。险道所连接的栖息地之间物种相似性极低。

图 4-3 分别给出了这三类通道的示意图。

当迁移的物种达到一个新的栖息地时，如果该栖息地的生态系统很不成熟，并且迁入物种对栖息地的环境适应度很高（如栖息地中没有任何该物种的天敌等），则物种会在栖息地迅速繁衍；反之，如果当前栖息地的生态系统较为成熟，则栖息地上的原有物种通常会和迁入物种展开激烈的竞争，竞争的结果可能是一方占明显优势、另一方退居弱势乃至逐步消亡，也有可能是双方共存并逐步达到新的平衡，共存的比例由双方物种对环境的适应度决定。

上述研究表明，在实际生态系统中，栖息地之间的迁移绝不仅仅取决于其物种的多样性，而是在很大程度上取决于外部环境特别是生态阻隔的情况。迁移的结果不仅取决于迁入的物种，还取决于栖息地原有生态系统对迁入的"阻抗"作用。我们尝试将这些性质引入迁移模型，从而对 BBO 算法进行改进。

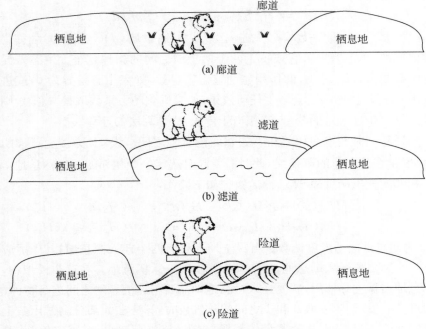

图 4-3　廊道、滤道和险道示意图

## 4.2　生态地理学优化(EBO)算法

受前述生态地理学思想的启发,我们提出了 EBO 算法。首先,该算法也采用了 3.1.2 节中介绍的局部拓扑结构,每个栖息地只与种群中的其他一部分栖息地相连。前面已经介绍过,和原始 BBO 算法相比,采用局部拓扑结构能够提高种群的多样性并且避免早熟,但同时也会降低算法的收敛速度。

为此,EBO 算法的设计策略和 Local-BBO 算法有一个重要不同,即不相邻的栖息地之间并不是完全隔离的:相邻栖息地之间的迁移路径被看成廊道,不相邻的栖息地之间的迁移路径则被看成滤道或险道。换句话说,EBO 算法既允许相邻栖息地之间的迁移,也允许不相邻栖息地之间的迁移,这两种迁移方式分别称为局部迁移和全局迁移。

### 4.2.1　局部迁移和全局迁移

局部迁移发生在相邻的栖息地之间。设 $H_i$ 为接受迁移的栖息地,在对解向量的第 $d$ 维进行迁移时,首先在 $H_i$ 的邻居中按迁出率选出一个迁出栖息地 $H_{nb}$,然后执行如下操作：

$$H_i(d) = H_i(d) + \alpha(H_{nb}(d) - H_i(d)) \qquad (4.1)$$

式中，$\alpha$ 为一个 $0\sim1$ 的系数，称为"进化动力"系数；$(H_{nb}(d) - H_i(d))$ 项称为两个栖息地之间的"生态差异"，它模拟了两个栖息地之间的物种竞争。生态差异和进化动力系数越大，$H_{nb}$ 对 $H_i$ 的作用越明显。很显然，如果生态差异为 0，或进化动力系数为 0，迁移操作都不会产生任何效果；如果进化动力系数取最大值 1，则迁移操作的结果等于迁入解的分量，这相当于传统 BBO 算法的迁移操作。

全局迁移同时发生在相邻和不相邻的栖息地之间。设 $H_i$ 为接受迁移的栖息地，迁移发生在解向量的第 $d$ 维，此时需要同时选定一个相邻的迁出栖息地 $H_{nb}$ 和一个不相邻的迁出栖息地 $H_{far}$，而后执行如下操作：

$$H_i(d) = \begin{cases} H_{far}(d) + \alpha(H_{nb}(d) - H_i(d)), & f(H_{far}) > f(H_{nb}) \\ H_{nb}(d) + \alpha(H_{far}(d) - H_i(d)), & f(H_{far}) \leqslant f(H_{nb}) \end{cases} \qquad (4.2)$$

式中，$f$ 为栖息地的适应度函数。可见全局迁移有两个迁入栖息地，其中适应度较高的一个作为主要迁入栖息地，另一个作为次要迁入栖息地。在这个模拟中，主要迁入栖息地占据主导作用，次要迁入栖息地则需要与原栖息地之间进行物种竞争。

通过实验发现，当 $\alpha$ 取 0 和 1 之间的随机数时，算法在大部分测试函数上表现出较好的性能。当然，对于一些具体问题，也可以将 $\alpha$ 设为一个固定值，并通过反复测试来寻找 $\alpha$ 的最佳取值。

### 4.2.2　成熟度控制

EBO 算法同时允许局部迁移和全局迁移，那么具体到每一次迁移操作，是执行局部迁移还是全局迁移呢？这是通过一个名为不成熟度（immaturity）的参数 $\eta$ 来控制的：每次迁移操作有 $\eta$ 的概率执行全局迁移，有 $(1-\eta)$ 的概率执行局部迁移。

那么 $\eta$ 的值如何来设置呢？一种简单的做法是将 $\eta$ 设置为 $[0,1]$ 内的一个常数，其值越大则全局迁移的概率越大，反之则局部迁移的概率越大。当设置 $\eta = 0.5$ 时，全局迁移和局部迁移的概率相等。

不过，理论分析和实验验证都表明，使用动态变化的 $\eta$ 值能够进一步提高算法的性能。受生态地理学思想的启发，这里将算法的整个种群视为一个生态系统，算法开始运行时，系统的成熟度较低，各栖息地的物种入侵阻隔较小，全局迁移占据主导地位；随着算法迭代次数的增加，系统的成熟度不断提高，各栖息地的物种入侵阻隔也越来越大，局部迁移将逐步占据主导地位。因此，EBO 算法设置一个初始不成熟度 $\eta_{max}$ 和一个终止不成熟度 $\eta_{min}$，并在迭代过程中按照式（4.3）来更新不成熟度 $\eta$：

$$\eta = \eta_{\max} - \frac{t}{t_{\max}}(\eta_{\max} - \eta_{\min}) \tag{4.3}$$

式中，$t$ 为算法当前的迭代次数；$t_{\max}$ 为算法的最大迭代次数。如果算法限定的是最大函数估值次数，也可以将 $t$ 和 $t_{\max}$ 分别替换为当前的函数已估值次数和最大函数估值次数。

从迁移操作的作用来看，全局迁移更有利于个体在整个解空间内进行全局探索，局部迁移则注重个体在小范围内进行局部开发。因此，使 $\eta$ 值随着算法迭代而逐步递减的做法，也符合进化算法在早期更多地进行全局探索、在后期更多地进行局部开发的基本原则。

通过实验发现，在大部分测试函数上，$\eta_{\max}$ 的取值范围在 $0.7 \sim 0.8$ 较为合适，而 $\eta_{\min}$ 的取值范围在 $0.2 \sim 0.4$ 较为合适。同样，对于具体的应用问题，可通过反复测试来寻找参数的最佳取值。

### 4.2.3　EBO 算法框架

EBO 算法的总体框架和 BBO 算法也是类似的，只是 EBO 算法中融合了全局迁移和局部迁移。另外，注意到式(4.1)所示的局部迁移操作和式(4.2)所示的全局迁移操作都对当前解分量进行了修改，这种方式能够有效提高解的多样性，因此 EBO 算法不再采用专门的变异操作。

算法 4.1 给出了 EBO 算法的基本框架。

---

**算法 4.1　EBO 算法框架**

步骤 1　随机生成问题的一组初始解，计算其中每个解的适应度，并令 $\eta = \eta_{\max}$。

步骤 2　按照迁移率模型计算每个解的迁入率和迁出率。

步骤 3　对种群中的每个解 $H_i$ 依次执行如下操作：

　步骤 3.1　将 $H_i$ 复制一份，记作 $H_i'$。

　步骤 3.2　对解 $H_i$ 的每一维上执行如下操作：

　　步骤 3.2.1　生成一个[0,1]内的随机数，如果其值大于 $\lambda_i$ 则转下一维；

　　步骤 3.2.2　按照迁出率选出一个与 $H_i$ 相邻的栖息地 $H_{nb}$；

　　步骤 3.2.3　生成一个[0,1]内的随机数，如果其值大于 $\eta$，则按式(4.1)执行局部迁移操作；

　　步骤 3.2.4　否则，再按照迁出率选出一个与 $H_i$ 不相邻的栖息地 $H_{far}$，并按式(4.2)执行全局迁移操作。

　步骤 3.3　计算迁移后的解 $H_i$ 的适应度，如果其值劣于原有的适应度值，则将 $H_i'$ 保留在种群中；否则，在种群中使用迁移后的 $H_i$ 替换 $H_i'$。

步骤 4　按式(4.3)对 $\eta$ 值进行更新。

步骤 5　更新当前已找到的最优解。

步骤 6　如果终止条件满足,返回当前已找到的最优解,算法结束;否则,转步骤 2。

从上述算法框架中还可以看到 EBO 算法与原始 BBO 算法的另一个区别,即 EBO 算法不会修改已有的解,而总是先将当前解复制一份再进行迁移操作,然后将原始解和迁移后的解当中较优的一个保留在种群中。

# 4.3　算法性能测试

## 4.3.1　实验配置

这里选取文献[10]中的基准函数集的前 13 个高维函数(f1～f13,参见表 3-1)来测试 EBO 算法的性能。对其中每一个高维函数,分别在 10 维、30 维和 50 维上进行测试。算法运行的最大函数估值次数统一设为 $5000D$,其中 $D$ 表示维数。所有测试问题的精度要求 RA 均设为 $10^{-8}$。

我们设计了 EBO 算法的两个版本,它们分别采用了 3.1.2 节中介绍的环形拓扑结构和随机拓扑结构,这里记为 EBO1 和 EBO2。对于 EBO2 算法,设置平均邻域大小为 2,并在每次没有找到更优解的迭代之后重置相邻矩阵。

此外,选取如下四种算法来与 EBO 进行性能比较。

(1)原始 BBO 算法,代码取自文献[11]。

(2)混合型 BBO 算法 Blend-BBO(B-BBO)[12]。

(3)差分进化算法 DE,采用标准的 DE/rand/1/bin 模式[13]。

(4)DE 和 BBO 的混合算法 DE/BBO[14]。

上述算法的种群大小均设为 50。对各种 BBO 算法,最大迁移率均设为 $E = I = 1$;BBO 和 DE/BBO 算法的最大变异率设为 $\pi_{max} = 0.01$;DE 算法的参数均按照文献[13]中进行设置。

在每个测试问题上,每种算法都使用不同的随机种子独立运行 60 次。

## 4.3.2　不成熟度参数影响测试

本节测试不成熟度参数 $\eta$ 的不同取值对 EBO 算法性能的影响。这部分测试只在 9 个 30 维的测试函数(f1～f4、f6、f7、f10～f12)上进行。在每个函数上,分别取 $\eta$ 值为 0、0.2、0.4、0.5、0.6、0.8、1 这 7 个固定值,以及其值从 $\eta_{max} = 0.7$ 线性递减至 $\eta_{min} = 0.4$。

图 4-4 和图 4-5 分别给出了不同 $\eta$ 值对 EBO1 和 EBO2 算法的影响,其中横坐

标为各个测试函数,纵坐标为算法的优化结果误差。实线(图例中用 A 标注)表示
采用线性递减的 $\eta$ 值的算法结果。

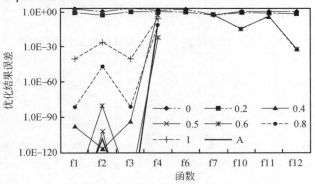

图 4-4　不同 $\eta$ 值对 EBO1 算法的性能影响

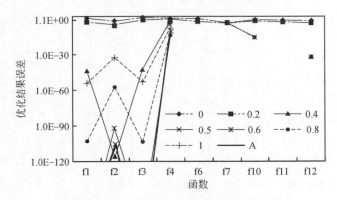

图 4-5　不同 $\eta$ 值对 EBO2 算法的性能影响

从结果中不难看出,无论对 EBO1 还是 EBO2,$\eta = 0$ 时在所有函数上的性能
都是最差的,这相当于只执行局部迁移操作。对于大部分函数,$\eta$ 取 0.4 或 0.5 时
的性能较好,但对于 f4 和 f7,$\eta$ 取较大的 0.8 或 1.0 时的性能较好。综合来看,没
有哪个固定的 $\eta$ 值能够在所有函数上都表现良好;相比较而言,当 $\eta$ 值采用从 0.7
到 0.4 的递减模式时,EBO 算法在 9 个函数上的综合性能最好。因此,在后面的比
较实验中也为 EBO 算法采用这种设置。

### 4.3.3　比较实验结果

#### 1. 10 维测试问题

表 4-1 给出了两种 EBO 算法和其他四种比较算法在 10 维测试问题上的实验
结果,包括算法 60 次运行求得最优目标函数值的平均值、对应的标准差,以及表示

算法达到要求精度所需的平均函数估值次数(required number of function evaluations,RNFE)——如果算法不能达到要求精度,则此项数据为空。在每个测试问题上,六种算法中的最佳平均值和 RNFE 值在表格中加粗显示。

表 4-1　六种算法在 13 个 10 维测试函数上的运行结果

| 编号 | 度量 | BBO | B-BBO | DE | DE/BBO | EBO1 | EBO2 |
|---|---|---|---|---|---|---|---|
| | 平均值 | 1.35E−01 | 1.06E−03 | 1.52E−41 | 3.46E−49 | **1.16E−127** | 9.25E−124 |
| f1 | 标准差 | 8.82E−02 | 1.03E−03 | 2.60E−41 | 8.46E−49 | 3.46E−127 | 4.93E−123 |
| | RNFE | — | — | 11272±398 | 10667±260 | **7143±174** | 7193±199 |
| | 平均值 | 7.61E−02 | 1.86E−03 | 3.32E−25 | 1.11E−24 | **4.62E−68** | 5.78E−66 |
| f2 | 标准差 | 2.34E−02 | 1.24E−03 | 2.86E−25 | 8.66E−25 | 8.91E−68 | 1.23E−65 |
| | RNFE | — | — | 18212±518 | 14581±292 | **9863±223** | 9979±214 |
| | 平均值 | 6.27E−01 | 6.55E−03 | 1.03E−48 | 4.18E−41 | **2.13E−126** | 1.78E−122 |
| f3 | 标准差 | 4.08E−01 | 8.12E−03 | 1.71E−48 | 7.42E−41 | 8.76E−126 | 5.47E−122 |
| | RNFE | — | — | 11933±4.36 | 11325±271 | **7563±172** | 7629±201 |
| | 平均值 | 8.54E−01 | 2.18E−01 | 8.53E−06 | 8.52E−13 | 4.93E−30 | **1.11E−34** |
| f4 | 标准差 | 2.64E−01 | 7.61E−02 | 3.95E−05 | 6.58E−13 | 3.76E−29 | 7.64E−34 |
| | RNFE | — | — | 28186±7394 | 35110±865 | **18728±496** | 18888±526 |
| | 平均值 | 4.27E+01 | 1.92E+02 | 1.99E+00 | 3.91E+00 | 2.06E+00 | 2.32E+00 |
| f5 | 标准差 | 2.96E+01 | 8.05E+01 | 1.33E+00 | 8.80E−01 | 2.19E+00 | 2.22E+00 |
| | RNFE | — | — | — | — | — | — |
| | 平均值 | **0.00E+00** | **0.00E+00** | **0.00E+00** | **0.00E+00** | **0.00E+00** | **0.00E+00** |
| f6 | 标准差 | 0.00E+00 | 0.00E+00 | 0.00E+00 | 0.00E+00 | 0.00E+00 | 0.00E+00 |
| | RNFE | 27605±8042 | 10902±2641 | 4094±316 | 3834±216 | **2534±135** | 2566±119 |
| | 平均值 | 3.84E−02 | 3.37E−02 | 8.01E−02 | 6.67E−02 | 3.23E−02 | 2.66E−02 |
| f7 | 标准差 | 2.67E−02 | 2.22E−02 | 5.88E−02 | 4.77E−02 | 2.23E−02 | 1.73E−02 |
| | RNFE | — | — | — | — | — | — |
| | 平均值 | 4.00E−01 | 1.09E−02 | 2.63E−07 | **0.00E+00** | **0.00E+00** | **0.00E+00** |
| f8 | 标准差 | 3.40E−01 | 1.06E−02 | 2.00E−06 | 0.00E+00 | 0.00E+00 | 0.00E+00 |
| | RNFE | — | — | 37353±574 | 13503±451 | **13273±1913** | 13347±1561 |
| | 平均值 | 6.18E−02 | 4.18E−04 | 9.80E+00 | **0.00E+00** | **0.00E+00** | **0.00E+00** |
| f9 | 标准差 | 3.85E−02 | 7.57E−04 | 6.58E+00 | 0.00E+00 | 0.00E+00 | 0.00E+00 |
| | RNFE | — | — | — | **16541±771** | 19087±1119 | 19259±1178 |

| 编号 | 度量 | BBO | B-BBO | DE | DE/BBO | EBO1 | EBO2 |
|---|---|---|---|---|---|---|---|
| f10 | 平均值 | 2.12E−01 | 1.12E−01 | 4.00E−15 | 4.00E−15 | 3.70E−15 | 3.35E−15 |
| | 标准差 | 8.80E−02 | 2.78E−02 | 0.00E+00 | 0.00E+00 | 9.90E−16 | 1.39E−15 |
| | RNFE | — | — | 18437±535 | 16743±403 | 10118±185 | 10300±204 |
| f11 | 平均值 | 2.45E−01 | 6.21E−02 | 2.10E−02 | **0.00E+00** | 1.32E−10 | 4.46E−12 |
| | 标准差 | 8.86E−02 | 1.14E−01 | 3.12E−02 | 0.00E+00 | 6.56E−10 | 2.16E−11 |
| | RNFE | — | — | — | 30922±3687 | 30596±8049 | 29827±7706 |
| f12 | 平均值 | 5.11E−03 | 4.33E−01 | **0.00E+00** | **0.00E+00** | **0.00E+00** | **0.00E+00** |
| | 标准差 | 4.82E−03 | 9.50E−01 | 0.00E+00 | 0.00E+00 | 0.00E+00 | 0.00E+00 |
| | RNFE | — | — | 10783±495 | 10604±311 | 7968±369 | 7951±301 |
| f13 | 平均值 | 2.20E−02 | 3.64E+00 | 0.00E+00 | **0.00E+00** | **0.00E+00** | **0.00E+00** |
| | 标准差 | 1.66E−02 | 1.12E+00 | **0.00E+00** | 0.00E+00 | 0.00E+00 | 0.00E+00 |
| | RNFE | — | — | 11827±533 | 11326±402 | 8456±395 | 8425±371 |

从算法实验结果中可以看出以下几点。

（1）在测试函数 f6 上，六种算法都求得了最优解，其中 EBO1 算法所用的 RNFE 最小。

（2）在测试函数 f12 和 f13 上，DE、DE/BBO、EBO1 和 EBO2 这四种算法都求得了最优解，其中 EBO2 算法所用的 RNFE 最小。

（3）在测试函数 f8 和 f9 上，DE/BBO、EBO1 和 EBO2 这三种算法都求得了最优解，其中在 f8 上 EBO1 算法所用的 RNFE 最小，在 f9 上 EBO2 所用的 RNFE 最小。

（4）在测试函数 f1、f2 和 f3 上，EBO1 算法取得的目标函数平均值优于其他五种算法，它所用的 RNFE 也最小。

（5）在测试函数 f4、f7 和 f10 上，EBO2 算法取得的目标函数平均值优于其他五种算法。

（6）在测试函数 f5 上，DE 算法取得的目标函数平均值优于其他五种算法，但没有哪种算法能达到要求精度。

（7）在测试函数 f11 上，DE/BBO 算法取得的目标函数平均值优于其他五种算法，不过它所用的 RNFE 大于两种 EBO 算法。

另外，分别将 EBO1 和 EBO2 算法的实验结果与其他四种算法的实验结果进行统计性检验，检验方法用的是配对 $t$ 检验（paired $t$-tests）。表 4-2 给出了 EBO1 与其他算法比较检验的 $p$ 值结果，表 4-3 给出了 EBO2 与其他算法比较检验的 $p$ 值结果，$p$ 值前的上标"+"表示 EBO 算法显著优于对应的比较算法（可信度为 95%）。

**表 4-2　10 维测试问题上 EBO1 与其他算法的配对 $t$ 检验结果**

| 编号 | BBO | B-BBO | DE | DE/BBO | EBO2 |
|---|---|---|---|---|---|
| f1 | 4.56E−22[†] | 5.46E−13[†] | 9.87E−04[†] | 7.35E−06[†] | 7.46E−02[†] |
| f2 | 1.17E−49[†] | 1.68E−21[†] | 2.59E−15[†] | 1.49E−17[†] | 2.15E−04[†] |
| f3 | 2.79E−22[†] | 3.37E−09[†] | 4.56E−06[†] | 1.38E−05[†] | 6.60E−03[†] |
| f4 | 2.51E−49[†] | 3.59E−44[†] | 4.86E−02[†] | 8.43E−18[†] | 8.44E−01 |
| f5 | 3.88E−19[†] | 2.01E−36[†] | 5.83E−01 | 8.47E−09[†] | 2.62E−01 |
| f6 | — | — | — | — | — |
| f7 | 8.92E−02 | 3.62E−01 | 1.37E−06[†] | 2.39E−05[†] | 9.38E−01 |
| f8 | 1.19E−15[†] | 4.77E−13[†] | 1.60E−01 | — | — |
| f9 | 1.75E−23[†] | 1.95E−05[†] | 2.24E−21[†] | | |
| f10 | 1.74E−32 | 5.17E−19[†] | 9.00E−03[†] | 9.00E−03[†] | 9.46E−01 |
| f11 | 8.94E−43[†] | 2.36E−05[†] | 3.92E−07[†] | 9.39E−01 | 9.33E−01 |
| f12 | 4.10E−03[†] | 8.03E−65[†] | — | — | — |
| f13 | 1.68E−04[†] | 1.31E−37[†] | — | — | — |

**表 4-3　10 维测试问题上 EBO2 与其他算法的配对 $t$ 检验结果**

| 编号 | BBO | B-BBO | DE | DE/BBO | EBO2 |
|---|---|---|---|---|---|
| f1 | 4.56E−22[†] | 5.46E−13[†] | 9.87E−04[†] | 7.35E−06[†] | 9.25E−01 |
| f2 | 1.17E−49[†] | 1.68E−21[†] | 2.59E−15[†] | 1.49E−17[†] | 1.00E+00 |
| f3 | 2.79E−22[†] | 3.37E−09[†] | 4.56E−06[†] | 1.38E−05[†] | 9.93E−01 |
| f4 | 2.51E−49[†] | 3.59E−44[†] | 4.86E−02[†] | 8.43E−18[†] | 1.56E−01 |
| f5 | 5.62E−19[†] | 2.26E−36[†] | 8.36E−01 | 4.99E−07[†] | 7.38E−01 |
| f6 | — | — | — | — | — |
| f7 | 2.50E−03[†] | 2.63E−02[†] | 3.04E−08[†] | 3.19E−07[†] | 6.17E−02 |
| f8 | 1.19E−15[†] | 4.77E−13[†] | 1.60E−01 | — | — |
| f9 | 1.75E−23[†] | 1.95E−05[†] | 2.24E−21[†] | | |
| f10 | 1.74E−32 | 5.17E−19[†] | 9.00E−03[†] | 9.00E−03[†] | 5.45E−02 |
| f11 | 8.94E−43[†] | 2.36E−05[†] | 3.92E−07[†] | 9.44E−01 | 6.75E−02[†] |
| f12 | 4.10E−03[†] | 8.03E−65[†] | — | — | — |
| f13 | 1.68E−04[†] | 1.31E−37[†] | — | — | — |

从统计检验结果中可以看出以下几点。

(1)EBO1 算法在 11 个测试函数上的性能显著优于 BBO 和 B-BBO 算法,在 8 个测试函数上的性能显著优于 DE 算法,在 7 个测试函数上的性能显著优于 DE/BBO 算法。

（2）EBO2 算法在 12 个测试函数上的性能显著优于 BBO 和 B-BBO 算法,在 8 个测试函数上的性能显著优于 DE 算法,在 7 个测试函数上的性能显著优于 DE/BBO 算法。

可见 EBO 算法的性能比另四种进化算法都有着显著的提升,这说明 EBO 算法融合全局迁移和局部迁移的策略在 13 个低维测试问题上是有效的。

此外,对比 EBO1 和 EBO2 算法,可以发现前者在 2 个测试函数上的性能显著优于后者,后者在 1 个测试函数上的性能显著优于前者,而在另 12 个测试函数上二者的性能无显著差别。相对而言,EBO2 算法在平均目标函数值上更优,而 EBO1 算法所用的 RNFE 更小。

**2. 30 维测试问题**

表 4-4 给出了六种算法在 30 维测试问题上的实验结果,从中可以看出以下几点。

（1）在测试函数 f6 上,六种算法都求得了最优解,其中 EBO1 算法所用的 RNFE 最小。

（2）在测试函数 f8 和 f11 上,DE/BBO、EBO1 和 EBO2 这三种算法都求得了最优解,其中,EBO1 和 EBO2 算法所用的 RNFE 最小。

（3）在测试函数 f5 上,DE/BBO 算法取得的目标函数平均值优于其他五种算法,但没有哪种算法能达到要求精度。

（4）在其余 9 个测试函数上,两种 EBO 算法取得的目标函数平均值和所用的 RNFE 均优于其他四种算法,其中 EBO1 算法在 3 个函数上的目标函数平均值最优,EBO2 算法在 2 个函数上的目标函数平均值最优,EBO1 和 EBO2 算法在另 4 个函数上得到的最优解相同。

**表 4-4　六种算法在 13 个 30 维测试函数上的运行结果**

| 编号 | 度量 | BBO | B-BBO | DE | DE/BBO | EBO1 | EBO2 |
|---|---|---|---|---|---|---|---|
| f1 | 平均值 | 1.19E+00 | 1.08E+00 | 5.66E−51 | 7.04E−31 | **1.46E−187** | 3.34E−174 |
| | 标准差 | 4.65−01 | 2.42E−01 | 2.95E−50 | 1.08E−30 | 0.00E+00 | 0.00E+00 |
| | RNFE | — | — | 33823±1188 | 37799±571 | **16328**±294 | 17017±285 |
| f2 | 平均值 | 3.09E−01 | 6.10E−02 | 7.44E−28 | 1.73E−19 | **4.17E−102** | 9.82E−95 |
| | 标准差 | 5.57E−02 | 1.24E−02 | 7.10E−28 | 9.34E−20 | 6.81E−102 | 1.14E−94 |
| | RNFE | — | — | 51844±1187 | 52597±796 | **23720**±294 | 24728±331 |
| f3 | 平均值 | 2.46E+01 | 2.86E+01 | 6.85E−49 | 2.94E−30 | **1.07E−183** | 3.25E−173 |
| | 标准差 | 8.75E+00 | 6.76E+01 | 4.66E−48 | 4.62E−30 | 0.00E+00 | 0.00E+00 |
| | RNFE | — | — | 36770±1319 | 41112±711 | **17752**±349 | 18603±317 |

续表

| 编号 | 度量 | BBO | B-BBO | DE | DE/BBO | EBO1 | EBO2 |
|---|---|---|---|---|---|---|---|
| f4 | 平均值 | 3.05E+00 | 1.40E+00 | 8.92E+00 | 8.03E−04 | 4.17E−12 | **1.63E−13** |
| | 标准差 | 5.80E−01 | 1.57E−01 | 4.14E+00 | 2.83E−04 | 1.12E−11 | 3.76E−13 |
| | RNFE | — | — | — | — | **71563±2154** | 73312±1797 |
| f5 | 平均值 | 2.60E+02 | 9.02E+03 | 2.67E+01 | **2.11E+01** | 2.24E+01 | 2.15E+01 |
| | 标准差 | 2.64E+02 | 2.49E+03 | 1.82E+01 | 4.31E−01 | 6.25E−01 | 7.01E−01 |
| | RNFE | — | — | — | — | — | — |
| f6 | 平均值 | 8.50E−01 | **0.00E+00** | 1.83E−01 | **0.00E+00** | **0.00E+00** | **0.00E+00** |
| | 标准差 | 8.20E−01 | 0.00E+00 | 4.31E−01 | 0.00E+00 | 0.00E+00 | 0.00E+00 |
| | RNFE | — | 126361±13529 | 37506±51725 | 13997±511 | **6116±196** | 6364±189 |
| f7 | 平均值 | 1.74E−02 | 1.37E−02 | 2.56E−02 | 2.11E−02 | 9.80E−03 | **7.09E−03** |
| | 标准差 | 1.14E−02 | 8.83E−03 | 1.70E−02 | 1.41E−02 | 7.60E−03 | 5.02E−03 |
| | RNFE | — | — | — | — | — | — |
| f8 | 平均值 | 1.92E+00 | 1.76E+02 | 2.40E+03 | **0.00E+00** | **0.00E+00** | **0.00E+00** |
| | 标准差 | 7.83E−01 | 7.44E−01 | 1.80E+03 | 0.00E+00 | 0.00E+00 | 0.00E+00 |
| | RNFE | — | — | — | 67811±5147 | **43335±6631** | 44783±5673 |
| f9 | 平均值 | 3.91E−01 | 4.32E−02 | 2.09E+01 | 2.96E−11 | **0.00E+00** | **0.00E+00** |
| | 标准差 | 1.58E−01 | 2.50E−02 | 1.38E+01 | 2.18E−10 | 0.00E+00 | 0.00E+00 |
| | RNFE | — | — | — | 124391±10,831 | **90955±9068** | 10328±10443 |
| f10 | 平均值 | 2.69E−01 | 2.70E−02 | 6.78E−15 | 6.90E−15 | **4.00E−15** | **4.00E−15** |
| | 标准差 | 7.02E−02 | 7.54E−03 | 1.86E−15 | 1.39E−15 | 0.00E+00 | 0.00E+00 |
| | RNFE | — | — | 52873±1778 | 60562±966 | **23125±388** | 24348±389 |
| f11 | 平均值 | 8.16E−01 | 8.44E−01 | 2.87E−03 | **0.00E+00** | **0.00E+00** | **0.00E+00** |
| | 标准差 | 1.44E−01 | 9.47E−02 | 8.23E−03 | 0.00E+00 | 0.00E+00 | 0.00E+00 |
| | RNFE | — | — | 61631±49174 | 41591±2752 | 18793±5083 | **18485±3252** |
| f12 | 平均值 | 8.82E−02 | 5.65E+00 | 1.74E−30 | 1.02E−31 | **1.57E−32** | **1.57E−32** |
| | 标准差 | 3.07E−02 | 1.05E+00 | 2.19E−30 | 3.38E−31 | 2.21E−47 | 2.21E−47 |
| | RNFE | — | — | 40132±983 | 36401±3053 | **18745±412** | 19420±536 |
| f13 | 平均值 | 4.08E−01 | 3.91E+00 | 1.64E−24 | 4.16E−30 | **1.35E−32** | **1.35E−32** |
| | 标准差 | 1.35E−01 | 1.30E+00 | 1.27E−23 | 4.77E−30 | 8.28E−48 | 8.28E−48 |
| | RNFE | — | — | 46936±14924 | 42785±933 | **19755±501** | 20804±527 |

　　针对 30 维的测试问题,表 4-5 给出了 EBO1 与其他算法比较检验的 $p$ 值结果,表 4-6 给出了 EBO2 与其他算法比较检验的 $p$ 值结果。从统计检验结果中可

以看出以下几点。

(1)EBO1 算法在所有 13 个测试函数上的性能都显著优于 BBO 和 B-BBO 算法,在 10 个测试函数上的性能显著优于 DE 算法,在 8 个测试函数上的性能显著优于 DE/BBO 算法。

(2)EBO2 算法在所有 13 个测试函数上的性能都显著优于 BBO 和 B-BBO 算法,在 11 个测试函数上的性能显著优于 DE 算法,在 8 个测试函数上的性能显著优于 DE/BBO 算法。

可见在 30 维的测试问题上,EBO 算法的性能比另四种进化算法也有着显著的提升,而且这种性能优势比在 10 维测试问题上更为明显。

此外,对比 EBO1 和 EBO2 算法,可以发现它们分别在 3 个测试函数上的性能显著优于对方,而在另 7 个测试函数上二者的性能无显著差别。

表 4-5　30 维测试问题上 EBO1 与其他算法的配对 $t$ 检验结果

| 编号 | BBO | B-BBO | DE | DE/BBO | EBO2 |
|---|---|---|---|---|---|
| f1 | 1.03E−39$^\dagger$ | 4.17E−64$^\dagger$ | 6.99E−02 | 8.71E−07$^\dagger$ | 0.00E+00$^\dagger$ |
| f2 | 3.60E−74$^\dagger$ | 2.22E−68$^\dagger$ | 2.70E−13$^\dagger$ | 5.42E−28$^\dagger$ | 4.16E−10$^\dagger$ |
| f3 | 2.20E−43$^\dagger$ | 1.99E−61$^\dagger$ | 1.28E−01 | 1.39E−06$^\dagger$ | 0.00E+00$^\dagger$ |
| f4 | 1.23E−71$^\dagger$ | 2.03E−97$^\dagger$ | 4.25E−33$^\dagger$ | 7.29E−44$^\dagger$ | 9.97E−01 |
| f5 | 9.06E−11$^\dagger$ | 3.69E−54$^\dagger$ | 3.59E−02$^\dagger$ | 1.00E+00 | 1.00E+00 |
| f6 | 4.07E−13$^\dagger$ | — | 6.58E−04$^\dagger$ | — | — |
| f7 | 1.69E−05$^\dagger$ | 5.50E−03$^\dagger$ | 7.03E−10$^\dagger$ | 1.14E−07$^\dagger$ | 9.89E−01 |
| f8 | 5.82E−38$^\dagger$ | 1.22E−36$^\dagger$ | 1.59E−18$^\dagger$ | — | — |
| f9 | 2.62E−38$^\dagger$ | 9.91E−26$^\dagger$ | 6.72E−22$^\dagger$ | 1.47E−01 | — |
| f10 | 7.80E−57$^\dagger$ | 7.02E−54$^\dagger$ | 1.71E−21$^\dagger$ | 4.18E−32$^\dagger$ | 5.00E−01 |
| f11 | 2.81E−75$^\dagger$ | 1.35E−97$^\dagger$ | 3.90E−03$^\dagger$ | — | — |
| f12 | 2.18E−44$^\dagger$ | 5.93E−73$^\dagger$ | 6.96E−09$^\dagger$ | 2.59E−02$^\dagger$ | 5.00E−01 |
| f13 | 1.50E−46$^\dagger$ | 3.70E−46$^\dagger$ | 1.59E−01 | 3.16E−10$^\dagger$ | 5.00E−01 |

表 4-6　30 维测试问题上 EBO2 与其他算法的配对 $t$ 检验结果

| 编号 | BBO | B − BBO | DE | DE/BBO | EBO2 |
|---|---|---|---|---|---|
| f1 | 1.03E−39$^\dagger$ | 4.17E−64$^\dagger$ | 6.99E−02 | 8.71E−07$^\dagger$ | 1.00E+00 |
| f2 | 3.60E−74$^\dagger$ | 2.22E−68$^\dagger$ | 2.70E−13$^\dagger$ | 5.42E−28$^\dagger$ | 1.00E+00 |
| f3 | 2.20E−43$^\dagger$ | 1.99E−61$^\dagger$ | 1.28E−01$^\dagger$ | 1.39E−06$^\dagger$ | 1.00E+00 |
| f4 | 1.23E−71$^\dagger$ | 2.03E−97$^\dagger$ | 4.25E−33$^\dagger$ | 7.29E−44$^\dagger$ | 3.30E−03$^\dagger$ |
| f5 | 7.92E−11$^\dagger$ | 3.66E−54$^\dagger$ | 1.47E−02$^\dagger$ | 1.00E+00 | 6.15E−12$^\dagger$ |

续表

| 编号 | BBO | B - BBO | DE | DE/BBO | EBO2 |
| --- | --- | --- | --- | --- | --- |
| f6 | $4.07E-13^{\dagger}$ | — | $6.58E-04^{\dagger}$ | — | — |
| f7 | $1.38E-09^{\dagger}$ | $8.72E-07^{\dagger}$ | $3.04E-13^{\dagger}$ | $1.94E-11^{\dagger}$ | $1.15E-02^{\dagger}$ |
| f8 | $5.82E-38^{\dagger}$ | $1.22E-36^{\dagger}$ | $1.59E-18^{\dagger}$ | — | — |
| f9 | $2.62E-38^{\dagger}$ | $9.91E-26^{\dagger}$ | $6.72E-22^{\dagger}$ | $1.47E-01$ | — |
| f10 | $7.80E-57^{\dagger}$ | $7.02E-54^{\dagger}$ | $1.71E-21^{\dagger}$ | $4.18E-32^{\dagger}$ | $5.00E-01$ |
| f11 | $2.81E-75^{\dagger}$ | $1.35E-97^{\dagger}$ | $3.90E-03^{\dagger}$ | — | — |
| f12 | $2.18E-44^{\dagger}$ | $5.93E-73^{\dagger}$ | $6.96E-09^{\dagger}$ | $2.59E-02^{\dagger}$ | $5.00E-01$ |
| f13 | $1.50E-46^{\dagger}$ | $3.70E-46^{\dagger}$ | $1.59E-01$ | $3.16E-10^{\dagger}$ | $5.00E-01$ |

　　针对 30 维的测试问题，分别绘制了六种算法在 13 个测试函数上的收敛曲线，如图 4-6 所示，从中可以看出，EBO 算法的总体收敛效果明显优于其余算法。在 f5～f8 等部分问题上，BBO 和 B-BBO 算法在开始阶段收敛较快，但在后期收敛速度明显下降。大致说来，DE/BBO 算法的收敛速度比 BBO 算法快，但是比 DE 算法慢，不过 DE/BBO 算法的最终收敛结果比 DE 算法要好。相比而言，EBO 算法收敛得又快又好，这说明其在全局探索和局部开发上达到了良好的平衡。

　　算法在 10 维和 50 维的测试问题上的收敛曲线形状与 30 维的情况比较类似，故不再具体给出。

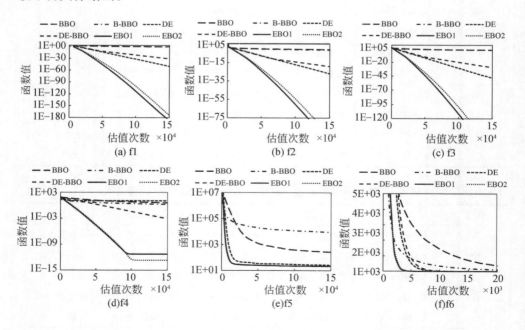

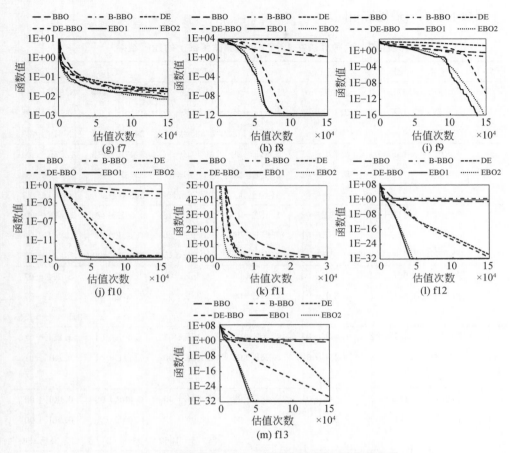

图 4-6　六种算法在 13 个 30 维测试问题上的收敛曲线

### 3. 50 维测试问题

表 4-7 给出了六种算法在 50 维测试问题上的实验结果,从中可以看出以下几点。

(1)在测试函数 f6 上,DE/BBO、EBO1 和 EBO2 这三种算法都求得了最优解,其中 EBO1 算法所用的 RNFE 最小。

(2)在测试函数 f8 上,BBO 算法取得的目标函数平均值优于其他五种算法,但没有哪个算法能达到要求精度。

(3)在其余 11 个测试函数上,两种 EBO 算法取得的目标函数平均值和所用的 RNFE 算法均优于其他四种算法,其中 EBO1 算法在 2 个函数上的目标函数平均值最优,EBO2 在 6 个函数上的目标函数平均值最优,EBO1 和 EBO2 算法在另外 3

个函数上得到的最优解相同。

表 4-7　六种算法在 13 个 50 维测试函数上的运行结果

| 编号 | 度量 | BBO | B-BBO | DE | DE/BBO | EBO1 | EBO2 |
|---|---|---|---|---|---|---|---|
| f1 | 平均值 | 2.67E+00 | 1.13E+01 | 2.97E−46 | 2.38E−27 | **6.15E−184** | 3.86E−182 |
| | 标准差 | 7.14E−01 | 2.12E+00 | 1.83E−45 | 1.65E−27 | 0.00E+00 | 0.00E+00 |
| | RNFE | — | — | 60775±4132 | 77685±1177 | **24793±406** | 26615±423 |
| f2 | 平均值 | 6.16E−01 | 3.79E−01 | 8.81E−29 | 3.14E−17 | **5.47E−110** | 1.57E−104 |
| | 标准差 | 7.75E−02 | 5.35E−02 | 2.80E−28 | 1.63E−17 | 2.68E−109 | 3.51E−104 |
| | RNFE | — | — | 81840±2472 | 107976±1524 | **36543±366** | 39006±481 |
| f3 | 平均值 | 1.11E+02 | 4.20E+02 | 1.46E−44 | 1.53E−26 | 3.69E−178 | **2.47E−179** |
| | 标准差 | 3.06E+01 | 7.38E+01 | 7.95E−44 | 1.69E−26 | 0.00E+00 | 0.00E+00 |
| | RNFE | — | — | 66516±3714 | 85038±1255 | **27198±439** | 29228±392 |
| f4 | 平均值 | 4.90E+00 | 1.16E+00 | 1.96E+01 | 3.75E−01 | 1.06E−05 | **3.23E−07** |
| | 标准差 | 5.84E−01 | 1.30E−01 | 4.71E+00 | 7.78E−02 | 1.61E−05 | 6.00E−07 |
| | RNFE | — | — | — | — | — | 215916±45246 |
| f5 | 平均值 | 4.43E+02 | 1.49E+03 | 7.10E+01 | 4.10E+01 | 4.00E+01 | **3.88E+01** |
| | 标准差 | 2.32E+02 | 3.23E+02 | 3.56E+01 | 9.73E+00 | 7.11E−01 | 5.39E−01 |
| | RNFE | — | — | — | — | — | — |
| f6 | 平均值 | 2.13E+00 | 1.44E+01 | 5.18E+00 | **0.00E+00** | **0.00E+00** | **0.00E+00** |
| | 标准差 | 1.40E+00 | 3.30E+00 | 1.16E+01 | 0.00E+00 | 0.00E+00 | 0.00E+00 |
| | RNFE | — | — | — | 29273±1060 | 9358±277 | 10138±364 |
| f7 | 平均值 | 1.38E−02 | 1.49E−02 | 0.015186991 | 1.33E−02 | 4.94E−03 | **3.40E−03** |
| | 标准差 | 7.59E−03 | 6.75E−03 | 0.011797576 | 9.58E−03 | 3.98E−03 | 2.70E−03 |
| | RNFE | — | — | — | — | — | — |
| f8 | 平均值 | **4.00E+00** | 7.60E+01 | 4.21E+03 | 1.01E+02 | 4.25E+02 | 3.27E+02 |
| | 标准差 | 1.16E+00 | 4.42E+01 | 2.69E+03 | 1.21E+02 | 1.75E+02 | 1.68E+02 |
| | RNFE | — | — | — | — | — | — |
| f9 | 平均值 | 8.05E−01 | 9.65E−01 | 3.12E+01 | 1.43E+01 | 7.30E−01 | **6.09E−01** |
| | 标准差 | 2.69E−01 | 5.14E−01 | 7.83E+00 | 1.19E+01 | 7.74E−01 | 7.08E−01 |
| | RNFE | — | — | — | — | — | — |
| f10 | 平均值 | 2.80E−01 | 7.66E−02 | 9.74E−02 | 1.07E−14 | 6.96E−15 | **6.72E−15** |
| | 标准差 | 5.23E−02 | 1.25E−02 | 2.97E−01 | 2.78E−15 | 1.34E−15 | 1.52E−15 |
| | RNFE | — | — | — | 126620±1889 | **34884±480** | 37540±498 |

续表

| 编号 | 度量 | BBO | B-BBO | DE | DE/BBO | EBO1 | EBO2 |
|---|---|---|---|---|---|---|---|
| f11 | 平均值 | 9.77E−01 | 1.10E+00 | 3.32E−03 | 1.85E−18 | **0.00E+00** | **0.00E+00** |
|  | 标准差 | 7.57E−02 | 2.00E−02 | 6.70E−03 | 1.43E−17 | 0.00E+00 | 0.00E+00 |
|  | RNFE | — | — | 104991±80730 | 81130±2079 | **25187±3691** | 27703±4315 |
| f12 | 平均值 | 2.15E−01 | 1.51E+00 | 1.28E−02 | 1.46E−26 | **1.57E−32** | **1.57E−32** |
|  | 标准差 | 4.14E−02 | 3.41E−01 | 3.88E−02 | 2.21E−26 | 6.25E−35 | 6.25E−35 |
|  | RNFE | — | — | 105568±50594 | 84062±1604 | 28798±552 | 31018±695 |
| f13 | 平均值 | 1.31E+00 | 2.82E+01 | 6.07E−01 | 6.86E−26 | **1.35E−32** | **1.35E−32** |
|  | 标准差 | 3.32E−01 | 6.69E+00 | 1.42E+00 | 8.28E−26 | 8.28E−48 | 8.28E−48 |
|  | RNFE | — | — | 213305±43033 | 90758±2169 | **30763±753** | 33021±858 |

针对 50 维的测试问题,表 4-8 给出了 EBO1 与其他算法比较检验的 $p$ 值结果,表 4-9 给出了 EBO2 与其他算法比较检验的 $p$ 值结果。从统计检验结果中可以看出以下几点。

(1)EBO1 算法在 11 个测试函数上的性能显著优于 BBO 算法,在 12 个测试函数上的性能显著优于 B-BBO 算法,在 11 个测试函数上的性能显著优于 DE 算法,在 9 个测试函数上的性能显著优于 DE/BBO 算法。

(2)EBO1 算法在 11 个测试函数上的性能显著优于 BBO 算法,在 12 个测试函数上的性能显著优于 B-BBO 算法,在 11 个测试函数上的性能显著优于 DE 算法,在 10 个测试函数上的性能显著优于 DE/BBO 算法。

(3)EBO1 算法在 2 个测试函数上的性能显著优于 EBO2 算法,EBO2 算法在 5 个测试函数上的性能显著优于 EBO1 算法,而在另 6 个测试函数上二者的性能无显著差别。

**表 4-8　50 维测试问题上 EBO1 与其他算法的配对 $t$ 检验结果**

| 编号 | BBO | B-BBO | DE | DE/BBO | EBO2 |
|---|---|---|---|---|---|
| f1 | 9.82E−56[†] | 1.98E−72[†] | 1.06E−01 | 1.55E−20[†] | 0.00E+00[†] |
| f2 | 7.42E−92[†] | 4.34E−86[†] | 8.20E−03[†] | 3.22E−29[†] | 3.76E−04[†] |
| f3 | 2.73E−54[†] | 1.75E−75[†] | 7.93E−02 | 9.40E−11[†] | 1.00E+00 |
| f4 | 1.50E−94[†] | 1.36E−97[†] | 1.02E−60[†] | 1.86E−67[†] | 1.00E+00 |
| f5 | 5.90E−26[†] | 4.19E−64[†] | 2.98E−10[†] | 2.12E−01 | 1.00E+00 |
| f6 | 4.28E−22[†] | 7.77E−63[†] | 3.60E−04[†] | — | — |
| f7 | 4.01E−13[†] | 2.54E−17[†] | 1.84E−09[†] | 3.66E−09[†] | 9.93E−01 |
| f8 | 1.00E+00 | 1.00E+00 | 9.03E−20[†] | 1.00E+00 | 9.99E−01 |
| f9 | 2.38E−01 | 2.62E−02[†] | 2.68E−57[†] | 5.73E−15[†] | 8.12E−01 |

| 编号 | BBO | B-BBO | DE | DE/BBO | EBO2 |
|------|-----|-------|-----|--------|------|
| f10 | $1.73E-72^{\dagger}$ | $7.01E-79^{\dagger}$ | $6.10E-03^{\dagger}$ | $3.22E-16^{\dagger}$ | $8.17E-01$ |
| f11 | $3.45E-116^{\dagger}$ | $3.58E-190^{\dagger}$ | $9.92E-05^{\dagger}$ | $1.60E-01$ | — |
| f12 | $5.11E-71^{\dagger}$ | $1.31E-63^{\dagger}$ | $5.90E-03^{\dagger}$ | $6.20E-07^{\dagger}$ | — |
| f13 | $4.87E-58^{\dagger}$ | $3.76E-61^{\dagger}$ | $6.10E-04^{\dagger}$ | $1.56E-09^{\dagger}$ | — |

表 4-9　50 维测试问题上 EBO2 与其他算法的配对 $t$ 检验结果

| 编号 | BBO | B-BBO | DE | DE/BBO | EBO2 |
|------|-----|-------|-----|--------|------|
| f1 | $9.82E-56^{\dagger}$ | $1.98E-72^{\dagger}$ | $1.06E-01$ | $1.55E-20^{\dagger}$ | $1.00E+00$ |
| f2 | $7.42E-92^{\dagger}$ | $4.34E-86^{\dagger}$ | $8.20E-03^{\dagger}$ | $3.22E-29^{\dagger}$ | $1.00E+00$ |
| f3 | $2.73E-54^{\dagger}$ | $1.75E-75^{\dagger}$ | $7.93E-02$ | $9.40E-11^{\dagger}$ | $0.00E+00^{\dagger}$ |
| f4 | $1.50E-94^{\dagger}$ | $1.36E-97^{\dagger}$ | $1.02E-60^{\dagger}$ | $1.85E-67^{\dagger}$ | $1.26E-06^{\dagger}$ |
| f5 | $4.77E-26^{\dagger}$ | $3.84E-64^{\dagger}$ | $8.07E-11^{\dagger}$ | $4.09E-02^{\dagger}$ | $1.22E-18^{\dagger}$ |
| f6 | $4.28E-22^{\dagger}$ | $7.77E-63^{\dagger}$ | $3.60E-04^{\dagger}$ | — | — |
| f7 | $8.49E-18^{\dagger}$ | $4.94E-23^{\dagger}$ | $5.17E-12^{\dagger}$ | $2.37E-12^{\dagger}$ | $7.30E-03^{\dagger}$ |
| f8 | $1.00E+00$ | $1.00E+00$ | $1.92E-20^{\dagger}$ | $1.00E+00$ | $1.10E-03^{\dagger}$ |
| f9 | $2.36E-01$ | $1.00E-03^{\dagger}$ | $1.63E-57^{\dagger}$ | $3.69E-15^{\dagger}$ | $1.88E-01$ |
| f10 | $1.73E-72^{\dagger}$ | $7.01E-79^{\dagger}$ | $6.10E-03^{\dagger}$ | $5.16E-17^{\dagger}$ | $1.83E-01$ |
| f11 | $3.45E-116^{\dagger}$ | $3.58E-190^{\dagger}$ | $9.92E-05^{\dagger}$ | $1.60E-01$ | — |
| f12 | $5.11E-71^{\dagger}$ | $1.31E-63^{\dagger}$ | $5.90E-03^{\dagger}$ | $6.20E-07^{\dagger}$ | — |
| f13 | $4.87E-58^{\dagger}$ | $3.76E-61^{\dagger}$ | $6.10E-04^{\dagger}$ | $1.56E-09^{\dagger}$ | — |

4. 实验结果小结

综上所述,在整个基准测试集上,EBO 算法都表现出了比其余四种算法更为优越的性能;问题的维度越高,EBO 算法的性能优势也越明显。在四种比较算法中,原始 BBO 和 B-BBO 算法某些时候早期收敛较快,但容易陷入局部最优,这说明它们的种群拓扑结构和迁移操作方式使其在全局探索能力上有较大欠缺。DE/BBO 算法结合了 DE 算法较强的全局探索能力和 BBO 算法较强的局部开发能力,因而表现出了比 BBO 算法更快的收敛速度和比 DE 算法更高的求解精度。EBO 算法在这两方面表现出更大的优势,这是因为其局部迁移操作和全局迁移操作的融合能够在全局探索和局部开发之间取得更好的平衡,并且在大部分时间内能够跳出局部最优。

比较 EBO1 和 EBO2 这两种算法,可以发现前者通常收敛速度较快,而后者的求解精度通常更高。这说明随机拓扑结构上产生的结果通常比环形结构更优,但后者的优点是便于实现、所需计算时间更少。此外,随机拓扑结构在高维问题上的扩展能力也略高于环形结构。一般说来,在求解复杂的或未知的新问题时,我们推荐使用随机拓扑结构;而当求解问题的时间较为紧迫时,则推荐使用环形结构。

# 4.4 小　　结

　　EBO 算法不仅使用了邻域结构,还提供了两种新的迁移模式——全局迁移和局部迁移,同时舍弃了变异操作。实验结果表明,EBO 算法的性能比 BBO 算法和 Local-BBO 算法都有显著提高。我们将包括 EBO 在内的 BBO 改进算法应用于一系列实际工程优化问题,取得了良好的效果,有关内容将在本书第 6～9 章中进行介绍。

## 参 考 文 献

［1］Zheng Y J,Ling H F,Xue J Y. Ecogeography-based optimization: Enhancing biogeography-based optimization with ecogeographic barriers and differentiations［J］. Computers & Operations Research,2014,50(10): 115-127.

［2］Darwin C. On the Origin of Species by Means of Natural Selection or the Preservation of Favoured Races on the Struggle for Life［M］. London: John Murray,1859.

［3］Wallace A R. Island Life［M］. London: Macmillan,1892.

［4］Wallace C C,Pandolfi J M, Young A, et al. Indo-Pacific coral biogeography: A case study from the Acropora selago group［J］. Australian Systematic Botany,1991,4(1): 199-210.

［5］Nelson G,Platnick N I. A vicariance approach to historical biogeography［J］. Bioscience, 1980, 30(5): 339-343.

［6］Nelson G,Platnick N I. Systematics and Biogeography: Cladistics and Vicariance［M］. New York: Columbia University Press,1981.

［7］Morrone J J,Crisci J V. Historical biogeography: Introduction to methods［J］. Annual Review of Ecology and Systematics,1995,26(4): 373-401.

［8］Rieseberg L,Willis J. Plant speciation［J］. Science,2007,317(5840): 910-914.

［9］McKenna M. Sweepstakes,filters,corridors,noah's arks, and beached viking funeral ships in palaeogeography［M］//Tarling D,Runcorn S. Implications of Continental Drift to the Earth Sciences. London: Academic Press,1973: 295-308.

［10］Yao X,Liu Y,Lin G. Evolutionary programming made faster［J］. IEEE Transactions on Evolutionary Computation,1999,3(2): 82-102.

［11］Simon D. Biogeography-based optimization［EB/OL］. http://academic. csuohio. edu/simond/bbo/. ［2009-05-08］.

［12］Ma H,Simon D. Blended biogeography-based optimization for constrained optimization［J］. Engineering Applications of Artificial Intelligence,2011,24(3): 517-525.

［13］Storn R,Price K. Differential evolution-a simple and efficient heuristic for global optimization over continuous spaces［J］. Journal of Global Optimization,1997,11(4): 341-359.

［14］Gong W,Cai Z,Ling C X. DE/BBO: A hybrid differential evolution with biogeography-based optimization for global numerical optimization［J］. Soft Computing,2010,15(4): 645-665.

# 第 5 章　混合型生物地理学优化算法

前面介绍了对 BBO 算法本身的一些改进,包括重建种群拓扑结构、修改迁移操作算子等,通过实验测试可以看到其明显的改进效果。众所周知,对启发式算法的改进除了对其本身的机制进行完善外,与其他优秀的启发式算法进行混合也是一种有效的技术途径。BBO 算法的独特迁移机制使其具有良好的局部开发能力[1],但其较弱的全局探索能力也是制约其性能的一个主要因素。因此,BBO 算法与其他启发式算法的混合研究,通常注重的是引入其他算法中全局探索能力较强的机制,从而更好地平衡算法的全局搜索和局部搜索。

本章主要介绍 BBO 算法与其他启发式算法的混合研究,重点介绍几种我们所提出的混合型 BBO 算法,包括与差分进化算法的混合、与和声搜索算法的混合以及与烟花爆炸算法的混合。

## 5.1　与差分进化算法的混合

### 5.1.1　DE/BBO 算法

DE 的差分变异机制使其善于在解空间中进行全局探索,从而较快地锁定全局最优解所在的区域[2],但它在局部范围内的细致搜索能力较差,解的局部开发过程通常较为缓慢。这和 BBO 算法正好能够形成优势互补。

Gong 等[3]最早开展了 DE 和 BBO 的混合研究,提出了一种差分进化/生物地理学优化(DE/BBO)算法。算法的核心是一个混合迁移算子,它将 BBO 迁移操作融入 DE 变异操作之中,使得每一个子代解都可能由三部分组成:DE 变异分量、从其他解中迁入的分量以及对应父代的分量。该操作对每个栖息地 $H_i$ 执行的迁移过程的伪代码在算法过程 5.1 给出,其中 $N$ 表示种群大小,$D$ 表示问题的维数,$c_r$ 为DE 中的交叉率,$F$ 为 DE 中的差分因子。

---

**算法过程 5.1　DE/BBO 算法中的混合迁移操作**

1. 新生成一个长度为 $D$ 的空解向量 $U_i$;
2. 生成 $[1,N]$ 内不同于 $i$ 的 3 个随机整数 $r_1$、$r_2$和 $r_3$;
3. 生成 $[1,D]$ 内的一个随机整数 $d_r$;
4. **for** $d=1$ **to** $D$ **do**

```
5.      if rand()<λᵢ then
6.        if (rand()<cᵣ ∨ d=dᵣ) then
7.          Uᵢ(d) = H_r1(d)+F×(H_r2(d)−H_r3(d)); //原始 DE 变异操作
8.        else
9.            从种群中选取另一个解 Hⱼ，选择概率与 μⱼ 成正比;
10.          Uᵢ(d) = Hⱼ(d);
11.       end if
12.     else
13.         Uᵢ(d) = Hᵢ(d);
14.     end if
15. end for
```

从上述代码中可以看出，$H_i$ 的迁移率为 $\lambda_i$，其迁移结果 $U_i$ 每一维的分量：

(1)有 $(1-\lambda_i)$ 的概率来自于 $H_i$，这使得较优的解不容易被破坏。

(2)有 $\lambda_i (c_r+1/D)$ 的概率来自于差分变异，该变异操作更注重探索解空间中新的区域，有助于提高种群中解的多样性。

(3)有 $\lambda_i (1-c_r-1/D)$ 的概率来自于其他栖息地的迁入，该迁移操作更注重在现有解周围进行局部开发，并使得较差的解能够从较优的解中获取大量的新特性，有助于提高解的精度。

将 DE 算法中的变异算子替换为上述的混合迁移算子便形成了 DE/BBO 算法，其框架如算法 5.1 所示。与原始 DE 算法相比，DE/BBO 算法只增加了计算迁移率这一较小的额外计算开销。DE/BBO 算法同时保留了原始 DE 算法的选择操作，这隐含了精英策略，使得当前最优解总是保留在群体中。总体而言，DE/BBO 算法结构简单，又有效地结合了 BBO 和 DE 二者的优点。

---

**算法 5.1　差分进化/生物地理学优化算法**

步骤 1　随机生成问题的一组初始解，计算其中每个解的适应度。

步骤 2　按照迁移率模型计算每个解的迁入率和迁出率。

步骤 3　对种群中的每个解 $H_i$ 依次执行如下操作：

步骤 3.1　对按算法过程 5.1 生成一个新解 $U_i$。

步骤 3.2　计算 $U_i$ 的适应度，如果其值劣于 $H_i$ 的适应度值，将 $H_i$ 保留在种群中；否则，在种群中使用 $U_i$ 替换 $H_i$。

步骤 4　更新当前已找到的最优解。

步骤 5　如果终止条件满足,返回当前已找到的最优解,算法结束;否则,转步骤 2。

为了验证 DE/BBO 算法取得的性能提升效果,实验选取了文献[4]中的 23 个基准测试函数(详细信息见表 3-1 中的介绍),在其上与 DE 和 BBO 算法进行性能比较。

DE/BBO 算法中的参数设定:种群大小 $N=100$,最大迁入率 $I=1$,最大迁出率 $E=1$,差分因子 $F$ 为$[0.1,1]$内的随机数,交叉率 $c_r=0.9$。DE 算法和 BBO 算法均采用原始文献中的参数设置。

在每个测试函数上,DE/BBO 算法、DE 算法和 BBO 算法各自独立运行 50 次,记录下最佳误差值的平均值和标准差。实验结果如表 5-1 所示,每个函数上三种算法中的最佳平均值用粗体标记。此外,还对 DE/BBO 算法与另两种算法的优化结果进行了 $t$ 统计检验,结果放在表 5-1 的最后两列,其中"1 vs 2"代表"DE/BBO vs DE","1 vs 3"代表"DE/BBO vs BBO",上标符号"†"表示 DE/BBO 算法显著优于相比较的算法,而符号"*"则正好相反。

**表 5-1　DE/BBO、DE 和 BBO 算法在基准问题集上的对比结果[3]**

| 编号 | MNFE | DE/BBO | | DE | | BBO | | $t$ 检验 | |
| --- | --- | --- | --- | --- | --- | --- | --- | --- | --- |
| | | 平均值 | 标准差 | 平均值 | 标准差 | 平均值 | 标准差 | 1 vs 2 | 1 vs 3 |
| f1 | 150000 | **8.66E−28** | 5.21E−28 | 1.10E−19 | 1.34E−19 | 8.86E−01 | 3.26E−01 | −5.81† | −19.21† |
| f2 | 200000 | **0.00E+00** | 0.00E+00 | 1.66E−15 | 8.87E−16 | 2.42E−01 | 4.58E−02 | −13.24† | −37.36† |
| f3 | 500000 | 2.26E−03 | 1.58E−03 | **8.19E−12** | 1.65E−11 | 4.16E+02 | 2.02E+02 | 10.10* | −14.58† |
| f4 | 500000 | **1.89E−15** | 8.85E−16 | 7.83E+00 | 3.78E+00 | 7.76E−01 | 1.72E−01 | −14.65† | −31.96† |
| f5 | 500000 | 1.90E+01 | 7.52E+00 | **8.41E−01** | 1.53E+00 | 9.14E+01 | 3.78E+01 | 16.73* | −13.28† |
| f6 | 150000 | **0.00E+00** | 0.00E+00 | **0.00E+00** | 0.00E+00 | 2.80E−01 | 5.36E−01 | 0 | −3.69† |
| f7 | 300000 | **3.44E−03** | 8.27E−04 | 3.49E−03 | 9.60E−04 | 1.90E−02 | 7.29E−03 | −0.29 | −14.96† |
| f8 | 300000 | **0.00E+00** | 0.00E+00 | 4.28E+02 | 4.69E+02 | 5.09E−01 | 1.65E−01 | −6.45† | −21.78† |
| f9 | 300000 | **0.00E+00** | 0.00E+00 | 1.14E+01 | 7.57E+00 | 8.50E−02 | 3.42E−02 | −10.61† | −17.61† |
| f10 | 150000 | **1.07E−14** | 1.90E−15 | 6.73E−11 | 2.86E−11 | 3.48E−01 | 7.06E−02 | −16.66† | −34.81† |
| f11 | 200000 | **0.00E+00** | 0.00E+00 | 1.23E−03 | 3.16E−03 | 4.82E−01 | 1.27E−01 | −2.76† | −26.93† |
| f12 | 150000 | **7.16E−29** | 6.30E−29 | 2.07E−03 | 1.47E−02 | 5.29E−03 | 5.21E−03 | −1.00 | −7.18† |
| f13 | 150000 | **9.81E−27** | 7.10E−27 | 7.19E−02 | 5.09E−01 | 1.42E−01 | 5.14E−02 | −1.00 | −19.50† |
| f14 | 10000 | **0.00E+00** | 0.00E+00 | 2.75E−13 | 1.55E−12 | 8.85E−06 | 2.74E−05 | −1.26 | −2.28† |

续表

| 编号 | MNFE | DE/BBO | | DE | | BBO | | $t$ 检验 | |
|------|------|--------|--------|--------|--------|--------|--------|--------|--------|
| | | 平均值 | 标准差 | 平均值 | 标准差 | 平均值 | 标准差 | 1 vs 2 | 1 vs 3 |
| f15 | 40000 | 3.84E−12 | 2.70E−11 | **4.94E−19** | 5.20E−19 | 5.92E−04 | 2.68E−04 | 1.01 | −15.65[†] |
| f16 | 10000 | 1.15E−12 | 6.39E−12 | **1.98E−13** | 4.12E−13 | 6.75E−04 | 1.09E−03 | 1.05 | −4.37[†] |
| f17 | 10000 | **2.92E−10** | 1.38E−09 | 7.32E−10 | 2.21E−09 | 4.39E−04 | 4.26E−04 | −1.19 | −7.30[†] |
| f18 | 10000 | 9.15E−13 | 6.51E−13 | 9.14E−13 | 5.01E−15 | 7.86E−03 | 9.57E−03 | 0.70 | −5.81[†] |
| f19 | 10000 | **0.00E+00** | 0.00E+00 | 1.36E−14 | 6.40E−15 | 2.51E−04 | 2.62E−04 | −15.05[†] | −6.76[†] |
| f20 | 20000 | **0.00E+00** | 0.00E+00 | 4.76E−03 | 2.35E−02 | 1.46E−02 | 3.90E−02 | −1.43 | −2.64[†] |
| f21 | 10000 | 3.59E−03 | 1.44E−02 | **6.83E−06** | 1.26E−05 | 5.18E+00 | 3.34E+00 | 1.76 | −10.95[†] |
| f22 | 10000 | **3.14E−07** | 1.36E−06 | 7.26E−06 | 4.53E−06 | 3.67E+00 | 3.40E+00 | −1.08 | −7.63[†] |
| f23 | 10000 | **2.50E−08** | 5.37E−08 | 3.70E−06 | 1.75E−05 | 2.73E+00 | 3.29E+00 | −1.49 | -5.87[†] |

从实验结果中可以看到以下几点。

（1）与 DE 算法相比，DE/BBO 算法在 8 个函数上取得了显著的优势；在 f3 和 f5 这两个函数上，DE 算法的结果显著优于 DE/BBO 算法；而其余 13 个函数上二者无显著性差异区别。特别地，在多模函数 f8~f13 上，DE/BBO 算法在 MNFE 的终止条件下取得的最优误差值精度可以达到 $10^{-8}$，而 DE 算法很容易陷入局部最优，这充分说明 DE/BBO 算法在求解精度上的优势。

（2）与 BBO 算法相比，DE/BBO 算法在所有的测试函数上均显著优于 BBO 算法。从收敛速度方面来看，在进化初期 BBO 算法具有更快的收敛速度，而 DE/BBO 算法能稳步持续地提高解的质量，并在进化后期仍能保持较好的收敛速度，从而获得了比 BBO 算法更为精确的最优解，这充分说明 DE/BBO 算法在总体收敛速度上的优势。

上述实验结果表明 DE/BBO 算法有效地结合了 DE 和 BBO 算法的优点，更好地平衡了算法的全局搜索能力和局部搜索能力，因而在此基准函数测试集上表现出的总体性能优于 DE 和 BBO 算法。

此外，Gong 等还进一步研究了种群大小、问题维数、DE 变异方案和自适应参数控制等对算法性能的影响，并通过一系列的实验加以验证，感兴趣的读者可以参阅文献[3]。

## 5.1.2　Local-DE/BBO 算法

第 3 章中介绍了 Local-BBO 算法[5]，它通过使用局部拓扑结构来改善原始的 BBO 算法。文献[5]中将局部拓扑结构引入 DE/BBO 算法，以进一步提高 DE/BBO 算法的搜索能力、降低陷入局部最优的可能性。使用不同的局部拓扑结构，我们分别设计了 3 个版本的局部化差分进化/生物地理学优化(Local-DE/BBO)算法。

(1)RingDB(DE/BBO with Ring topology),采用环形拓扑结构。

(2)SquareDB(DE/BBO with Square topology),采用矩形拓扑结构。

(3)RandDB(DE/BBO with Random topology),采用随机拓扑结构。

基于上述三种结构的迁移操作过程在 3.2 节中已有介绍。将算法过程 5.1 中的步骤 9 改为从邻域中取一个迁入栖息地,算法 5.1 就成为相应的 Local-DE/BBO 算法。简单起见,算法过程 5.2 仅给出基于环形结构的 Local-DE/BBO 混合迁移操作。

---

**算法过程 5.2　　基于环形拓扑结构的 Local-DE/BBO 混合迁移操作**

1. 新生成一个长度为 $D$ 的空解向量 $U_i$;

2. 生成[1,$N$]内不同于 $i$ 的 3 个随机整数 $r_1$、$r_2$ 和 $r_3$;

3. 生成[1,$D$]内的一个随机整数 $d_r$;

4. **for** $d=1$ **to** $D$ **do**

5. 　**if** rand()$<\lambda_i$ **then**

6. 　　**if**（rand()$<c_r \lor d=d_r$）**then**

7. 　　　$U_i(d) \leftarrow H_{r_1}(d)+F \times (H_{r_2}(d)-H_{r_3}(d))$; //原始的 DE 变异操作

8. 　　**else**

9. 　　　**let** $i1 = (i-1)\%N, i2 = (i+1)\%N$;

10. 　　　**if** rand()$< \mu_{i1}/(\mu_{i1}+\mu_{i2})$ **then**

11. 　　　　$U_i(d) \leftarrow H_{i1}(d)$;

12. 　　　**else**

13. 　　　　$U_i(d) \leftarrow H_{i2}(d)$;

14. 　　　**end if**

15. 　　**end if**

16. 　**else**

17. 　　$U_i(d) \leftarrow H_i(d)$;

18. 　**end if**

19. **end for**

---

为了检验局部拓扑结构对混合 DE/BBO 算法性能的影响,这里同样选取了 DE/BBO 算法实验中的 23 个基准函数[4],在其上分别测试 RingDB 算法、SquareDB 算法、RandDB 算法、DE 算法和 DE/BBO 算法的求解性能。对于前三种 Local-DE/BBO 算法,其基本参数设置同第 3 章中的 Local-BBO 算法,此外设置差

分因子 $F=0.5$，交叉率 $c_r=0.9$。后两种算法的参数设置与 5.1.1 节中的实验设置相同。

在每个测试函数上，设置一个最大函数估值次数 MNFE 作为算法终止条件，每种算法独立随机运行 60 次，实验结果如表 5-2 所示。在其中的第 3～7 列，每个单元格的上半部分为算法取得的平均最优误差值，下半部分是对应的标准差。从中可以看出，在函数 f1、f2、f3、f7 和 f10 上，三种 Local-DE/BBO 算法取得的平均最佳值均优于使用全局拓扑的原始 DE/BBO 算法；原始 DE/BBO 算法仅在 f4 和 f5 这 2 个单峰函数上性能表现较好，但这种优势并不明显。此外，由于 DE/BBO 算法的混合算子对解决多模函数非常有效，因此四种 DE/BBO 算法在函数 f8、f9、f11、f12 和 f13 上均取得了真正的最优解（或与真正最优解的误差可忽略不计）。

**表 5-2　DE、DE/BBO 和 Local-DE/BBO 算法在 23 个测试函数上的仿真优化结果**

| 编号 | MNFE | DE | DE/BBO | RingDB | SquareDB | RandDB |
|------|------|------|------|------|------|------|
| f1 | 150000 | 2.69E−51 (7.28E−51) | 5.48E−57$^+$ (6.70E−57) | 2.96E−83$^{\cdot+}$ (4.40E−83) | 1.92E−71$^{\cdot+}$ (1.49E−70) | 5.92E−70$^{\cdot+}$ (4.01E−69) |
| f2 | 150000 | 8.38E−28 (1.20E−27) | 5.27E−33$^+$ (2.63E−33) | 3.04E−50$^{\cdot+}$ (2.56E−50) | 4.79E−49$^{\cdot+}$ (2.63E−48) | 6.59E−47$^{\cdot+}$ (3.59E−46) |
| f3 | 500000 | 1.09E−178 (0.00E+00) | 2.93E−198 (0.00E+00) | 1.79E−285 (0.00E+00) | 4.41E−225 (0.00E+00) | 5.81E−216 (0.00E+00) |
| f4 | 500000 | 9.89E+00 (4.33E+00) | 1.84E−09$^+$ (1.01E−08) | 2.32E−05$^{\circ}$ (7.84E−05) | 3.47E−05 (1.36E−04) | 6.63E−05$^{\circ}$ (2.40E−04) |
| f5 | 500000 | 1.46E+01 (4.13E+00) | 2.57E+02$^-$ (6.17E−01) | 2.60E+02$^-$ (1.37E+01) | 2.63E+02$^{\circ-}$ (6.84E−01) | 2.62E+02$^{\circ-}$ (1.41E+01) |
| f6 | 50000 | 3.33E−02 (1.83E−01) | 0.00E+00 (0.00E+00) | 0.00E+00 (0.00E+00) | 0.00E+00 (0.00E+00) | 0.00E+00 (0.00E+00) |
| f7 | 300000 | 7.22E−03 (5.49E−03) | 5.66E−03 (4.03E−03) | 1.77E−03$^{\cdot+}$ (1.42E−03) | 1.81E−03$^{\cdot+}$ (1.11E−03) | 1.60E−03$^{\cdot+}$ (9.62E−04) |
| f8 | 300000 | 4.99E+02 (3.0E+02) | 0.00E+00$^+$ (0.00E+00) | 0.00E+00$^+$ (0.00E+00) | 0.00E+00$^+$ (0.00E+00) | 0.00E+00$^+$ (0.00E+00) |
| f9 | 300000 | 1.32E+01 (3.62E+00) | 0.00E+00$^+$ (0.00E+00) | 0.00E+00$^+$ (0.00E+00) | 0.00E+00$^+$ (0.00E+00) | 0.00E+00$^+$ (0.00E+00) |
| f10 | 150000 | 7.19E−15 (1.95E−15) | 5.30E−15$^+$ (1.74E−15) | 4.47E−15$^{\cdot+}$ (1.23E−15) | 4.23E−15$^{\cdot+}$ (9.01E−16) | 4.59E−15$^{\cdot+}$ (1.35E−15) |

续表

| 编号 | MNFE | DE | DE/BBO | RingDB | SquareDB | RandDB |
|------|------|-----|--------|--------|----------|--------|
| f11 | 150000 | 2.96E−03 | 0.00E+00+ | 0.00E+00+ | 0.00E+00+ | 0.00E+00+ |
|     |        | (5.31E−03) | (0.00E+00) | (0.00E+00) | (0.00E+00) | (0.00E+00) |
| f12 | 150000 | 2.00E−32 | 1.57E−32 | 1.57E−32 | 1.57E−32 | 1.57E−32 |
|     |        | (1.02E−32) | (0.00E+00) | (0.00E+00) | (0.00E+00) | (0.00E+00) |
| f13 | 150000 | 3.30E−18 | 1.35E−32 | 1.35E−32 | 1.35E−32 | 1.35E−32 |
|     |        | (1.81E−17) | (0.00E+00) | (0.00E+00) | (0.00E+00) | (0.00E+00) |
| f14 | 10000 | 0.00E+00 | 0.00E+00 | 0.00E+00 | 0.00E+00 | 0.00E+00 |
|     |        | (0.00E+00) | (0.00E+00) | (0.00E+00) | (0.00E+00) | (0.00E+00) |
| f15 | 40000 | 5.53E−19 | 7.39E−05− | 1.35E−04− | 1.27E−04− | 1.33E−04− |
|     |        | (9.16E−20) | (8.76E−05) | (1.31E−04) | (1.26E−04) | (1.87E−04) |
| f16 | 10000 | 1.22E−13 | 1.22E−13 | 1.22E−13 | 1.22E−13 | 1.22E−13 |
|     |        | (0.00E+00) | (0.00E+00) | (0.00E+00) | (0.00E+00) | (0.00E+00) |
| f17 | 10000 | 1.74E−16 | 1.74E−16 | 1.74E−16 | 1.74E−16 | 1.74E−16 |
|     |        | (0.00E+00) | (0.00E+00) | (0.00E+00) | (0.00E+00) | (0.00E+00) |
| f18 | 10000 | 9.59E−14 | 9.59E−14 | 9.59E−14 | 9.59E−14 | 9.59E−14 |
|     |        | (0.00E+00) | (0.00E+00) | (0.00E+00) | (0.00E+00) | (0.00E+00) |
| f19 | 10000 | 0.00E+00 | 0.00E+00 | 0.00E+00 | 0.00E+00 | 0.00E+00 |
|     |        | (0.00E+00) | (0.00E+00) | (0.00E+00) | (0.00E+00) | (0.00E+00) |
| f20 | 10000 | 0.00E+00 | 0.00E+00 | 0.00E+00 | 0.00E+00 | 0.00E+00 |
|     |        | (0.00E+00) | (0.00E+00) | (0.00E+00) | (0.00E+00) | (0.00E+00) |
| f21 | 10000 | 1.68E−01 | 2.49E−01 | 4.59E−01 | 2.56E−01 | 1.20E−01 |
|     |        | (9.22E−01) | (1.36E+00) | (1.75E+00) | (1.36E+00) | (5.17E−01) |
| f22 | 10000 | 1.81E−10 | 1.81E−10 | 1.81E−10 | 1.81E−10 | 1.81E−10 |
|     |        | (8.95E−16) | (6.73E−16) | (7.99E−16) | (6.73E−16) | (8.95E−16) |
| f23 | 10000 | 2.00E−15 | 2.00E−15 | 2.13E−15 | 1.78E−15 | 2.07E−15 |
|     |        | (5.42E−16) | (5.42E−16) | (7.23E−16) | (0.00E+00) | (6.73E−16) |
| Win |      |     |        | 4 vs 1 | 4 vs 1 | 4 vs 2 |
|     |      |     | 7 vs 2 | 7 vs 2 | 7 vs 2 | 7 vs 2 |

　　我们还对 Local-DE/BBO 算法与其他两种比较算法的实验结果进行了 rank-sum 统计性检验，并在表 5-2 的第 5～7 列中用上标符号"·"标识 Local-DE/BBO 算法的性能显著优于 DE/BBO 算法，用上标符号"°"标识后者显著优于前者；用符号"+"标识 Local-DE/BBO 算法的性能显著优于 DE 算法，用符号"−"标识后者显

著优于前者。表 5-2 最后还加上了两行统计行,其中倒数第二行记录了 Local-DE/BBO 算法显著优于和劣于 DE/BBO 算法的函数个数,最后一行记录了 Local-DE/BBO 算法显著优于和劣于 DE 算法的函数个数。从统计性检验结果中可以看出以下几点。

(1)三种 Local-DE/BBO 算法在 f1、f2、f7、f10 这 4 个高维函数上显著优于 DE/BBO 算法。

(2)DE/BBO 算法在函数 f4 上显著优于 RingDB 和 RandDB 算法,在函数 f5 上显著优于 SquareDB 和 RandDB 算法。

(3)三种 Local-DE/BBO 算法在 f1、f2、f7~f11 这 7 个高维函数上显著优于 DE 算法。

(4)DE 算法仅在高维函数 f5 和低维函数 f15 上显著优于 Local-DE/BBO 算法。

(5)在 f7(带极值点的噪声函数)上,DE 算法和原始 DE/BBO 算法并无显著差异,但三种 Local-DE/BBO 算法性能均显著优于 DE 算法。

表 5-3 中统计了各算法在 60 次运行中达到精度要求(结果误差小于 RA)的成功率。可见,三种 Local-DE/BBO 算法的成功率在函数 f4、f6、f7、f8、f9 上比 DE 算法有明显提高,在函数 f7 上比原始 DE/BBO 算法有明显提高。但在函数 f15 和 f21 上 DE 算法的成功率更高,在函数 f4 和 f21 上原始 DE/BBO 算法的成功率更高。

表 5-3　DE、DE/BBO 和 Local-DE/BBO 算法在 23 个测试函数上的成功率

| 编号 | DE | DE/BBO | RingDB | SquareDB | RandDB |
|---|---|---|---|---|---|
| f1 | 100 | 100 | 100 | 100 | 100 |
| f2 | 100 | 100 | 100 | 100 | 100 |
| f3 | 100 | 100 | 100 | 100 | 100 |
| f4 | 0 | 96.7 | 80 | 56.7 | 63.3 |
| f5 | 0 | 0 | 0 | 0 | 0 |
| f6 | 96.7 | 100 | 100 | 100 | 100 |
| f7 | 70 | 83.3 | 100 | 100 | 100 |
| f8 | 10 | 100 | 100 | 100 | 100 |
| f9 | 0 | 100 | 100 | 100 | 100 |
| f10 | 100 | 100 | 100 | 100 | 100 |
| f11 | 100 | 100 | 100 | 100 | 100 |
| f12 | 100 | 100 | 100 | 100 | 100 |
| f13 | 100 | 100 | 100 | 100 | 100 |
| f14 | 100 | 100 | 100 | 100 | 100 |

| 编号 | DE | DE/BBO | RingDB | SquareDB | RandDB |
|------|------|--------|--------|----------|--------|
| f15 | 100 | 20 | 3.33 | 13.3 | 13.3 |
| f16 | 100 | 100 | 100 | 100 | 100 |
| f17 | 100 | 100 | 100 | 100 | 100 |
| f18 | 100 | 100 | 100 | 100 | 100 |
| f19 | 100 | 100 | 100 | 100 | 100 |
| f20 | 100 | 100 | 100 | 100 | 100 |
| f21 | 96.7 | 96.7 | 90 | 93.3 | 93.3 |
| f22 | 100 | 100 | 100 | 100 | 100 |
| f23 | 100 | 100 | 100 | 100 | 100 |

　　另外,分别绘制了高维函数 f1～f13 上各种算法的收敛曲线,结果如图 5-1 所示,其中横坐标表示算法迭代次数,纵坐标表示最优适应度的平均值。由收敛图可以看到,四种 DE/BBO 算法在除 f5 以外的 12 个函数上的收敛速度均快于 DE 算法;在函数 f4 和 f5 上,四种 DE/BBO 算法的收敛速度极为相似,但在余下的 11 个函数上,三种 Local-DE/BBO 算法的收敛速度均快于原始 DE/BBO 算法。

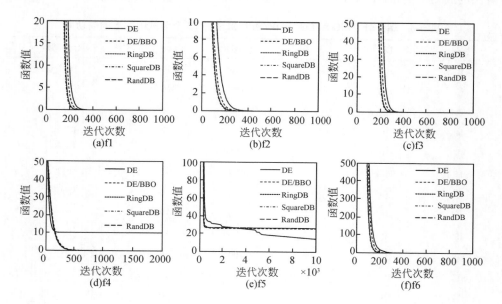

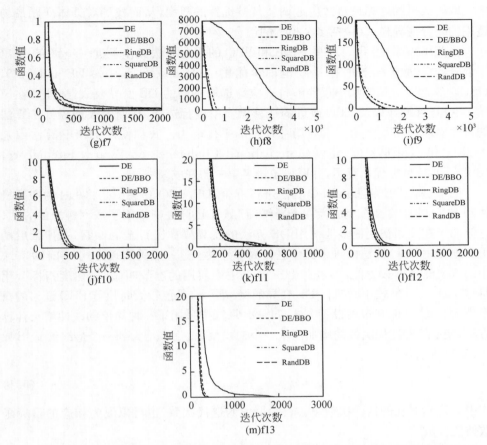

图 5-1　DE、DE/BBO 和 Local-DE/BBO 算法在 13 个高维测试函数上的收敛曲线

　　对比三种 Local-DE/BBO 算法,可以发现它们并没有统计意义上的显著区别,但 RingDB 算法的性能表现在某些高维函数上稍优于 SquareDB 算法和 RandDB算法。导致这一现象的原因可能是 DE 搜索方法已经增强了种群中的全局信息交互,为算法提供了较好的探索能力,所以像 SquareDB 那样较大的邻域规模或随机邻域结构对混合的 DE/BBO 算法所起的作用不再那么明显。但总的看来,局部拓扑结构有效地增强了 BBO 算法的开发能力,特别是基于环形结构的 DE/BBO 混合算法表现出了优越的搜索能力。

### 5.1.3　自适应 DE/BBO 算法

　　自适应差分进化(self-adaptive DE,SaDE)[6]是 Qin 和 Suganthan 提出的一种改进型 DE 算法,其主要思想是在算法中并行使用多种差分变异模式,并根据这些模式取得效果的好坏来自适应地调整其被选择的概率,从而找到对具体问题最为适用的差分变异模式(包括多个模式的组合)。

受此思想启发,我们对基于 DE 和 BBO 的混合算法又作了进一步研究,提出了混合的自适应差分进化/生物地理学优化(hybrid self-adaptive DE and BBO, HSDB)算法[7]。该算法不仅能够自适应地选取不同的 DE 变异模式,还能够在原始 BBO 迁移操作以及 EBO 改进的迁移操作中进行选择,从而极大地提升了算法的自适应能力以及全局探索与局部开发的平衡能力。我们使用 HSDB 算法参加了 2014 年国际群智能会议(International Conference on Swarm Intelligence, ICSI)[8]的单目标优化竞赛,并取得了排名第一的好成绩[9]。

同样是将 DE 算法和 BBO 算法进行混合,DE/BBO 算法中是将 DE 的变异操作和 BBO 的迁移操作集成为一个操作,而 HSDB 算法则采用了概率融合的方式,它倾向于在搜索初期更多地使用 DE 算法的变异操作进行全局探索,在搜索后期更多地使用 BBO 算法的迁移操作进行局部开发。这一点的实现方式与 EBO 算法中的未成熟度参数类似,不过在 HSDB 算法中使用的参数叫做"成熟度指标",用符号 $\nu$ 表示,其值较小时执行 DE 变异的概率更大,其值较大时执行 BBO 迁移的概率更大。$\nu$ 值可以有多种设置方式,HSDB 算法中采用了一种简单的线性增长计算方法,使 $\nu$ 随着迭代次数的增加而从一个初始值 $\nu_{min}$ 逐步增大到一个最终值 $\nu_{max}$,如式(5.1)所示:

$$\nu = \nu_{min} + \frac{t}{t_{max}}(\nu_{max} - \nu_{min}) \tag{5.1}$$

式中,$t$ 表示当前的迭代次数;$t_{max}$ 表示最大的迭代次数(也可以设为相应的目标函数估值次数)。

在算法的每一次迭代中,每一个解都有 $\nu$ 的概率执行 BBO 迁移操作,有 $(1-\nu)$ 的概率执行 DE 的变异操作。由于 $\nu$ 值随着迭代次数的增加而增大,算法能够在早期更多地进行全局探索,在后期更多地进行局部开发。

HSDE 算法中包含了一组 DE 变异操作模式的集合和一组 BBO 迁移操作模式的集合,分别用 $S_{DE}$ 和 $S_{BBO}$ 表示。针对每一种操作模式,如果其某次应用生成的解的适应度高于原始解,则称其获得了一次成功,否则称其获得了一次失败。在算法开始执行时,每种操作模式被选择的概率是均等的。在经过了 $L_P$(一个固定值)次迭代后,我们统计每种操作模式应用的成功率,并据此来调整其以后被选择的概率。在算法以后的每次迭代中,都会更新计算每个模式被选择的概率。在算法的第 $G$ 次迭代中 $(G \geqslant L_P)$,第 $k$ 种 DE 变异操作模式的选择概率按式(5.2)进行更新:

$$p_k(G) = \frac{s_k(G)}{\sum_{k \in S_{DE}} s_k(G)} \tag{5.2}$$

类似地,在第 $G$ 次迭代中第 $k'$ 种 BBO 迁移操作模式的选择概率按式(5.3)进行更新：

$$p_{k'}(G) = \frac{s_{k'}(G)}{\sum_{k' \in S_{\mathrm{BBO}}} s_{k'}(G)} \tag{5.3}$$

由上可知，HSDB 算法是对 DE 变异操作模式集合和 BBO 迁移操作模式集合分别独立地计算成功率。

经过反复实验，我们为 HSDB 算法中选用了两种 DE 变异操作模式，包括 DE/rand/1/bin 和 DE/rand-to-最佳值/2/bin，以及两种 BBO 迁移操作模式，包括原始克隆迁移和 EBO 中的局部迁移[10,11]。这些操作的具体形式分别见式（1.25）、式（1.30）和式（4.1）。选取的原因在于它们分别具有良好的全局搜索和局部搜索能力，而且其组合有利于在两种搜索能力之间达到更好的平衡。

由于局部迁移操作的存在，HSDB 算法也需要使用局部拓扑结构。这里选用动态随机拓扑结构（见 3.2.3 节），种群中栖息地之间的邻域关系存放在一个 0-1 邻接矩阵 Link 中。设算法种群的大小为 $N$，平均邻域大小为 $K$，其设置方法见算法过程 5.3。

---

**算法过程 5.3　HSDB 算法的邻域拓扑设置过程**

1. Initialize an $N * N$ matrix Link;

2. **let** $p = K/(N-1)$;

3. **for** $i = 1$ **to** $N$ **do**

4. 　　**let** iso = true;

5. 　　**for** $j = 1$ **to** $N$ **do**

6. 　　　　**if** rand() $<$ $p$ **then** Link$(i,j)$ ←Link$(j,i)$ ←1, iso ←false;

7. 　　　　**else** Link$(i,j)$ ←Link$(j,i)$ ←0;

8. 　　　　**end if**

9. 　　**end for**

10. 　　**if** iso **then** 　　　　//当前栖息地 $H_i$ 未分配任何邻居

11. 　　　　**let** $j = \mathrm{rand}(1,N)$;

12. 　　　　**while** $(j=i)$ **do** $j$ ←$rand(1,N)$ **end while** //$j$ 为$[1,N]$内不等于 $i$ 的一个随机数

13. 　　　　Link$(i,j)$ ←Link$(j,i)$ ←1;

14. 　　**end if**

15. **end for**

---

上述过程的基本策略与算法过程 3.3 类似，但其为每个栖息地至少设置一个邻居，即不允许有孤立的解。

　　基于该结构的局部迁移操作的执行过程参见算法过程 3.4。此外,如果在 $N_l$ 次迭代之后依然没有寻找到一个新的更优的解,算法将重置局部拓扑以提高多样性,其中控制参数 $N_l$ 的取值范围通常为 [1,6]。

　　为提高一致性,这里将式(1.25)和式(1.30)中的参数 $F$ 和式(4.1)中的参数 $\alpha$ 统一用 $F$ 表示,其值通过如下方式确定:

$$F = \text{norm}(F_\mu, F_\sigma) \tag{5.4}$$

式中,norm 用于生成高斯随机数;均值 $F_\mu$ 和方差 $F_\sigma$ 通常设为 0.5 和 0.3。由于高斯分布的范围较广,在得到 $F$ 值后,通过式(5.5)进一步将其限制在一个范围内:

$$F = \begin{cases} 0.05, & F < 0.05 \\ 0.95, & F > 0.95 \\ F, & 0.05 \leqslant F \leqslant 0.95 \end{cases} \tag{5.5}$$

DE 交叉率 $c_r$ 也用迁入率 $\lambda_i$ 取代,因此 DE 交叉操作公式(1.26)变为

$$u_{ij} = \begin{cases} v_{ij}, & (r_j \leqslant \lambda_i) \vee (j = r_i) \\ x_{ij}, & \text{其他} \end{cases} \tag{5.6}$$

算法 5.2 描述了 HSDB 算法的整体框架。

---

**算法 5.2　自适应差分进化/生态地理学优化算法**

　　步骤 1　随机生成问题的一组初始解,计算其中每个解的适应度,并设置 $\nu = \nu_{\min}$。

　　步骤 2　使用算法过程 5.3 初始化种群的局部拓扑结构,设置 DE 变异和 BBO 迁移操作模式集合,并设置其中的操作模式具有相等的选择概率。

　　步骤 3　按照迁移率模型计算每个解的迁入率和迁出率。

　　步骤 4　对种群中的每个解 $x_i$ 依次执行如下操作:

　　步骤 4.1　生成一个 0~1 的随机数,如果其值小于成熟度指标 $\nu$,则根据概率 $p_k(G)$ 选择一个 DE 变异操作 $k$;否则,根据概率 $p_{k'}(G)$ 选择一个 BBO 迁移操作 $k'$。

　　步骤 4.2　用选定的操作生成一个变异向量 $v_i$。

　　步骤 4.3　按式(5.6)生成一个实验向量 $u_i$。

　　步骤 4.4　评估 $u_i$ 的适应度,将 $x_i$ 和 $u_i$ 中适应度较高的保留在种群中。

　　步骤 5　根据式(5.1)更新成熟度指标 $\nu$。

　　步骤 6　如果 $G \geqslant L_P$,根据式(5.1)和式(5.2)更新各操作模式的成功率。

　　步骤 7　更新当前已找到的最优解;如果在 $N_G$ 次迭代之后仍没有搜索到一个新的更优解,则使用算法过程 5.3 重置局部拓扑。

　　步骤 8　如果终止条件满足,返回当前已找到的最优解,算法结束;否则,转步骤 3。

---

　　我们将 HSDB 算法用于求解 ICSI 2014 基准函数问题[12],该问题集包含 30 个

高维问题,用 f1～f30 表示。由于所有的问题都可被看成黑盒问题,因此在参数的设置上并不针对问题进行调整,而是采用统一的参数设置,其中成熟度初始值 $\nu_{min}$ = 0.05,最终值 $\nu_{max}$ = 0.95,学习时长 $L_P$ = 30,无改进迭代次数上限 $N_I$ = 3,领域大小 $K$ = 3,种群大小 $N$ = 50。

根据 ICSI 2014 竞赛的要求,算法分别在 2 维、10 维和 30 维的基准问题上进行测试,并在每个测试函数上都进行了 51 次仿真实验,以避免偶然因素的影响。任何小于 $2^{-52}$ 的函数值都视为 0。在我们的实验环境中,运行 5 次整个基准测试集的平均时间 $T1$ = 48.62s,在 30 维 f9 问题上运行 5 次 HSDB 算法的平均时间 $T2$ = 116.02s,因此时间复杂度可以评估为 $(T2-T1)/T1$ = 1.386。

表 5-4～表 5-6 分别给出了 HSDB 算法在 2 维、10 维和 30 维基准问题集上取得的结果。分析计算结果可知,在最简单的 2 维问题集中,HSDB 算法在 21 个函数上得到的函数误差值均小于 $2^{-52}$;而随着维数的增加,算法性能在大多数问题上都有所下降,这种现象被称为"维数灾难",尤其在 f1 和 f2 等函数上表现更加严重,但有趣的是,在一些特殊的问题(如 f12 和 f26)上,算法所得的最优解精度却随着维度的增加而有所提高。

表 5-4　HSDB 算法在 2 维基准问题集上的实验结果

| 编号 | 最大值 | 最小值 | 平均值 | 中位数 | 标准差 |
|------|--------|--------|--------|--------|--------|
| f1 | 0.00E+00 | 0.00E+00 | 0.00E+00 | 0.00E+00 | 0.00E+00 |
| f2 | 2.98E−27 | 0.00E+00 | 1.13E−28 | 0.00E+00 | 4.18E−28 |
| f3 | 1.67E+00 | 1.67E+00 | 1.67E+00 | 1.67E+00 | 1.12E−15 |
| f4 | 0.00E+00 | 0.00E+00 | 0.00E+00 | 0.00E+00 | 0.00E+00 |
| f5 | 1.52E−17 | 8.00E−20 | 2.45E−18 | 1.53E−18 | 2.44E−18 |
| f6 | 1.97E−31 | 1.97E−31 | 1.97E−31 | 1.97E−31 | 0.00E+00 |
| f7 | 1.21E−17 | 0.00E+00 | 6.44E−18 | 9.65E−18 | 5.26E−18 |
| f8 | 8.88E−16 | 8.88E−16 | 8.88E−16 | 8.88E−16 | 9.96E−32 |
| f9 | −4.00E+00 | −4.00E+00 | −4.00E+00 | −4.00E+00 | 2.24E−15 |
| f10 | −9.80E−01 | −1.00E+00 | −9.96E−01 | −1.00E+00 | 5.86E−03 |
| f11 | 0.00E+00 | 0.00E+00 | 0.00E+00 | 0.00E+00 | 0.00E+00 |
| f12 | 5.20E+01 | 4.86E+01 | 4.90E+01 | 4.86E+01 | 8.74E−01 |
| f13 | 1.94E−02 | 7.00E+00 | 7.00E+00 | 0.00E+00 | 9.15E−03 |
| f14 | 6.99E−02 | 1.00E−11 | 5.90E−03 | 9.41E−04 | 1.06E−02 |

续表

| 编号 | 最大值 | 最小值 | 平均值 | 中位数 | 标准差 |
|------|--------|--------|--------|--------|--------|
| f15 | 3.60E−03 | 3.91E−08 | 7.92E−04 | 3.59E−04 | 9.40E−04 |
| f16 | 0.00E+00 | 0.00E+00 | 0.00E+00 | 0.00E+00 | 0.00E+00 |
| f17 | 0.00E+00 | 0.00E+00 | 0.00E+00 | 0.00E+00 | 0.00E+00 |
| f18 | −8.38E+02 | −8.38E+02 | −8.38E+02 | −8.38E+02 | 4.59E−13 |
| f19 | 1.35E−32 | 1.35E−32 | 1.35E−32 | 1.35E−32 | 1.11E−47 |
| f20 | 5.77E−23 | 0.00E+00 | 2.58E−24 | 1.77E−33 | 8.18E−24 |
| f21 | 0.00E+00 | 0.00E+00 | 0.00E+00 | 0.00E+00 | 0.00E+00 |
| f22 | 0.00E+00 | 0.00E+00 | 0.00E+00 | 0.00E+00 | 0.00E+00 |
| f23 | 8.97E+00 | 8.97E+00 | 8.97E+00 | 8.97E+00 | 7.64E−15 |
| f24 | −4.53E+00 | −4.53E+00 | −4.53E+00 | −4.53E+00 | 6.28E−15 |
| f25 | −1.39E+00 | −1.71E+00 | −1.60E+00 | −1.71E+00 | 1.54E−01 |
| f26 | 6.67E−01 | 5.71E−01 | 5.87E−01 | 5.71E−01 | 2.79E−02 |
| f27 | −3.74E+07 | −3.74E+07 | −3.74E+07 | −3.74E+07 | 4.01E+02 |
| f28 | −4.63E+00 | −5.83E+00 | −5.22E+00 | −5.25E+00 | 2.63E−01 |
| f29 | 2.00E+01 | 2.00E+01 | 2.00E+01 | 2.00E+01 | 8.92E−03 |
| f30 | 1.01E+00 | 2.67E−01 | 4.00E−01 | 2.70E−01 | 2.71E−01 |

**表 5-5　HSDB 算法在 10 维基准问题集上的实验结果**

| 编号 | 最大值 | 最小值 | 平均值 | 中位数 | 标准差 |
|------|--------|--------|--------|--------|--------|
| f1 | 1.35E+02 | 5.03E−02 | 8.23E+00 | 2.28E+00 | 1.87E+01 |
| f2 | 2.64E+02 | 2.03E−01 | 3.26E+01 | 5.43E+00 | 5.33E+01 |
| f3 | 1.70E+02 | 1.70E+02 | 1.70E+02 | 1.70E+02 | 1.77E−02 |
| f4 | 2.96E+00 | 6.54E−04 | 3.45E−01 | 1.55E−01 | 4.67E−01 |
| f5 | 1.27E−01 | 1.38E−05 | 1.14E−02 | 8.59E−04 | 2.33E−02 |
| f6 | 9.57E+00 | 4.97E−01 | 5.02E+00 | 5.95E+00 | 2.40E+00 |
| f7 | 1.15E−03 | 1.00E−12 | 1.46E−04 | 1.96E−05 | 2.74E−04 |
| f8 | 1.16E+00 | 5.66E−13 | 1.71E−01 | 5.16E−03 | 3.71E−01 |
| f9 | −1.95E+01 | −2.00E+01 | −1.98E+01 | −1.99E+01 | 1.35E−01 |
| f10 | −7.42E+00 | −8.76E+00 | −8.34E+00 | −8.37E+00 | 2.85E−01 |
| f11 | 4.56E+00 | 0.00E+00 | 1.09E+00 | 1.51E−02 | 1.82E+00 |
| f12 | 5.40E−01 | 3.76E−01 | 4.52E−01 | 4.47E−01 | 4.17E−02 |
| f13 | 6.35E−01 | 1.55E−01 | 3.99E−01 | 4.02E−01 | 1.37E−01 |

续表

| 编号 | 最大值 | 最小值 | 平均值 | 中位数 | 标准差 |
|---|---|---|---|---|---|
| f14 | 9.91E−02 | 1.01E−02 | 5.17E−02 | 5.25E−02 | 2.19E−02 |
| f15 | 9.83E−02 | 1.74E−02 | 4.89E−02 | 4.84E−02 | 1.76E−02 |
| f16 | 4.01E−02 | 1.14E−08 | 6.05E−03 | 1.20E−03 | 9.83E−03 |
| f17 | 4.72E−03 | 3.06E−06 | 8.07E−04 | 2.72E−04 | 1.03E−03 |
| f18 | −2.02E+03 | −4.14E+03 | −2.30E+03 | −2.02E+03 | 6.89E+02 |
| f19 | 1.62E−03 | 5.20E−21 | 6.90E−04 | 9.55E−04 | 6.29E−04 |
| f20 | 3.68E−02 | 4.98E−06 | 5.61E−03 | 1.90E−03 | 8.75E−03 |
| f21 | 9.99E−02 | 9.99E−02 | 9.99E−02 | 9.99E−02 | 7.70E−11 |
| f22 | 1.08E−02 | 5.32E−31 | 8.48E−04 | 3.56E−05 | 1.90E−03 |
| f23 | 2.37E+01 | 1.55E+01 | 1.94E+01 | 1.90E+01 | 2.01E+00 |
| f24 | −3.47E+01 | −3.56E+01 | −3.53E+01 | −3.52E+01 | 2.40E−01 |
| f25 | 4.30E+01 | 4.29E+01 | 4.29E+01 | 4.29E+01 | 2.80E−03 |
| f26 | 7.59E−03 | 5.90E−03 | 6.72E−03 | 6.70E−03 | 4.87E−04 |
| f27 | −6.34E+07 | −1.60E+08 | −1.02E+08 | −1.07E+08 | 1.70E+07 |
| f28 | −5.04E+00 | −5.85E+00 | −5.38E+00 | −5.40E+00 | 1.72E−01 |
| f29 | 2.00E+01 | 2.00E+01 | 2.00E+01 | 2.00E+01 | 9.31E−04 |
| f30 | 1.01E+00 | 1.01E+00 | 1.01E+00 | 1.01E+00 | 1.86E−10 |

**表 5-6　HSDB 算法在 30 维基准问题集上的实验结果**

| 编号 | 最大值 | 最小值 | 平均值 | 中位数 | 标准差 |
|---|---|---|---|---|---|
| f1 | 1.69E+05 | 4.08E+03 | 7.67E+04 | 7.80E+04 | 4.15E+04 |
| f2 | 1.60E+04 | 1.34E+03 | 5.18E+03 | 3.71E+03 | 3.27E+03 |
| f3 | 4.53E+03 | 4.51E+03 | 4.52E+03 | 4.52E+03 | 5.11E+00 |
| f4 | 1.33E+01 | 1.59E+00 | 7.45E+00 | 7.31E+00 | 2.71E+00 |
| f5 | 7.87E−02 | 8.39E−03 | 3.77E−02 | 3.66E−02 | 1.72E−02 |
| f6 | 3.03E+01 | 2.82E+01 | 2.91E+01 | 2.90E+01 | 5.15E−01 |
| f7 | 1.01E−02 | 3.23E−03 | 7.37E−03 | 7.84E−03 | 1.72E−03 |
| f8 | 1.60E+00 | 1.86E−01 | 9.06E−01 | 9.91E−01 | 4.42E−01 |
| f9 | −5.76E+01 | −5.91E+01 | −5.83E+01 | −5.82E+01 | 3.35E−01 |
| f10 | −1.99E+01 | −2.79E+01 | −2.48E+01 | −2.54E+01 | 1.80E+00 |
| f11 | 8.90E−02 | 4.55E−04 | 2.98E−02 | 2.85E−02 | 1.82E−02 |
| f12 | 1.47E−02 | 1.22E−02 | 1.43E−02 | 1.44E−02 | 4.42E−04 |

续表

| 编号 | 最大值 | 最小值 | 平均值 | 中位数 | 标准差 |
|------|--------|--------|--------|--------|--------|
| f13 | 4.02E+00 | 1.40E+00 | 3.03E+00 | 3.14E+00 | 6.88E−01 |
| f14 | 1.03E−01 | 2.53E−02 | 7.29E−02 | 7.43E−02 | 1.96E−02 |
| f15 | 1.70E−01 | 2.04E−02 | 9.48E−02 | 9.36E−02 | 3.40E−02 |
| f16 | 3.33E−01 | 8.08E−02 | 2.21E−01 | 2.24E−01 | 5.23E−02 |
| f17 | 3.93E+00 | 4.31E−01 | 2.02E+00 | 2.10E+00 | 8.17E−01 |
| f18 | −3.69E+03 | −6.06E+03 | −5.79E+03 | −6.06E+03 | 7.11E+02 |
| f19 | 8.67E−03 | 2.00E−03 | 5.05E−03 | 4.81E−03 | 1.77E−03 |
| f20 | 7.45E−01 | 9.08E−06 | 2.07E−01 | 1.11E−01 | 2.27E−01 |
| f21 | 3.00E−01 | 9.99E−02 | 2.13E−01 | 2.00E−01 | 5.30E−02 |
| f22 | 2.15E−01 | 1.01E−02 | 1.01E−01 | 9.68E−02 | 5.44E−02 |
| f23 | 5.68E+01 | 3.09E+01 | 4.43E+01 | 4.32E+01 | 7.31E+00 |
| f24 | −1.13E+02 | −1.16E+02 | −1.15E+02 | −1.15E+02 | 7.39E−01 |
| f25 | 1.13E+03 | 1.13E+03 | 1.13E+03 | 1.13E+03 | 2.06E+00 |
| f26 | 4.48E−04 | 4.12E−04 | 4.33E−04 | 4.35E−04 | 8.73E−06 |
| f27 | −2.99E+08 | −5.25E+08 | −4.76E+08 | −5.21E+08 | 8.72E+07 |
| f28 | −5.24E+00 | −5.81E+00 | −5.48E+00 | −5.48E+00 | 1.12E−01 |
| f29 | 2.00E+01 | 2.00E+01 | 2.00E+01 | 2.00E+01 | 1.53E−04 |
| f30 | 1.04E+00 | 1.01E+00 | 1.02E+00 | 1.01E+00 | 1.34E−02 |

　　为比较 HSDB 算法的性能优势,我们还在 30 维的测试问题集上分别测试了 DE 算法(使用 DE/rand/1/bin 模式)、SaDE 算法和 B-BBO 算法,实验结果见表 5-7。对这三种算法取得的结果与 HSDB 算法的结果进行非参数化 Wilcoxon 秩和检验,在表 5-7 的第 5、9、13 列中,$h$ 值为 1 表示 HSDB 算法的性能与相比较的算法有显著不同,为 0 意味着两者之间没有统计性上的差异(置信度为 95%),上标符号"＋"标识 HSDB 算法与对应算法相比具有显著的性能提升,上标符号"−"则表示相反的情况。通过对比可以发现以下几点。

　　(1)HSDB 算法在 28 个函数上的结果显著优于 DE 算法,而 DE 算法仅在函数 f26 上优于 HSDB 算法,在函数 f28 上两者没有统计上的差异。

　　(2)HSDB 算法在 15 个函数上的结果显著优于 SaDE 算法,SaDE 算法在 6 个函数上优于 HSDB 算法,而在余下的 9 个函数上两者并无差异。

　　(3)HSDB 算法在 29 个函数上优于 B-BBO 算法,而两者仅在函数 f28 上没有统计上的差异。

　　综上,HSDB 算法在 ICSI 2014 基准函数测试集上表现出的整体性能优于其他三种算法。

**表 5-7　在 30 维基准问题集上的算法对比结果**

| 编号 | DE | | | | SaDE | | | | B-BBO | | | |
|---|---|---|---|---|---|---|---|---|---|---|---|---|
| | 中位数 | 标准差 | $p$ 值 | $h$ | 中位数 | 标准差 | $p$ 值 | $h$ | 中位数 | 标准差 | $p$ 值 | $h$ |
| f1 | 1.73E+06 | 1.10E+06 | 3.30E−18 | $1^+$ | 1.98E+04 | 2.95E+04 | 2.12E−08 | $1^-$ | 3.98E+06 | 9.84E+05 | 3.30E−18 | $1^+$ |
| f2 | 8.28E+05 | 1.87E+05 | 3.30E−18 | $1^+$ | 2.58E+04 | 8.72E+03 | 4.18E−18 | $1^+$ | 5.72E+04 | 2.18E+04 | 3.30E−18 | $1^+$ |
| f3 | 5.26E+03 | 7.97E+02 | 6.30E−17 | $1^+$ | 4.51E+03 | 5.27E+00 | 1.24E−05 | 0 | 4.84E+03 | 1.30E+02 | 3.30E−18 | $1^+$ |
| f4 | 3.72E+02 | 6.08E+01 | 3.30E−18 | $1^+$ | 1.76E+02 | 3.06E+01 | 3.30E−18 | $1^+$ | 1.36E+02 | 3.23E+01 | 3.30E−18 | $1^+$ |
| f5 | 1.39E+00 | 9.06E−01 | 3.30E−18 | $1^+$ | 2.31E−02 | 1.36E−02 | 2.41E−05 | $1^-$ | 1.64E+00 | 3.71E−01 | 3.30E−18 | $1^+$ |
| f6 | 3.77E+01 | 9.47E+00 | 3.72E−18 | $1^+$ | 2.84E+01 | 4.02E−01 | 3.77E−08 | $1^-$ | 6.91E+01 | 1.79E+01 | 3.30E−18 | $1^+$ |
| f7 | 3.98E−02 | 3.87E−03 | 3.30E−18 | $1^+$ | 8.74E−03 | 3.81E−03 | 2.06E−02 | $1^+$ | 3.10E−02 | 1.38E−02 | 3.30E−18 | $1^+$ |
| f8 | 2.29E+00 | 4.90E−01 | 1.24E−16 | $1^+$ | 9.81E−01 | 6.12E−01 | 8.94E−01 | 0 | 3.37E+00 | 4.41E−01 | 3.30E−18 | $1^+$ |
| f9 | −5.61E+01 | 7.52E−01 | 3.30E−18 | $1^+$ | −5.84E+01 | 3.60E−01 | 9.70E−02 | 0 | −5.58E+01 | 5.06E−01 | 3.30E−18 | $1^+$ |
| f10 | −1.03E+01 | 1.12E+00 | 3.30E−18 | $1^+$ | −1.84E+01 | 1.10E+00 | 4.70E−18 | $1^+$ | −2.42E+01 | 2.43E+00 | 2.66E−03 | $1^+$ |
| f11 | 2.82E−01 | 2.92E−01 | 5.29E−18 | $1^+$ | 1.21E−02 | 1.14E−02 | 8.30E−06 | $1^-$ | 2.73E+00 | 8.30E−01 | 3.30E−18 | $1^+$ |
| f12 | 1.53E−02 | 1.57E−04 | 3.30E−18 | $1^+$ | 1.48E−02 | 1.87E−04 | 3.91E−12 | $1^+$ | 1.46E−02 | 6.13E−04 | 1.44E−03 | $1^+$ |
| f13 | 7.40E+00 | 4.03E−01 | 3.30E−18 | $1^+$ | 5.16E+00 | 5.64E−01 | 3.50E−18 | $1^+$ | 4.79E+00 | 5.59E−01 | 1.32E−16 | $1^+$ |
| f14 | 1.40E−01 | 2.29E−02 | 1.79E−17 | $1^+$ | 9.16E−02 | 1.97E−02 | 1.40E−05 | $1^+$ | 8.37E−02 | 2.02E−02 | 4.94E−03 | $1^+$ |
| f15 | 1.46E−01 | 4.37E−02 | 3.24E−08 | $1^+$ | 1.19E−01 | 3.67E−02 | 4.42E−04 | $1^+$ | 4.78E−01 | 8.24E−02 | 7.51E−18 | $1^+$ |
| f16 | 5.63E−01 | 1.50E−01 | 3.72E−18 | $1^+$ | 2.07E−01 | 8.51E−02 | 5.21E−01 | 0 | 1.01E+00 | 2.24E−01 | 3.30E−18 | $1^+$ |
| f17 | 1.69E+02 | 2.91E+01 | 3.30E−18 | $1^+$ | 1.19E+01 | 2.83E+00 | 3.30E−18 | $1^+$ | 1.14E+01 | 3.15E+00 | 3.30E−18 | $1^+$ |
| f18 | −6.05E+03 | 1.66E+00 | 2.67E−12 | $1^+$ | −6.06E+03 | 7.60E+02 | 8.63E−09 | $1^+$ | −3.66E+03 | 1.91E+03 | 9.65E−16 | $1^+$ |
| f19 | 2.85E−01 | 1.39E−01 | 3.30E−18 | $1^+$ | 2.35E−02 | 1.53E−02 | 1.79E−17 | $1^+$ | 1.90E−02 | 8.13E−03 | 3.30E−18 | $1^+$ |
| f20 | 6.04E+02 | 2.07E+02 | 3.30E−18 | $1^+$ | 7.82E+01 | 3.06E+01 | 3.30E−18 | $1^+$ | 1.89E+01 | 7.50E+00 | 3.30E−18 | $1^+$ |
| f21 | 7.78E−01 | 2.18E−01 | 5.38E−19 | $1^+$ | 2.00E−01 | 6.16E−02 | 2.85E−02 | 0 | 8.00E−01 | 2.79E−01 | 9.80E−19 | $1^+$ |
| f22 | 8.45E−01 | 6.23E−01 | 3.30E−18 | $1^+$ | 1.05E−02 | 1.94E−02 | 4.61E−15 | $1^-$ | 7.75E+00 | 2.32E+00 | 3.30E−18 | $1^+$ |
| f23 | 9.28E+01 | 5.00E+00 | 3.30E−18 | $1^+$ | 6.98E+01 | 4.62E+00 | 3.30E−18 | $1^+$ | 6.69E+01 | 4.92E+00 | 4.70E−18 | $1^+$ |
| f24 | −1.10E+02 | 1.49E+00 | 4.18E−18 | $1^+$ | −1.14E+02 | 8.46E−01 | 3.63E−02 | 0 | −1.10E+02 | 1.24E+00 | 3.30E−18 | $1^+$ |
| f25 | 1.32E+03 | 7.89E+01 | 3.30E−18 | $1^+$ | 1.13E+03 | 1.69E+00 | 4.64E−10 | $1^-$ | 1.21E+03 | 2.57E+01 | 3.30E−18 | $1^+$ |
| f26 | 3.98E−04 | 1.19E−06 | 3.30E−18 | $1^-$ | 4.26E−04 | 1.58E−05 | 1.92E−02 | 0 | 6.26E−04 | 5.67E−05 | 3.30E−18 | $1^+$ |
| f27 | −4.64E+08 | 3.13E+07 | 5.36E−07 | $1^+$ | −5.19E+08 | 4.89E+07 | 3.29E−01 | 0 | −2.69E+08 | 5.82E+07 | 3.30E−18 | $1^+$ |
| f28 | −5.49E+00 | 1.26E−01 | 7.18E−01 | 0 | −5.51E+00 | 1.44E−01 | 3.25E−01 | 0 | −5.49E+00 | 1.14E−01 | 8.72E−01 | 0 |
| f29 | 2.00E+01 | 1.26E−04 | 5.95E−03 | $1^+$ | 2.00E+01 | 1.18E−04 | 2.77E−02 | $1^+$ | 2.00E+01 | 1.57E−04 | 2.72E−02 | $1^+$ |
| f30 | 1.04E+00 | 1.14E−02 | 8.40E−19 | $1^+$ | 1.01E+00 | 1.34E−02 | 4.05E−04 | $1^+$ | 1.04E+00 | 8.03E−03 | 6.07E−03 | $1^+$ |

## 5.2　与和声搜索算法的混合

### 5.2.1　BHS 算法

在原始的 HS 算法[13]中,从记忆库中取值的操作算子将一个新的和声直接设置为从记忆库中随机取得的一个和声(见算法 1.11 中的步骤 2.2),这样的操作方式极大限制了新和声解分量的多样性,使其局限于记忆库中已经存在的和声。因此,考虑将 BBO 算法的迁移操作融入 HS 算法以改进新和声的创作过程,从而提出一种混合的生物地理学/和声搜索(biogeographic harmony search,BHS)算法[14]。

为了在 HS 算法中实现迁移操作,首先按适应度从高到低的顺序对记忆库中的和声进行降序排序,并采用最简单的线性迁移模型(见图 2-1)计算每个解的迁移率,即第 $i$ 个解的迁出率 $\mu_i$ 和迁入率 $\lambda_i$:

$$\mu_i = 1 - \frac{i}{|\mathrm{HM}|} \tag{5.7}$$

$$\lambda_i = \frac{i}{|\mathrm{HM}|} \tag{5.8}$$

式中,$|\mathrm{HM}|$ 表示和声记忆库 HM 中存放的和声个数(即种群大小)。BHS 算法迁移操作的主要过程:初始化一个新的和声 $x$,针对每一维 $d$,从记忆库中随机选取一个解 $x$,则解分量 $x(d)$ 有 $(1-\lambda_i)$ 的概率取 $x_i$ 的对应分量,有 $\lambda_i$ 的概率从另一个解 $x_j$ 进行迁入,而迁出解 $x_j$ 的选择概率与其迁出率 $\mu_j$ 成正比。

为了进一步提高解分量的多样性,BHS 算法采用 B-BBO 算法中的混合迁移算子[15]对 $x$ 执行迁移操作:

$$x(d) = x_i(d) + \mathrm{rand}() \cdot (x_j(d) - x_i(d)) \tag{5.9}$$

可以看出,在式(5.9)中,当 rand 函数产生的随机数越靠近 0(或 1)时,分量 $x(d)$ 的值越接近 $x_i$(或 $x_j$)对应分量的值。根据 BBO 的迁移模型,如果 $x_i$ 具有较高的适应度,则其迁入率较低,因此迁移操作降低其适应度的可能性较小;反之,如果 $x_i$ 具有较低的适应度,则其有极大机会接受来自其他更优解的特性,从而更有可能提高其自身的适应度。

BHS 算法中规定,如果一个解分量已获得迁入的信息,则不再对其执行音调微调操作;只有当分量直接被从记忆库中选取的分量所取代时,才继续对这个分量执行音调微调操作,以进行局部搜索。

算法 5.3 描述了 BHS 算法的基本框架。从算法中可以看到,选取记忆中的和声、对和声进行微调都可以视为对迁移操作的一种补充:一个低质量的解具有高迁入率,易于从记忆库的和声中迁入更多的特性;一个高质量的解具有低迁入率,更有可能在其自身附近进行局部搜索。因此,迁移与和声搜索的结合能更好地平衡算法的全局探索与局部开发能力。

---

**算法 5.3　生物地理学/和声搜索算法的基本框架**

步骤 1　随机生成问题的一组初始解,计算每个解的适应度,并将它们存放在 HM 中。

步骤 2　对 HM 中的所有和声按适应度进行降序排序,并分别按式(5.7)和式(5.8)计算迁出率和迁入率。

步骤 3　创作一个新的(空白)和声 $x_{\text{new}}$,在其每一维 $d$ 上依次执行如下操作:

步骤 3.1　生成一个[0,1]内的随机数,如果其值大于记忆库取值概率 HMCR,设置 $x_{\text{new}}(d)$ 为定义域上的一个随机值,并转入下一维。

步骤 3.2　否则,从记忆库中随机取一个和声 $x_i$。

步骤 3.3　生成一个[0,1]内的随机数,如果其值小于 $\lambda_i$,根据 $\mu_j$ 按比例从记忆库中选取另一个和声 $x_j$,并按式(5.9)计算分量值,并转入下一维。

步骤 3.4　否则,设置 $x_{\text{new}}(d) = x_i(d)$,并再生成一个[0,1]内的随机数,如果其值小于音调微调概率 PAR,按式(1.31)执行音调微调操作。

步骤 4　计算 $x_{\text{new}}$ 的适应度,如果其优于和声记忆库中最差的一个和声,使用 $x_{\text{new}}$ 替换最差和声。

步骤 5　如果终止条件满足,返回当前已找到的最优解,算法结束;否则转步骤 2。

---

### 5.2.2　算法性能测试

我们在 20 个基准函数优化问题上测试了 BHS 算法的性能,这组测试函数包含 13 个高维的单峰和多峰函数[4],以及 7 个移位和旋转函数[16]。此外,选取六种算法来进行对比,包括原始 HS 算法[10]、IHS 算法[17]、DHS 算法[18]、BBO 算法[1]、B-BBO 算法[15]以及另一种混合算法 HSBBO[19]。对三种 HS 算法和 BHS 算法,设置 HM 的大小为 10;对 BBO 和 B-BBO 算法,设置种群大小为 50;对 HS 算法,设置 HMCR = 0.9,PAR = 0.3,bw = 0.01;对 IHS 算法,设置 HMCR = 0.95,$\text{PAR}_{\max}$ = 0.99,$\text{PAR}_{\min}$ = 0.35,$\text{bw}_{\max}$ = 0.1,$\text{bw}_{\min}$ = 0.00001;对 HSBBO 算法,设置 HMCR = 0.9,PAR = 0.1,bw = 0.01;BBO 和 B-BBO 算法的其余参数均按原始文献中的建议进行设置;BHS 算法中的其余参数设置同 IHS 算法。

为了保证公平性,实验中将每种算法的终止条件都设为适应度函数估值次数达到 200000 次。在每个测试函数上,每种算法均使用不同的随机种子进行 60 次蒙特卡洛仿真实验。实验结果如表 5-8 和表 5-9 所示,其中记录了每个函数上 60 次仿真实验结果的平均值、标准差、最佳值和最差值,其中粗体标记了七种算法中最佳的平均值。

表 5-8　f1～f13 函数上的实验结果

| 编号 | 函数名 | 度量 | BBO | B-BBO | HS | IHS | DHS | HSBBO | BHS |
|---|---|---|---|---|---|---|---|---|---|
| f1 | Sphere | 平均值 | 6.15E−01[†] | 1.80E+01[†] | 1.44E−04[†] | 1.07E−09[†] | 4.08E−03[†] | 5.33E−06[†] | **2.78E−10** |
| | | 标准差 | 2.34E−01 | 3.09E+00 | 3.93E−05 | 1.16E−10 | 1.29E−02 | 7.20E−06 | 4.18E−11 |
| | | 最佳值 | 2.46E−01 | 1.16E+01 | 9.03E−05 | 8.27E−10 | 7.99E−13 | 7.12E−07 | 2.02E−10 |
| | | 最差值 | 1.15E+00 | 2.54E+01 | 3.10E−04 | 1.30E−09 | 7.70E−02 | 1.63E−05 | 3.78E−10 |
| f2 | Schwefel 2.22 | 平均值 | 2.14E−01[†] | 5.10E−01[†] | 3.22E−02[†] | 1.37E−04[†] | 6.19E−04[†] | 2.09E−03[†] | **6.63E−05** |
| | | 标准差 | 3.82E−02 | 7.07E−02 | 3.39E−03 | 8.14E−06 | 2.05E−03 | 9.08E−04 | 5.25E−06 |
| | | 最佳值 | 1.22E−01 | 3.78E−01 | 2.44E−02 | 1.17E−04 | 2.50E−10 | 9.75E−04 | 4.77E−05 |
| | | 最差值 | 2.86E−01 | 6.83E−01 | 4.04E−02 | 1.55E−04 | 1.08E−02 | 4.38E−03 | 7.58E−05 |
| f3 | Schwefel 1.2 | 平均值 | 1.24E+01[†] | 2.89E+02[†] | 3.67E−03[†] | 1.50E−08[†] | 2.19E−02[†] | 7.37E−05[†] | **3.91E−09** |
| | | 标准差 | 5.78E+00 | 5.80E+01 | 1.97E−03 | 1.82E−09 | 6.67E−02 | 4.20E−05 | 6.09E−10 |
| | | 最佳值 | 4.02E+00 | 1.69E+02 | 1.45E−03 | 9.56E−09 | 2.33E−11 | 2.99E−05 | 2.59E−09 |
| | | 最差值 | 3.43E+01 | 4.16E+02 | 1.03E−02 | 2.00E−08 | 0.46E−01 | 9.78E−05 | 5.46E−09 |
| f4 | Schwefel 2.21 | 平均值 | 2.08E+00[†] | 1.03E+00[†] | 2.28E+00[†] | 1.25E+00[†] | 2.80E+00[†] | 2.37E+00[†] | **6.53E−01** |
| | | 标准差 | 3.84E−01 | 1.33E−01 | 4.16E−01 | 2.25E−01 | 9.05E−01 | 2.35E−01 | 1.28E−01 |
| | | 最佳值 | 1.19E+00 | 8.20E−01 | 1.59E+00 | 7.71E−01 | 1.25E+00 | 2.08E+00 | 3.95E−01 |
| | | 最差值 | 2.92E+00 | 1.40E+00 | 3.29E+00 | 1.67E+00 | 5.18E+00 | 2.89E+00 | 9.56E−01 |
| f5 | Rosen-brock | 平均值 | 1.74E+02[†] | 1.94E+03[†] | 8.58E+01[†] | 6.10E+01 | 8.04E+01[†] | 8.45E+01[†] | **5.70E+01** |
| | | 标准差 | 7.13E+01 | 5.75E+02 | 5.86E+01 | 3.74E+01 | 4.19E+01 | 3.60E+01 | 3.53E+01 |
| | | 最佳值 | 9.74E+01 | 7.53E+02 | 3.58E−01 | 3.35E+00 | 8.11E+00 | 3.75E+01 | 4.25E−01 |
| | | 最差值 | 6.31E+02 | 3.12E+03 | 3.50E+02 | 1.40E+02 | 2.01E+02 | 1.67E+02 | 1.34E+02 |
| f6 | Step | 平均值 | 2.17E−01[†] | 1.89E+01[†] | 1.83E−01[†] | **0.00+00** | 5.33E−01[†] | 4.96E−01[†] | **0.00E+00** |
| | | 标准差 | 4.15E−01 | 3.51E+00 | 4.31E−01 | 0.00E+00 | 7.69E−01 | 5.25E−01 | 0.00E+00 |
| | | 最佳值 | 0.00E+00 | 1.40E+01 | 0.00E+00 | 0.00E+00 | 0.00E+00 | 0.00E+00 | 0.00E+00 |
| | | 最差值 | 1.00E+00 | 2.80E+01 | 2.00E+00 | 0.00E+00 | 3.00E+00 | 1.00E+00 | 0.00E+00 |
| f7 | Quartic | 平均值 | 1.42E−02[†] | 1.34E−02 | 1.91E−02[†] | 1.73E−02[†] | 2.12E−02[†] | 1.50E−02 | **1.04E−02** |
| | | 标准差 | 9.32E−03 | 8.34E−03 | 1.27E−02 | 1.25E−02 | 1.17E−02 | 1.00E−02 | 8.22E−03 |
| | | 最佳值 | 1.00E−03 | 1.44E−03 | 3.55E−04 | 8.41E−04 | 2.99E−03 | 3.08E−03 | 2.01E−04 |
| | | 最差值 | 3.56E−02 | 3.38E−02 | 4.75E−02 | 5.00E−02 | 5.08E−02 | 2.28E−02 | 2.88E−02 |

| 编号 | 函数名 | 度量 | BBO | B-BBO | HS | IHS | DHS | HSBBO | BHS |
|------|--------|------|-----|-------|-----|-----|-----|-------|-----|
| f8 | Gener-alized Schwefel 2.26 | 平均值 | 9.57E−01† | 1.34E+02† | 9.11E−01† | 1.29E−10† | 5.41E+01 | 6.38E−05† | **3.30E−11** |
| | | 标准差 | 4.72E−01 | 3.63E+01 | 7.44E−01 | 1.77E−11 | 3.31E+02 | 2.12E−04 | 4.75E−12 |
| | | 最佳值 | 4.05E−01 | 7.47E+01 | 1.98E−01 | 7.95E−11 | 1.48E−08 | 3.39E−07 | 2.19E−11 |
| | | 最差值 | 2.51E+00 | 2.19E+02 | 3.14E+00 | 1.77E−10 | 2.52E+03 | 8.13E−05 | 4.57E−11 |
| f9 | Rastri-gin | 平均值 | 1.82E−01† | 1.02E−01† | 1.98E−02† | 2.06E−07† | 1.31E+02† | 5.50E−03† | **5.54E−08** |
| | | 标准差 | 6.27E−02 | 5.32E−02 | 4.04E−03 | 2.69E−08 | 1.63E+01 | 1.96E−03 | 7.76E−09 |
| | | 最佳值 | 6.20E−02 | 3.43E−02 | 1.03E−02 | 1.28E−07 | 8.14E+01 | 9.70E−08 | 3.84E−08 |
| | | 最差值 | 3.91E−01 | 2.71E−02 | 3.17E−02 | 2.59E−07 | 1.68E+02 | 7.22E−03 | 7.41E−08 |
| f10 | Ackley | 平均值 | 1.68E−01† | 3.12E−02† | 7.75E−03† | 2.32E−05† | 6.01E−03† | 3.29E−05 | **1.23E−05** |
| | | 标准差 | 4.37E−02 | 5.64E−03 | 7.88E−04 | 1.73E−06 | 1.19E−02 | 3.76E−05 | 8.26E−07 |
| | | 最佳值 | 8.90E−02 | 2.07E−02 | 6.38E−03 | 1.84E−05 | 1.48E−07 | 1.29E−05 | 1.02E−05 |
| | | 最差值 | 3.38E−01 | 4.56E−02 | 9.84E−03 | 2.69E−05 | 6.32E−02 | 4.95E−05 | 1.42E−05 |
| f11 | Grie-wank | 平均值 | 5.75E−01† | 4.49E−02† | 3.30E−01† | 2.59E−02 | **1.06E−02** | 2.38E−02† | 1.97E−02 |
| | | 标准差 | 1.35E−01 | 2.69E−02 | 1.28E−01 | 2.85E−02 | 2.28E−02 | 1.11E−02 | 1.81E−02 |
| | | 最佳值 | 2.79E−01 | 1.34E−02 | 9.21E−11 | 4.84E−11 | 7.14E−11 | 2.05E−02 | 9.34E−03 |
| | | 最差值 | 9.47E−01 | 1.80E−02 | 6.65E−01 | 1.15E−01 | 1.56E−01 | 1.32E−01 | 7.01E−02 |
| f12 | Gener-alized penalized 1 | 平均值 | 4.92E−02† | 1.32E−03† | 4.73E−04† | 4.90E−11† | 1.07E−04† | 3.01E−10† | **1.13E−11** |
| | | 标准差 | 2.75E−02 | 3.87E−04 | 1.69E−03 | 7.08E−12 | 3.38E−04 | 1.88E−09 | 1.50E−12 |
| | | 最佳值 | 1.78E−02 | 5.90E−04 | 3.64E−06 | 2.99E−11 | 3.20E−12 | 1.57E−09 | 6.72E−12 |
| | | 最差值 | 1.44E−01 | 2.67E−03 | 9.12E−03 | 6.38E−11 | 2.26E−03 | 6.03E−11 | 1.44E−11 |
| f13 | Gener-alized penalized 2 | 平均值 | 2.21E−01† | 3.07E−02† | 4.42E−02† | 6.04E−03† | 1.59E−03 | 1.36E−03 | **1.05E−03** |
| | | 标准差 | 1.09E−01 | 1.92E−02 | 7.01E−02 | 8.58E−03 | 4.16E−03 | 3.86E−03 | 2.95E−03 |
| | | 最佳值 | 5.74E−02 | 5.99E−03 | 1.72E−05 | 1.34E−10 | 1.80E−10 | 9.52E−11 | 2.38E−11 |
| | | 最差值 | 5.29E−01 | 7.58E−02 | 4.74E−01 | 3.44E−02 | 2.20E−02 | 1.45E−02 | 1.10E−02 |

**表 5-9　f14～f20 函数上的实验结果**

| 编号 | 函数名 | 度量 | BBO | B-BBO | HS | IHS | DHS | HSBBO | BHS |
|------|--------|------|-----|-------|-----|-----|-----|-------|-----|
| f14 | SR high-con ditioned Elliptic | 平均值 | 4.87E+06† | 1.65E+07† | 3.35E+06† | 2.77E+06† | 1.12E+07† | 3.29E+06† | **2.21E+06** |
| | | 标准差 | 2.19E+06 | 2.34E+06 | 1.64E+06 | 1.28E+06 | 6.27E+06 | 2.00E+06 | 1.01E+06 |
| | | 最佳值 | 1.95E+06 | 1.17E+07 | 1.38E+06 | 7.24E+05 | 1.89E+06 | 1.45E+06 | 4.35E+05 |
| | | 最差值 | 1.19E+07 | 2.25E+07 | 8.77E+06 | 8.06E+06 | 3.43E+07 | 6.39E+06 | 4.29E+06 |

续表

| 编号 | 函数名 | 度量 | BBO | B-BBO | HS | IHS | DHS | HSBBO | BHS |
|---|---|---|---|---|---|---|---|---|---|
| f15 | SR Bent Cigar | 平均值 | 2.42E+06$^\dagger$ | 1.08E+09$^\dagger$ | 2.16E+05$^\dagger$ | 9.57E+04$^\dagger$ | 2.25E+04 | 1.18E+05$^\dagger$ | **1.30E+04** |
| | | 标准差 | 1.50E+06 | 1.51E+08 | 7.15E+05 | 3.02E+05 | 9.31E+04 | 9.68E+04 | 6.57E+04 |
| | | 最佳值 | 6.67E+05 | 7.00E+08 | 4.66E+02 | 2.02E+02 | 2.01E+02 | 1.09E+05 | 2.08E+02 |
| | | 最差值 | 9.60E+06 | 1.42E+09 | 3.33E+06 | 1.82E+06 | 7.16E+05 | 5.60E+05 | 4.86E+05 |
| f16 | R Discus | 平均值 | 2.69E+04$^\dagger$ | 4.15E+04$^\dagger$ | 2.27E+04 | 3.19E+04$^\dagger$ | 2.77E+04$^\dagger$ | 3.19E+04$^\dagger$ | **1.97E+04** |
| | | 标准差 | 1.43E+04 | 4.49E+03 | 1.19E+04 | 1.72E+04 | 5.90E+03 | 1.55E+04 | 8.75E+03 |
| | | 最佳值 | 5.24E+03 | 2.98E+04 | 5.28E+03 | 3.32E+03 | 1.20E+04 | 7.02E+03 | 4.45E+03 |
| | | 最差值 | 7.83E+04 | 5.48E+04 | 6.40E+04 | 8.41E+04 | 4.66E+04 | 5.81E+04 | 4.00E+04 |
| f17 | SR Rosen-brock | 平均值 | 4.89E+02$^\dagger$ | 6.72E+02$^\dagger$ | 4.82E+02 | 4.84E+02 | **4.70E+02** | 4.80E+02 | 4.80E+02 |
| | | 标准差 | 2.81E+01 | 3.46E+01 | 2.70E+01 | 2.90E+01 | 1.28E+01 | 2.32E+02 | 1.17E+01 |
| | | 最佳值 | 4.31E+02 | 6.06E+02 | 4.22E+02 | 4.34E+02 | 4.33E+02 | 4.33E+02 | 4.38E+02 |
| | | 最差值 | 5.75E+02 | 7.37E+02 | 5.45E+02 | 5.61E+02 | 4.95E+02 | 5.36E+02 | 5.00E+02 |
| f18 | SR Grie-wank | 平均值 | 3.57E+06$^\dagger$ | 1.93E+09$^\dagger$ | 1.00E+04 | 7.00E+02$^\dagger$ | 7.54E+03$^\dagger$ | 9.68E+03$^\dagger$ | **7.00E+02** |
| | | 标准差 | 1.62E+06 | 2.42E+08 | 4.70E+04 | 2.88E-04 | 1.57E+04 | 1.27E+04 | 9.77E-05 |
| | | 最佳值 | 6.89E+05 | 1.49E+09 | 9.59E+02 | 7.00E+02 | 7.00E+02 | 7.00E+02 | 7.00E+02 |
| | | 最差值 | 8.41E+06 | 2.53E+09 | 2.70E+05 | 7.00E+02 | 8.62E+04 | 5.05E+04 | 7.00E+02 |
| f19 | S Rastrigin | 平均值 | 8.00E+02$^\dagger$ | 8.48E+02$^\dagger$ | 8.00E+02$^\dagger$ | 8.00E+02$^\dagger$ | 9.24E+02$^\dagger$ | 8.00E+02$^\dagger$ | **8.00E+02** |
| | | 标准差 | 7.27E-02 | 5.70E+00 | 1.43E-05 | 7.76E-11 | 1.93E+01 | 1.58E-10 | 2.03E-11 |
| | | 最佳值 | 8.00E+02 | 8.36E+02 | 8.00E+02 | 8.00E+02 | 8.72E+02 | 8.00E+02 | 8.00E+02 |
| | | 最差值 | 8.00E+02 | 8.63E+02 | 8.00E+02 | 8.00E+02 | 9.57E+02 | 8.00E+02 | 8.00E+02 |
| f20 | SR Rastrigin | 平均值 | 9.49E+02$^\dagger$ | 9.95E+02$^\dagger$ | 9.58E+02$^\dagger$ | 9.79E+02$^\dagger$ | 1.11E+03$^\dagger$ | 9.85E+02$^\dagger$ | **9.23E+02** |
| | | 标准差 | 1.11E+01 | 1.28E+01 | 1.27E+01 | 2.03E+01 | 1.45E+01 | 3.87E+01 | 5.30E+00 |
| | | 最佳值 | 9.24E+02 | 9.71E+02 | 9.32E+02 | 9.35E+02 | 1.08E+03 | 9.33E+02 | 9.14E+02 |
| | | 最差值 | 9.81E+02 | 1.02E+03 | 9.89E+02 | 1.03E+03 | 1.13E+03 | 9.90E+02 | 9.38E+02 |

从实验结果中可知,BHS算法在18个函数上均取得了最优结果。在余下的2个函数($f11$ 和 $f17$)上,BHS算法取得的平均值劣于DHS算法,但优于其他五种算法。

另外,还分别对BHS算法与其他六种算法进行了配对 $t$ 检验,并在表5-7和表5-8中的第4～9列用上标符号"$\dagger$"标注BHS算法的性能显著地优于相比较的算法(置信度为95%)。从统计学检验结果来看,BHS算法的性能在20个函数上均显著优于BBO算法,在19个函数上优于B-BBO算法,在17个函数上优于HS算法,在16个函数上分别优于IHS算法和HSBBO算法,在15个函数上优于DHS算法。

从上述的实验结果中可以得出,在所选取的基准集上,BHS 算法的总体性能在所有七种算法中表现最佳。特别地,作为 B-BBO 算法和 IHS 算法的一种混合算法,BHS 算法在所有测试问题上表现的性能均不差于 B-BBO 算法和 IHS 算法,这充分证明了 BHS 对两种启发式算法的集成策略的有效性。

# 5.3　与烟花爆炸算法的混合

## 5.3.1　生物地理学优化/烟花爆炸算法

BBO 算法的局部搜索能力较强,而 FWA[20] 的全局搜索能力较强、收敛速度快,两者也具有很好的互补性。为此,我们提出了一种两者混合的算法,称为生物地理学优化/烟花爆炸算法(a hybrid biogeography-based optimization and fireworks algorithm,BBO_FWA)[21]。1.3.7 节中介绍过,EFWA[22] 是对 FWA 算法的有效改进,目前已成为 FWA 研究中的基础算法,因此 BBO_FWA 主要基于 EFWA 来与 BBO 进行混合。

BBO_FWA 利用了 EFWA 一般爆炸操作和 BBO 迁移操作的如下特点。

(1)EFWA 一般爆炸操作通过爆炸振幅和火星数量来实现全局探索和局部开发之间的平衡,但其每次爆炸产生多个火星的计算开销较大,特别是不同烟花之间缺乏信息交互。

(2)BBO 迁移操作通过栖息地之间的迁移来进行信息交互,同时非常有助于开展细致的局部搜索,而且计算开销很小。

BBO_FWA 还引入一个名为"迁移概率"的参数 $\rho$,使得在每次迭代中每个烟花有 $\rho$ 的概率执行迁移操作,有 $(1-\rho)$ 的概率执行一般爆炸操作。

一般说来,对于目标函数较为复杂的问题,可将迁移率 $\rho$ 设置为一个较大的值,以便减少目标函数的计算次数、降低计算负担。较大的 $\rho$ 值可以增强解的多样性,从而提高算法对多模函数的探索能力;相反,一个较小的 $\rho$ 值则使得算法更适合于求解一些最优解往往位于非常狭窄或尖锐的脊区域的函数,因为一般爆炸操作有助于算法沿各个不同的方向进行搜索,避免错过最优解。经验证明,$\rho$ 值一般设置在 0.5~0.8 较为合适。

由于迁移操作有利于增强种群内的信息共享、提高解的多样性,而高斯爆炸操作同样也利用了来自全局最优的信息,因此 BBO_FWA 不再强制使用总是把已知最优个体放入下一代种群的精英策略,而是始终在外部记录这个已知最优个体。算法 5.4 描述了 BBO_FWA 的整体框架。

**算法 5.4　生物地理学优化/烟花爆炸算法**

步骤 1　随机生成问题的一组解。

步骤 2　计算种群中每个解的适应度,依次计算其迁入率和迁出率,并更新已知最优解。

步骤 3　对种群中的每个解 $x_i$ 依次执行如下操作:

步骤 3.1　生成一个 $[0,1]$ 内的随机数,如果其值小于迁移概率 $\rho$,则按算法过程 2.1 进行基本的迁移操作。

步骤 3.2　否则,按式(1.32)计算可产生的火星数 $s_i$,按式(1.33)计算爆炸振幅 $A_i$,再按式(1.34)进行一般爆炸操作,直至生成 $s_i$ 个火星。

步骤 4　随机选取少量烟花,按式(1.36)进行高斯爆炸操作,生成高斯火星。

步骤 5　在所有烟花和火星组成的群体中随机选取 $N$ 个解作为新一代种群。

步骤 6　更新当前已找到的最优解。

步骤 7　更新最小爆炸振幅 $A_{\min,k}$。

步骤 8　如果终止条件满足,返回当前已找到的最优解,算法结束;否则,转步骤 2。

## 5.3.2　算法性能测试

这里选取文献[4]基准函数集中的前 13 个高维函数,并选取 30 维的函数作为测试问题。针对那些最优函数值不为 0 的问题,通过在表达式上增加一个常量使其最优值变为 0。

如前所述,迁移概率参数 $\rho$ 的作用在于平衡迁移操作和一般爆炸操作,故在实验中要测试其值对 BBO_FWA 性能的影响。首先在 $[0,1]$ 的范围内,每间隔 0.05 对 $\rho$ 进行取值,而后在每个基准函数上分别运行具有不同 $\rho$ 值的 BBO_FWA,记录 60 次运行所得的平均最佳函数误差值。运行结果表明,在大多数函数上,$\rho$ 值在 $[0.6,0.75]$ 内能够使算法取得最小的平均误差。因此,进一步在 $(0.6,0.75)$ 内每间隔 0.01 对 $\rho$ 进行取值,并重新进行测试。最后得到各个基准函数上平均误差值与 $\rho$ 值的变化关系如图 5-2 所示,其中横坐标为 $\rho$ 值,纵坐标对应 $\log(f/f_{\min})$,$f_{\min}$ 为算法取得的最小误差值。各个基准函数对应的最佳 $\rho$ 值如表 5-10 所示。特别地,在函数 f6 上,$[0.3,0.95]$ 内的任何 $\rho$ 值都能使算法搜索到全局最优。

表 5-10　各个基准函数对应的最佳 $\rho$ 值

| 函数 | f1 | f2 | f3 | f4 | f5 | f6 | f7 | f8 | f9 | f10 | f11 | f12 | f13 |
|------|-----|-----|------|------|-----|----------|------|------|------|------|------|------|------|
| $\rho$ | 0.7 | 0.8 | 0.67 | 0.55 | 0.7 | 0.3~0.95 | 0.75 | 0.95 | 0.75 | 0.67 | 0.45 | 0.73 | 0.68 |

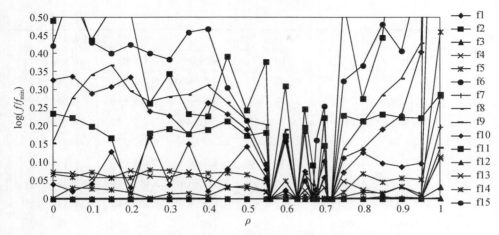

图 5-2　BBO_FWA 性能随迁移概率参数 $\rho$ 值的变化

上述测试表明,BBO_FWA 的性能与 $\rho$ 值之间的关系一般是非线性且非单调的。$\rho=0$（即只进行 FWA 一般爆炸）或 $\rho=1$（即只进行 BBO 迁移）时都将导致很差的结果,因此结合两种操作算子才是首选。对于大部分未知的问题,建议将 $\rho$ 值设置为[0.6,0.75],当然,为了获得更精确的结果,也需要对 $\rho$ 值进行微调。

在 13 个 30 维基准函数上,分别运行 BBO_FWA、EFWA 和 BBO 算法各 60 次,并比较其实验结果。对 BBO 算法设置 $N=50, I=E=1$;对 EFWA 设置 $N=5, \hat{A}=40$, $M_e=50, M_g=5, s_{min}=2, s_{max}=40, A_{init}=0.02(x_{max,k}-x_{min,k}), A_{final}=0.001(x_{max,k}-x_{min,k})$;BBO_FWA 沿用前面两种算法的大部分参数设置,并设置 $N=10, \rho$ 则统一取固定值 0.68。

表 5-11 中给出了三种算法的比较实验结果,其中粗体标记了三种算法中最小的平均最优值。对 BBO_FWA 和另两种算法的结果还进行了配对 $t$ 检验,在表格第 2 列和第 4 列,上标符号"$^+$"表示 BBO_FWA 性能显著优于相比较的算法（置信度为 95%）,符号"$^-$"则表示相反的情况。

表 5-11　BBO、EFWA 和 BBO_FWA 三种算法的比较实验结果

| 编号 | EFWA | | BBO | | BBO_FWA | |
|---|---|---|---|---|---|---|
| | 平均值 | 标准差 | 平均值 | 标准差 | 平均值 | 标准差 |
| f1 | 2.56E+01$^+$ | 7.56E+00 | 3.49E+00$^+$ | 1.53E+00 | **1.92E−13** | 5.49E−13 |
| f2 | 5.03E+00$^+$ | 2.74E+00 | 6.94E−01$^+$ | 1.15E−01 | **3.95E−10** | 2.63E−10 |
| f3 | 1.09E+03$^+$ | 5.08E+02 | 1.28E+01$^+$ | 6.84E+00 | **1.62E−15** | 1.05E−14 |
| f4 | 7.22E−01$^+$ | 7.42E−01 | 2.91E+00$^+$ | 4.30E−01 | **3.66E−02** | 7.65E−02 |

| 编号 | EFWA | | BBO | | BBO_FWA | |
|------|------|------|------|------|------|------|
| | 平均值 | 标准差 | 平均值 | 标准差 | 平均值 | 标准差 |
| f5 | $1.24E+05^+$ | $9.06E+04$ | $3.53E+02^+$ | $1.06E+03$ | **$5.54E+01$** | $8.62E+01$ |
| f6 | $1.13E+03^+$ | $3.24E+02$ | $3.17E+00^+$ | $1.97E+03$ | **$0.00E+00$** | $0.00E+00$ |
| f7 | $1.75E-01^+$ | $7.14E-02$ | **$5.72E-03$** | $4.07E-03$ | $7.23E-03$ | $4.51E-03$ |
| f8 | $1.00E+04^+$ | $9.55E+02$ | **$8.92E+00^-$** | $3.34E+00$ | $9.19E+03$ | $9.22E+02$ |
| f9 | $1.11E+02^+$ | $2.31E+01$ | $1.70E+00$ | $5.88E-01$ | **$1.63E+00$** | $9.64E-01$ |
| f10 | $4.89E+00^+$ | $1.01E+00$ | $9.04E-01$ | $2.42E-01$ | **$3.09E-10$** | $2.78E-10$ |
| f11 | $2.31E-02^+$ | $1.26E-02$ | $1.00E+00$ | $4.02E-02$ | **$1.47E-02$** | $1.54E-02$ |
| f12 | $2.52E+02^+$ | $5.89E+02$ | $9.14E-02^+$ | $4.74E-02$ | **$2.51E-02$** | $7.79E-02$ |
| f13 | $2.09E+04^+$ | $2.64E+04$ | $5.00E-01^+$ | $1.91E-01$ | **$9.16E-04$** | $3.06E-03$ |

从表中数据可以看出,BBO_FWA 的总体表现优于 EFWA 和 BBO 算法。特别是与 EFWA 相比,BBO_FWA 在所有函数上都取得了显著的性能提升,这一结果表明迁移操作的引入能有效地提高 EFWA 中一般爆炸操作的性能表现。在所有的 13 个测试函数中,BBO_FWA 在 11 个函数上取得了最小的平均最优值,而 BBO 算法仅在函数 f7 和 f8 上达到了同样的效果。BBO 算法仅在函数 f8 上显著优于 BBO_FWA,在函数 f7 上两者无显著性差异;而 BBO_FWA 在 10 个函数上显著优于 BBO 算法,这一结果同样验证了集成迁移操作与一般爆炸操作的混合算子比单一的迁移算子更为有效。

图 5-3 分别绘制了 13 个基准函数上上述算法的收敛曲线。总体而言,BBO_FWA 在绝大部分函数上表现的收敛速度均快于其他两种算法,而 EFWA 和 BBO 算法分别在函数 f10 和 f4 的进化初期收敛较快,但最终均被 BBO_FWA 超越。尤其在复杂的多模函数问题(如 f6、f12、f13)上,EFWA 的收敛过程远远落后于 BBO_FWA,这可能是由 EFWA 易陷入局部最优造成的,从数据上来看,在这些函数上 EFWA 虽然有时也能得到与 BBO_FWA 相近的结果,但偶尔也会得到非常大的误差值,从而大大降低了其表现出的平均性能。BBO_FWA 在收敛速度上的优势也进一步验证了将迁移操作融入 EFWA 可极大地提高解的多样性,从而有效地避免了算法过早收敛。

另外,BBO_FWA 和 BBO 算法在大多数函数上的收敛曲线具有相似的形状,但总体上 BBO_FWA 收敛更快,且获得了更好的结果。这一现象表明一般爆炸操作能为迁移操作带来良好的探索能力,提高算法搜索到的最优解的精度。总之,集成迁移操作和一般爆炸操作的混合算子在解的精度和多样性之间取得了良好的平衡,因此使得 BBO_FWA 表现的性能优于 EFWA 和 BBO 算法。

　　上述实验中,对 BBO_FWA 参数 $\rho$ 的设置采用了简单的固定值。要想取得更好的效果,可在不同的问题上对其进行细调,也可考虑采用自适应策略来动态调整这一参数值,以进一步增强 BBO_FWA 的性能[23]。

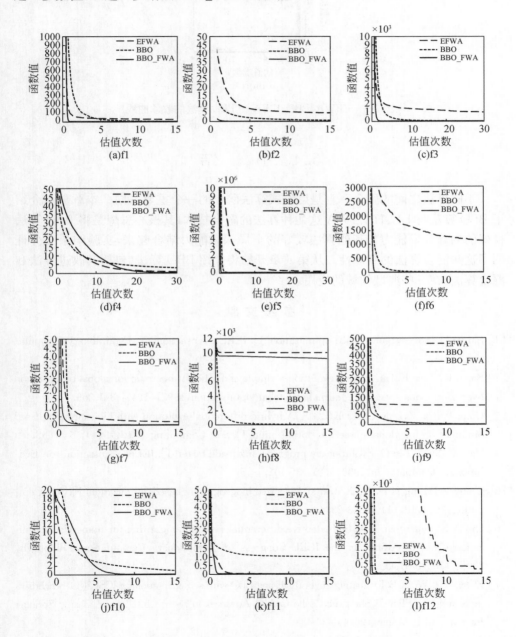

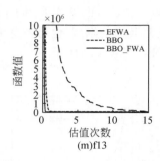

图 5-3　EFWA、BBO_FWA 和 BBD 算法的收敛曲线

# 5.4　小　　结

　　不同算法之间的融合一直是启发式算法研究的一个重要方向。本章重点介绍了 BBO 算法与 DE、HS、FWA 这几种算法的融合技术,其核心思想是将 BBO 算法良好的局部开发能力与其他算法较好的全局探索能力结合起来,实验结果充分证明了这些混合算法的有效性。从第 6 章开始将介绍 BBO 算法(包括其改进算法和混合算法)在一些典型领域的应用。

## 参 考 文 献

[1] Simon D. Biogeography-based optimization[J]. IEEE Transactions on Evolutionary Computation,2008,12(6):702-713.

[2] Storn R,Price K. Differential evolution-a simple and efficient heuristic for global optimization over continuous spaces[J]. Journal of Global Optimization,1997,11(4): 341-359.

[3] Gong W,Cai Z,Ling C X. DE/BBO: A hybrid differential evolution with biogeography-based optimization for global numerical optimization[J]. Soft Computing,2010,15(4): 645-665.

[4] Yao X,Liu Y,Lin G. Evolutionary programming made faster[J]. IEEE Transactions on Evolutionary Computation,1999,3(2): 82-102.

[5] Zheng Y J,Ling H F,Wu X B,et al. Localized biogeography-based optimization[J]. Soft Computing,2014,18(11): 2323-2334.

[6] Qin A K,Suganthan P N. Self-adaptive differential evolution algorithm for numerical optimization[C]. Proceedings of the IEEE Congress on Evolutionary Computation,Edinburgh,2005: 1785-1791.

[7] Zheng Y J,Wu X B. Evaluating ahybrid DE and BBO with self adaptation on ICSI 2014 benchmark problems[M]//Tan Y,Shi Y H,Coello C A C. Advances in Swarm Intelligence. Cham: Springer International Publishing,2014: 422-433.

[8] Tan Y,Shi Y,Coello C A C. Advances in Swarm Intelligence[M]. Cham: Springer Interna-

tional Publishing,2014.

[9] Tan Y,Li J,Zhang Z. Introduction and Ranking Results of the ICSI 2014 Competition on Single Objective Optimization[R]. Peking：Peking University,2014.

[10] Zheng Y J,Ling H F,Xue J Y. Ecogeography-based optimization：Enhancing biogeography-based optimization with ecogeographic barriers and differentiations[J]. Computers & Operations Research,2014,50(10)：115-127.

[11] Boussaïd I,Chatterjee A,Siarry P,et al. Two-stage update biogeography-based optimization using differential evolution algorithm(DBBO)[J]. Computers & Operations Research,2011,38(8)：1188-1198.

[12] Tan Y,Li J,Zheng Z. ICSI 2014 Competition on Single Objective Optimization[R]. Peking：Peking University,2014.

[13] Geem Z W,Kim J H,Loganathan G V. A new heuristic optimization algorithm：Harmony search[J]. Simulation,2001,76(2)：60-68.

[14] Zheng Y J,Zhang M X,Zhang B. Biogeographic harmony search for emergency air transportation[J]. Soft Computing,2014,20(3)：1-11.

[15] Ma H,Simon D. Blended biogeography-based optimization for constrained optimization[J]. Engineering Applications of Artificial Intelligence,2011,24(3)：517-525.

[16] Liang J J,Qu B Y,Suganthan P N. Problem Definitions and Evaluation Criteria for the CEC 2014 Special Session and Competition on Single Objective Real-parameter Numerical Optimization[R]. Zhengzhou：Zhengzhou University,2013.

[17] Mahdavi M,Fesanghary M,Damangir E. An improved harmony search algorithm for solving optimization problems[J]. Applied Mathematics and Computation,2007,188(2)：1567-1579.

[18] Chakraborty P,Roy G G,Das S,et al. An improved harmony search algorithm with differential mutation operator[J]. Fundamenta Informaticae,2009,95(4)：401-426.

[19] Wang G,Guo L,Duan H,et al. Hybridizing harmony search with biogeography based optimization for global numerical optimization[J]. Journal of Computational and Theoretical Nanoscience,2013,10(10)：2312-2322.

[20] Tan Y,Zhu Y. Fireworks algorithm for optimization[M]//Tan Y,Shi Y H,Kan K C. Advances in Swarm Intelligence. Heidelberg：Springer,2010：355-364.

[21] Zhang B,Zhang M X,Zheng Y J. A hybrid biogeography-based optimization and fireworks algorithm[C]. Proceedings of the Congress on Evolutionary Computation,Beijing,2014：3200-3206.

[22] Zheng S,Janecek A,Tan Y. Enhanced fireworks algorithm[C]. Proceedings of the Congress on Evolutionary Computation,Cancun,2013：2069-2077.

[23] Zhang B,Zheng Y J,Zhang M X,et al. Fireworks algorithm with enhanced fireworks interaction[J]. IEEE/ACM Transactions on Computational Biology and Bioinformatics, 2015, doi：10.1109/TCBB.2015.2446487.

# 第 6 章　生物地理学优化算法在交通运输中的应用

交通运输领域存在着大量的优化问题,其中有些可以建模为连续优化问题,另一些可以建模为组合优化问题。在交通运输高度发达的今天,这些问题大都是复杂高维连续优化问题或 NP 难题。近年来,我们将 BBO 算法研究与交通运输应用研究结合起来,针对多个典型的交通运输优化问题,基于 BBO 算法进行求解,取得了良好的效果。

## 6.1　求解一般运输规划问题

运输规划问题是数学和运筹学中最早研究的基础问题之一[1-3],其模型可以应用于公路、铁路、海运和航空等多种运输方式,不过其大部分实际应用形式还是针对公路运输。

### 6.1.1　一般运输规划问题

运输规划问题的一般形式是假设有 $m$ 个出发点和 $n$ 个目的地,出发点的物资供应量和目的地的物资需求量已知,如何选择从每个出发点到每个目的地的物资输送量,使得整体运输计划最优? 这里的物资可以是一种或多种;优化目标可以是运输总费用最小、运输总时间最短等,也可以是多个目标的组合;问题的约束条件可以包括运输车辆、驾驶员、运输费用和时间等多种约束。

其中最简单的一种形式是只考虑一种物资,且每个出发点都有足够的运力分别向每个目的地运输物资。设第 $i$ 个出发点的物资供应量为 $a_i$,第 $j$ 个目的地的物资需求量为 $b_j$,从第 $i$ 个出发点向第 $j$ 个目的地运输物资的单位费用为 $c_{ij}$,问题就是要确定从每个出发点向每个目的地运输的物资数量 $x_{ij}$,使得总的运输费用最小:

$$\min f = \sum_{i=1}^{m} \sum_{j=1}^{n} c_{ij} x_{ij}$$

$$\text{s. t.} \quad \sum_{i=1}^{m} x_{ij} \geqslant b_j, \quad j = 1, 2, \cdots, n$$

$$\sum_{j=1}^{n} x_{ij} \leqslant a_i, \quad i = 1, 2, \cdots, m \tag{6.1}$$

$$x_{ij} \geqslant 0, \quad i = 1, 2, \cdots, m; j = 1, 2, \cdots, n$$

可以看出这是一个线性规划问题,而且该运输问题还有一个重要的性质:如果 $a_i$ 和 $b_j$ 都是整数,那么解中的决策变量 $x_{ij}$ 也是整数。这种特殊性质给问题求解带来了很大的方便。

在实际应用中,运输费用并不是物资数量的简单倍数,而通常是更复杂的非线性函数。假设只使用一种型号的运输车辆,其最大载重量为 $c$,则运输数量为 $x_{ij}$ 的物资需要的车辆数为 $\lceil x_{ij}/c \rceil$,其中运算符 $\lceil \cdot \rceil$ 代表向上取整。再设每辆车从第 $i$ 个出发点到第 $j$ 个目的地的运输费用为 $c_{ij}$,则运输数量为 $x_{ij}$ 的物资所需的运输费用为 $c_{ij} \lceil x_{ij}/c \rceil$。

此外,物资通常都有一个最小计量单位,因此数量并不是任意的实数,而是一个正整数。再设第 $i$ 个出发点可用的车辆数量为 $e_i$,则上述运输规划问题模型转化为如下形式:

$$\min f = \sum_{i=1}^{m} \sum_{j=1}^{n} c_{ij} \lceil x_{ij}/c \rceil$$

$$\text{s. t.} \quad \sum_{i=1}^{m} x_{ij} \geqslant b_j, \quad j = 1,2,\cdots,n$$

$$\sum_{j=1}^{n} x_{ij} \leqslant a_i, \quad i = 1,2,\cdots,m \tag{6.2}$$

$$\sum_{j=1}^{n} \lceil x_{ij}/c \rceil \leqslant e_i, \quad i = 1,2,\cdots,m$$

$$x_{ij} \in \mathbb{Z}^+, \quad i = 1,2,\cdots,m; j = 1,2,\cdots,n$$

### 6.1.2　求解问题的 BBO 算法

下面分别应用前面设计的 Local-BBO 算法和 Local-DE/BBO 算法[4]来求解运输规划问题(6.2)。为处理问题的约束条件,定义如下的罚函数来分别计算每个解向量 $\boldsymbol{x}$ 违反 3 个约束条件的程度:

$$\psi_j(\boldsymbol{x}) = \begin{cases} b_j - \sum\limits_{i=1}^{m} x_{ij}, & \sum\limits_{i=1}^{m} x_{ij} < b_j \\ 0, & \sum\limits_{i=1}^{m} x_{ij} \geqslant b_j \end{cases} \tag{6.3}$$

$$\psi_i^1(\boldsymbol{x}) = \begin{cases} \sum\limits_{j=1}^{n} x_{ij} - a_i, & \sum\limits_{i=1}^{m} x_{ij} > a_i \\ 0, & \sum\limits_{i=1}^{m} x_{ij} \leqslant a_i \end{cases} \tag{6.4}$$

$$\Psi_i^2(\boldsymbol{x}) = \begin{cases} \sum_{j=1}^{n} \lceil x_{ij}/c \rceil - e_i, & \sum_{i=1}^{m} x_{ij} > a_i \\ 0, & \sum_{i=1}^{m} x_{ij} \leqslant a_i \end{cases} \tag{6.5}$$

这样,问题的目标函数转换为

$$\max f'(\boldsymbol{x}) = -f(\boldsymbol{x}) - M_1 \Big( \sum_{j=1}^{n} \Psi_j(\boldsymbol{x}) - \sum_{i=1}^{m} \Psi_i^1(\boldsymbol{x}) \Big) - M_2 \sum_{i=1}^{m} \Psi_i^2(\boldsymbol{x}) \tag{6.6}$$

式中,系数 $M_1$ 取 $\dfrac{10}{c} \sum_{i=1}^{m} \sum_{j=1}^{n} c_{ij} b_j$,$M_2$ 取 $10 \sum_{i=1}^{m} \sum_{j=1}^{n} c_{ij} e_i$。

在初始化种群和算法迭代过程中,每次随机生成新解时,采用算法过程 6.1 来初始化解的每个分量 $x_{ij}$。

---

**算法过程 6.1　随机生成一般运输规划问题的解**

1. **let** $ra = 0, rb = 0$;　//记录剩余的总可用物资数和总需求物资数
2. **for** $i = 1$ **to** $m$ **do**
3. 　　$ra \leftarrow ra + a_i$;
4. 　　**let** $ra_i = a_i, re_i = e_i$;　//记录第 $i$ 个出发点剩余的物资量和车辆数
5. **end for**
6. **for** $j = 1$ **to** $n$ **do**
7. 　　$rb \leftarrow rb + b_j$;
8. 　　**let** $rb_j = b_j$;　//记录第 $j$ 个目的地尚未满足的物资量
9. **end for**
10. **for** $i = 1$ **to** $m$ **do**
11. 　　**for** $j = 1$ **to** $n$ **do**
12. 　　　**if** $rb_j = 0$ **then continue**;
13. 　　　**if** $ra - ra_i > rb \wedge \text{rand}() < 1 - rb/(ra - ra_i)$ **then**
14. 　　　　$x_{ij} \leftarrow 0$;　//若其余出发点仍可满足需求,当前出发点有一定概率不安排运输
15. 　　　**else if** $ra_i \geqslant rb_j \wedge rb_j \leqslant c$ **then**
16. 　　　　$x_{ij} \leftarrow rb_j$;　//当目的地 $j$ 的需求只用一辆车即可满足时,予以满足
17. 　　　　$ra_i \leftarrow ra_i - rb_j, re_i \leftarrow re_i - 1, rb_j \leftarrow 0, ra \leftarrow ra - rb_j, rb \leftarrow rb - rb_j$;
18. 　　　**else if** $ra_i \geqslant rb_j \wedge rb_j/c \leqslant re_i \wedge \text{rand}() < i/m$ **then**
19. 　　　　$x_{ij} \leftarrow rb_j$;　//当出发点 $i$ 可以满足目的地 $j$ 的需求时,有 $i/m$ 的概率予以满足

20.　　　　$ra_i \leftarrow ra_i - x_{ij}, re_i \leftarrow e_i - \text{ceil}(rb_j/c), rb_j \leftarrow 0, ra \leftarrow ra - rb_j, rb \leftarrow rb - rb_j$；

21.　　　else

22.　　　　$x_{ij} \leftarrow \text{rand}(c, \min(ra_i, rb_j))$；

23.　　　　$ra_i \leftarrow ra_i - x_{ij}, re_i \leftarrow e_i - \text{ceil}(x_{ij}/c), rb_j \leftarrow rb_j - x_{ij}, ra \leftarrow ra - x_{ij}, rb \leftarrow rb - x_{ij}$；

24.　　　end if

25.　　　if $ra_i = 0$ then break；

26.　　end for

27. end for

注意,上述过程并不保证生成的解向量一定是可行解:如果最后 $rb$ 的值仍然大于 0,则调用上述过程重新生成一次。不过,该过程能够很好地保证初始解分布的均匀性,在一组测试问题上的实验表明,该过程有超过 95% 的概率可以得到可行解。

Local-BBO 和 Local-DE/BBO 算法均采用随机领域结构,两种算法的总体框架分别见 3.2 节和 5.1 节中的描述。

### 6.1.3　算法性能实验

这里随机生成一组 10 个运输规划问题实例以测试算法性能。表 6-1 描述了这些问题实例的基本特征。

表 6-1　一般运输规划问题的测试实例

| 问题编号 | $m$ | $n$ | $\sum_{j=1}^{n} b_j$ | $\sum_{i=1}^{m} a_i$ | $\sum_{i=1}^{m} e_i$ |
|---|---|---|---|---|---|
| #1 | 3 | 5 | 75 | 150 | 15 |
| #2 | 5 | 10 | 173 | 285 | 29 |
| #3 | 6 | 15 | 257 | 533 | 36 |
| #4 | 8 | 16 | 680 | 959 | 112 |
| #5 | 10 | 25 | 793 | 1622 | 135 |
| #6 | 15 | 30 | 1058 | 3303 | 162 |
| #7 | 15 | 50 | 1985 | 5151 | 277 |
| #8 | 20 | 50 | 2219 | 7130 | 289 |
| #9 | 30 | 80 | 2620 | 7669 | 335 |
| #10 | 30 | 100 | 3855 | 7353 | 526 |

除了 Local-BBO 和 Local-DE/BBO 算法外,还分别实现了如下算法来进行性

能比较。

(1)面向整数规划的分支限界法[3],这是一种精确算法。

(2)原始 BBO 算法[5]。

(3)混合型 B-BBO 算法[6]。

(4)一种求解运输问题的 GA[7]。

(5)一种改进的 GA,记为 SGA[8]。

(6)DE 算法[9]。

(7)DE/BBO 算法[10]。

各种比较算法均采用原始文献中的参数设置,八种启发式算法的终止条件均为目标函数估值次数达到 500mn。在每个测试问题实例上,每种启发式算法均使用不同的随机种子运行 30 次。分支限界法只需运行 1 次便可求出精确最优解,但该算法在问题实例♯6 上运行耗时已接近 72 小时,故在其后的问题上不再运行。表 6-2 记录了前 6 个问题实例上分支限界法的运行时间和各种启发式算法的平均运行时间,从中可以看出分支限界法的运行时间随问题规模的增大而增长极快,而启发式算法在计算时间上相对于分支限界法有着巨大的优势。各种启发式算法所有的时间基本在同一个量级上。

**表 6-2　一般运输规划问题实例♯1～♯6 上的算法运行时间**(秒)

| 问题编号 | 分支限界 | BBO | B-BBO | GA | SGA | DE | DE/BBO | Local-BBO | Local-DE/BBO |
|---|---|---|---|---|---|---|---|---|---|
| ♯1 | 7.3 | 4.5 | 4.1 | 4.6 | 4.3 | 3.7 | 4.2 | 5.2 | 4.6 |
| ♯2 | 59.2 | 10.2 | 9.1 | 10.4 | 9.7 | 8.8 | 9.8 | 11.6 | 10.5 |
| ♯3 | 530.0 | 33.9 | 29.5 | 36.6 | 30.3 | 27.7 | 30.6 | 36.7 | 36.3 |
| ♯4 | 2763.3 | 52.0 | 46.8 | 57.5 | 48.3 | 41.9 | 48.9 | 64.9 | 59.0 |
| ♯5 | 29736.7 | 125.4 | 101.1 | 140.6 | 116.7 | 92.7 | 118.3 | 158.3 | 142.8 |
| ♯6 | 256901.3 | 309.5 | 280.8 | 330.0 | 288.1 | 237.9 | 302.7 | 365.5 | 333.1 |

对于前 6 个问题实例,设分支限界法得到的精确最优解的目标函数值为 $f^*$,每种启发式算法求得的最优目标函数值转换为其与 $f^*$ 的比值;对于后 4 个问题实例,设八种启发式算法在所有 30 次运行中得到的最优目标函数值为 $f^\diamond$,每种启发式算法求得的结果转换为其与 $f^\diamond$ 的比值。表 6-3 给出了每种启发式算法 30 次运行结果的平均值、最佳值、最差值和标准差,其中粗体标记了八种算法中最佳的平均值。

**表 6-3　一般运输规划问题实例上的启发式算法比较实验结果**

| 问题编号 | 度量 | BBO | B-BBO | GA | SGA | DE | DE/BBO | Local-BBO | Local-DE/BBO |
|---|---|---|---|---|---|---|---|---|---|
| #1 | 平均值 | **1.00** | **1.00** | **1.00** | **1.00** | **1.00** | **1.00** | **1.00** | **1.00** |
| | 最佳值 | 1.00 | 1.00 | 1.00 | 1.00 | 1.00 | 1.00 | 1.00 | 1.00 |
| | 最差值 | 1.00 | 1.00 | 1.00 | 1.00 | 1.00 | 1.00 | 1.00 | 1.00 |
| | 标准差 | 0.00 | 0.00 | 0.00 | 0.00 | 0.00 | 0.00 | 0.00 | 0.00 |
| #2 | 平均值 | **1.00** | **1.00** | 1.11 | **1.00** | **1.00** | **1.00** | **1.00** | **1.00** |
| | 最佳值 | 1.00 | 1.00 | 1.00 | 1.00 | 1.00 | 1.00 | 1.00 | 1.00 |
| | 最差值 | 1.00 | 1.00 | 1.17 | 1.00 | 1.00 | 1.00 | 1.00 | 1.00 |
| | 标准差 | 0.00 | 0.00 | 0.06 | 0.00 | 0.00 | 0.00 | 0.00 | 0.00 |
| #3 | 平均值 | 1.18 | **1.00** | 1.24 | 1.15 | **1.00** | **1.00** | **1.00** | **1.00** |
| | 最佳值 | 1.00 | 1.00 | 1.12 | 1.00 | 1.00 | 1.00 | 1.00 | 1.00 |
| | 最差值 | 1.29 | 1.00 | 1.33 | 1.30 | 1.00 | 1.00 | 1.00 | 1.00 |
| | 标准差 | 0.12 | 0.00 | 0.10 | 0.13 | 0.00 | 0.00 | 0.00 | 0.00 |
| #4 | 平均值 | 1.25 | **1.00** | 1.43 | 1.29 | **1.00** | **1.00** | **1.00** | **1.00** |
| | 最佳值 | 1.17 | 1.00 | 1.27 | 1.17 | 1.00 | 1.00 | 1.00 | 1.00 |
| | 最差值 | 1.38 | 1.00 | 1.76 | 1.50 | 1.00 | 1.00 | 1.00 | 1.00 |
| | 标准差 | 0.11 | 0.00 | 0.28 | 0.20 | 0.00 | 0.00 | 0.00 | 0.00 |
| #5 | 平均值 | 1.30 | **1.00** | 1.85 | 1.58 | 1.12 | 1.18 | 1.21 | **1.00** |
| | 最佳值 | 1.26 | 1.00 | 1.63 | 1.50 | 1.00 | 1.12 | 1.16 | 1.00 |
| | 最差值 | 1.39 | 1.00 | 2.25 | 1.90 | 1.18 | 1.27 | 1.39 | 1.00 |
| | 标准差 | 0.09 | 0.00 | 0.32 | 0.29 | 0.09 | 0.06 | 0.08 | 0.00 |
| #6 | 平均值 | 1.95 | **1.12** | 2.26 | 2.01 | 1.48 | 1.36 | 1.50 | 1.13 |
| | 最佳值 | 1.89 | 1.08 | 2.06 | 1.79 | 1.31 | 1.22 | 1.39 | 1.09 |
| | 最差值 | 2.11 | 1.13 | 2.65 | 2.27 | 1.68 | 1.57 | 1.69 | 1.15 |
| | 标准差 | 0.15 | 0.02 | 0.34 | 0.27 | 0.17 | 0.21 | 0.17 | 0.03 |
| #7 | 平均值 | 2.27 | 1.07 | 2.65 | 2.43 | 1.35 | 1.25 | 1.62 | **1.06** |
| | 最佳值 | 1.95 | 1.00 | 2.21 | 2.11 | 1.21 | 1.13 | 1.30 | 1.02 |
| | 最差值 | 2.48 | 1.13 | 2.99 | 2.78 | 1.58 | 1.51 | 1.82 | 1.12 |
| | 标准差 | 0.30 | 0.08 | 0.36 | 0.31 | 0.19 | 0.22 | 0.26 | 0.06 |
| #8 | 平均值 | 2.90 | 1.09 | 3.11 | 3.02 | 1.33 | 1.27 | 1.68 | **1.05** |
| | 最佳值 | 2.67 | 1.05 | 2.98 | 2.75 | 1.24 | 1.18 | 1.39 | 1.00 |
| | 最差值 | 3.09 | 1.14 | 3.45 | 3.18 | 1.55 | 1.38 | 1.95 | 1.13 |
| | 标准差 | 0.21 | 0.05 | 0.25 | 0.20 | 0.15 | 0.13 | 0.26 | 0.05 |

| 问题编号 | 度量 | BBO | B-BBO | GA | SGA | DE | DE/BBO | Local-BBO | Local-DE/BBO |
|---|---|---|---|---|---|---|---|---|---|
| ♯9 | 平均值 | 4.80 | 1.11 | 5.16 | 4.87 | 1.93 | 1.90 | 2.18 | **1.08** |
| | 最佳值 | 4.65 | 1.05 | 4.85 | 4.70 | 1.77 | 1.73 | 2.03 | 1.00 |
| | 最差值 | 5.02 | 1.20 | 5.49 | 5.20 | 2.10 | 2.11 | 2.39 | 1.16 |
| | 标准差 | 0.21 | 0.08 | 0.32 | 0.24 | 0.18 | 0.15 | 0.20 | 0.06 |
| ♯10 | 平均值 | 5.21 | 1.16 | 5.75 | 5.39 | 2.24 | 2.13 | 2.49 | **1.12** |
| | 最佳值 | 5.05 | 1.08 | 5.51 | 5.20 | 2.09 | 1.98 | 2.15 | 1.00 |
| | 最差值 | 5.50 | 1.26 | 5.98 | 5.60 | 2.35 | 2.30 | 2.68 | 1.21 |
| | 标准差 | 0.22 | 0.11 | 0.27 | 0.23 | 0.13 | 0.12 | 0.27 | 0.09 |

　　从算法实验结果中可以看出,所有启发式算法在最简单的问题实例♯1上总是能够求得最优解;在较简单的实例♯2上,仅有 GA 不能总是求得最优解;在实例♯3 和♯4 上,GA、SGA 和原始 BBO 算法都不能总是求得最优解;在中等规模的实例♯5 上,仅有 B-BBO 和 Local-DE/BBO 算法总是能够求得最优解,而 GA 和 SGA 的结果与最优解的差距较大;在规模稍大一些的♯6 上,没有任何启发式算法能在给定的时间(大约 5 分钟)内求得最优解,但此时 B-BBO 和 Local-DE/BBO 算法的性能明显优于其他六种算法。

　　在更大规模的后 4 个问题实例上,Local-DE/BBO 算法取得的均值在 11 种启发式算法中总是最好的,B-BBO 算法的性能与之较为接近,其他算法的性能则差距较为明显。两种 GA 在启发式算法中的表现最差,它们在实例♯7 和♯8 上的结果费用为 Local-DE/BBO 算法的 2.5~3 倍,在♯9 和♯10 上则为 5 倍左右。原始 BBO 算法的性能略强于 GA。其余三种算法在♯7 和♯8 上的结果费用也为 Local-DE/BBO算法的两倍左右。

## 6.2　求解含路径规划的运输规划问题

　　下面对 6.1 节的运输规划问题进行进一步扩展,使问题变为一个典型的组合优化问题,并设计专门的离散型 BBO 算法来对其进行有效求解[11]。

### 6.2.1　含路径规划的运输规划问题

　　这里仍然考虑一个包含 $m$ 个出发点和 $n$ 个目的地的运输规划问题,运送的物资也只有一种。不过这里主要考虑军事保障、灾难救援等背景下的应急运输规划,这类问题的主要特点如下。

（1）出发点通常是重要的物资库存地或集散中心，物资供应量充足，因此每个目的地只需要一个出发点就能够满足其物资需求。

（2）出发点距离目的地路程较远，而各个目的地之间的距离通常不是很远，因此可认为每个出发点派出一支车队、依次经过各个目的地。

（3）目的地的物资需求较为紧迫，因此运输时间比运输费用更适合作为优化的目标函数。

和 6.1 节中的问题一样，这里已知第 $i$ 个出发点的物资供应量为 $a_i$，第 $j$ 个目的地的物资需求量为 $b_j$。此外，每个目的地还有一个物资到达的最晚时间，记为 $\hat{t}_j$。

当前问题不仅要确定从每个出发点向每个目的地运输的物资数量，还需要为每个出发点 $i$ 分配一组目的地并确定其车队经过目的地的顺序，记这组目的地的排列为 $\pi_i$，目的地集合为 $C(\pi_i)$。要满足目的地的物资需求，则有

$$\sum_{j \in C(\pi_i)} b_j \leqslant a_i, \quad i = 1, 2, \cdots, m \tag{6.7}$$

再来考虑时间约束，设从第 $i$ 个出发点到第 $j$ 个目的地所需的运输时间为 $\tilde{t}_{ij}$，两个目的地 $j$ 和 $j'$ 之间的运输时间为 $t_{j,j'}$；记目的地 $j$ 在排列 $\pi_i$ 中的索引位置为 $\mathrm{Index}(\pi_i, j)$，则目的地的时间约束可表述为

$$\tilde{t}_{ij} + \sum_{k=1}^{\mathrm{Index}(\pi_i, j)-1} t_{\pi_i(k), \pi_i(k+1)} \leqslant \hat{t}_j, \quad j = 1, 2, \cdots, n; \mathrm{Index}(\pi_i, j) > 0 \tag{6.8}$$

问题的每个解 $x$ 就是 $m$ 个排列的组合 $\{\pi_1, \cdots, \pi_i, \cdots, \pi_m\}$，其应当满足

$$\bigcup_{i=1}^{m} C(\pi_i) = \{1, 2, \cdots, n\} \tag{6.9}$$

$$C(\pi_i) \bigcap C(\pi_{i'}) = \varnothing, \quad \forall i, i' \in \{1, 2, \cdots, m\} \tag{6.10}$$

问题的目标函数是使得所有目的地物资到达时间的加权和最小：

$$\min f(x) = \sum_{i=1}^{m} \sum_{j \in C(\pi_i)} w_j \left( \tilde{t}_{ij} + \sum_{k=1}^{\mathrm{Index}(\pi_i, j)-1} t_{\pi_i(k), \pi_i(k+1)} \right) \tag{6.11}$$

式中，$w_j$ 为第 $j$ 个目的地的权重系数。

## 6.2.2　求解问题的 BBO 算法

和 6.2.1 节的运输规划问题相比，这里考虑的是一个典型的组合优化问题。为此，专门设计了一种离散型 BBO 算法来对其进行求解。

算法直接采用 $m$ 个排列的组合编码形式，从而自动满足约束条件（6.9）和（6.10）。在随机生成一个解时，首先生成目的地 $\{1, 2, \cdots, n\}$ 的一个随机排列，而后将其随机划分为 $m$ 个排列。如果生成的解不满足约束条件（6.7），则按照算法过程 6.2 对其进行修补。

**算法过程 6.2　含路径规划的运输规划问题解的修补过程**

1. 选出所有不满足约束条件(6.7)的子排列集合,记为 $\Pi_1$,剩余满足约束的子排列集合记为 $\Pi_2$。

2. 对 $\Pi_1$ 中的每个排列 $\pi_i$,记 $e_i = \left( \sum\limits_{j \in C(\pi_i)} b_j \right) - a_i$,使用最小子集和算法[12]从 $C(\pi_i)$ 中选出一个子集 $\Delta_i$,使其物资需求量之和在大于 $e_i$ 的条件下最小化。

3. 将所有 $\Delta_i$ 组成一个整数集合 $\Delta$。

4. 对 $\Pi_2$ 中的每个排列 $\pi_i$,记 $c_i = a_i - \sum\limits_{j \in C(\pi_i)} b_j$,将所有 $c_i$ 组成一个整数集合 $\Gamma$。

5. 使用最大装载算法[13]将 $\Delta$ 中的数装入 $\Gamma$ 中指定容量的背包,并将对应的目的地从 $\Pi_1$ 中的子排列移入 $\Pi_2$ 中的子排列。

对约束条件(6.8),采用如下的罚函数来分别计算每个解向量 $\boldsymbol{x}$ 违反约束的程度:

$$\Psi_j(\boldsymbol{x}) = \begin{cases} \tilde{t}_{ij} + \sum\limits_{k=1}^{\mathrm{Index}(\pi_i, j)-1} t_{\pi_i(k), \pi_i(k+1)} - \hat{t}_j, & \tilde{t}_{ij} + \sum\limits_{k=1}^{\mathrm{Index}(\pi_i, j)-1} t_{\pi_i(k), \pi_i(k+1)} > \hat{t}_j \\ 0, & \text{其他} \end{cases}$$

(6.12)

这样,问题的目标函数转换为

$$\max f'(\boldsymbol{x}) = -f(\boldsymbol{x}) - M \sum\limits_{j=1}^{n} \Psi_j(\boldsymbol{x})$$

(6.13)

式中,系数 $M$ 取 $100 \sum\limits_{j=1}^{n} \hat{t}_j$。

接下来针对问题设计 BBO 迁移操作和变异操作。设有两个解(栖息地) $H = \{\pi_1, \cdots, \pi_i, \cdots, \pi_m\}$ 和 $H' = \{\pi'_1, \cdots, \pi'_i, \cdots, \pi'_m\}$,这里将其中的子排列视为一个整体来进行迁移。设要在第 $i$ 维上从 $H$ 向 $H'$ 迁移,具体见算法过程 6.3。

**算法过程 6.3　含路径规划的运输规划问题解的迁移过程**

1. 令 $R_i = C(\pi_i) \backslash C(\pi'_i)$,即在 $\pi_i$ 中但不在 $\pi'_i$ 中的目的地集合。

2. 类似地,令 $R'_i = C(\pi'_i) \backslash C(\pi_i)$,即在 $\pi'_i$ 中但不在 $\pi_i$ 中的目的地集合。

3. 在 $H'$ 中设置 $\pi'_i \backslash \pi_i$。

4. 对 $R_i$ 中的每一个目的地 $j$,将其从 $H'$ 的 $\pi'_i$ 以外的子排列中删除。

5. 对 $R'_i$ 中的每一个目的地 $j$,在 $H$ 中找到包含 $j$ 的子排列 $\pi_k$,而后在 $H'$ 中将 $j$ 插入对应的子排列 $\pi'_k$,插入的位置应使得新的 $\pi'_k$ 具有最短的总完成时间[14]。

举一个例子,已知问题有 3 个出发点和 8 个目的地,迁出解 $H = \{[5, 3], [7,$

4],[2,6,8,1]},迁入解 $H' = \{[5,4,1],[8,2],[7,3,6]\}$。现要在第一维上从 $H$ 向 $H'$ 迁移,则执行以下步骤。

(1)对比 $H$ 和 $H'$ 的第一个子排列,得到 $R_1 = \{3\}$,$R_1' = \{4,1\}$。

(2)将 $H'$ 中的 $\pi_1'$ 设为[5,3]。

(3)将 $R_1$ 中的 3 从 $H'$ 的 $\pi_3'$ 中删去。

(4)再看 $R_1'$,其中的目的地 4 在 $H$ 的 $\pi_2$ 中,故将 4 插入 $H'$ 的 $\pi_2'$ 中,不妨设新的 $\pi_2' = \{8,4,2\}$;类似地,目的地 1 在 $H$ 的 $\pi_3$ 中,故将 1 插入 $H'$ 的 $\pi_3'$ 中,不妨设新的 $\pi_2' = \{1,7,6\}$。

这样,得到迁移后的 $H' = \{[5,3],[8,4,2],[1,7,6]\}$。

对一个栖息地的各维都完成迁入后,如果该解不可行,则调用算法过程 6.2 对其进行修补。

再来看变异操作,其实现相对简单:要对 $H = \{\pi_1, \cdots, \pi_i, \cdots, \pi_m\}$ 在第 $i$ 维上进行变异,就是在 $\pi_i$ 中随机挑出一个目的地 $j$,并将其插入另一个随机选取的子排列 $\pi_{i'}$ 中,插入的位置同样是使得新的 $\pi_{i'}$ 具有最短的总完成时间。

算法 6.1 给出了求解含路径规划的运输规划问题的 BBO 算法框架。

---

**算法 6.1　求解含路径规划的运输规划问题的 BBO 算法**

步骤 1　随机生成问题的一组初始解,构成初始种群,并计算种群中每个解的适应度。

步骤 2　根据适应度计算每个解 $H$ 的迁入率 $\lambda_H$、迁出率 $\mu_H$ 和变异率 $p_H$。

步骤 3　更新当前已找到的最优解 $H_{\text{best}}$;如 $H_{\text{best}}$ 不在当前种群中,则将其加入种群。

步骤 4　如果终止条件满足,返回当前已找到的最优解,算法结束。

步骤 5　对种群中的每个解 $H$ 依次执行如下操作:

步骤 5.1　对 $H$ 中的每一维 $i$ ($1 \leqslant i \leqslant m$),如果 rand()$< \lambda_H$,则以 $\mu_{H'}$ 为概率选取一个迁出解 $H'$,按算法过程 6.3 执行迁移操作。

步骤 5.2　如果 $H$ 不可行,按算法过程 6.2 进行修补。

步骤 5.3　计算迁移后 $H$ 的适应度,如果优于原始解,则用其替换种群中的原始解。

步骤 6　对种群中的所有解按适应度从大到小排序。

步骤 7　对种群中的排名后半部分的每个解 $H$ 依次执行如下操作:

步骤 7.1　对 $H$ 中的每一维 $i$ ($1 \leqslant i \leqslant m$),如果 rand()$< p_H$,对其依次执行变异操作。

步骤 7.2　如果 $H$ 不可行,按算法过程 6.2 进行修补。

步骤 7.3　计算变异后 $H$ 的适应度,如果优于原始解,则用其替换种群中的原始解。

步骤 8　转步骤 2。

### 6.2.3　算法性能实验

以近年来几次灾难应急救援行动为背景,生成一组 10 个测试问题实例,其特征在表 6-4 中进行了总结,其中 $\tilde{t}_{ij}$ 表示从出发点到目的地的平均运输时间, $\bar{t}_{j,j'}$ 表示目的地之间的平均运输时间, $T^{\max}$ 表示根据应急运输响应需求设置的问题求解时间上限,同时也便于不同算法间的公平比较。

表 6-4　含路径规划的运输规划问题测试实例

| 问题编号 | $m$ | $n$ | $\tilde{t}_{ij}$ / 小时 | $\bar{t}_{j,j'}$ / 小时 | $T^{\max}$ /秒 |
|---|---|---|---|---|---|
| #1 | 3 | 10 | 5.8 | 0.8 | 30 |
| #2 | 5 | 20 | 7.9 | 1.2 | 30 |
| #3 | 6 | 30 | 9.6 | 1.0 | 60 |
| #4 | 8 | 40 | 9.3 | 1.2 | 90 |
| #5 | 10 | 50 | 12.6 | 0.9 | 120 |
| #6 | 12 | 60 | 16.5 | 0.9 | 150 |
| #7 | 12 | 75 | 18.2 | 0.6 | 160 |
| #8 | 15 | 80 | 16.8 | 0.6 | 180 |
| #9 | 16 | 100 | 21.3 | 0.5 | 240 |
| #10 | 18 | 118 | 19.5 | 0.5 | 300 |

针对该问题,还分别实现了以下算法来进行性能比较。

(1)文献[15]中提出的一种 GA,其染色体表示分为两部分:第一部分是目的地的排列,第二部分是分配给每个出发点的目的地数量。针对这种染色体表示设计了专门的交叉操作。

(2)文献[16]中提出的一种组合型 PSO 算法,其每个粒子是一个 $m \times n$ 维的矩阵,其中每个元素 $x_{ij}$ 的值为 1 或 0,表示目的地 $j$ 是否分配给出发点 $i$。

(3)文献[17]中提出的一种改进型 ACO 算法,增加一个虚拟的出发点作为"蚁巢",将原有的出发点作为"蚁巢"的"入口",并将目的地视为"食物源"来进行优化搜索。

在每个测试问题实例上,每种算法均使用不同的随机种子运行 30 次,设其中的最优目标函数值为 $f_{\text{best}}$,最差目标函数值为 $f_{\text{worst}}$,所有结果值均按式(6.14)缩放到区间$[0,1]$：

$$\dot{f}(x) = \frac{f_{\text{worst}} - f(x)}{f_{\text{worst}} - f_{\text{best}}} \times 100\%\tag{6.14}$$

表 6-5 给出了各种算法运行结果的平均值、最佳值、最差值和标准差，其中粗体标记了八种算法中最佳的平均值。

**表 6-5　一般运输规划问题实例上的启发式算法比较实验结果**

| 问题编号 | 度量 | GA | PSO | ACO | BBO |
|---|---|---|---|---|---|
| #1 | 平均值 | **18.65** | **18.65** | **18.65** | **18.65** |
| | 最佳值 | 18.65 | 18.65 | 18.65 | 18.65 |
| | 最差值 | 18.65 | 18.65 | 18.65 | 18.65 |
| | 标准差 | 0.00 | 0.00 | 0.00 | 0.00 |
| #2 | 平均值 | 39.31[†] | **38.93** | **38.93** | **38.93** |
| | 最佳值 | 38.93 | 38.93 | 38.93 | 38.93 |
| | 最差值 | 39.97 | 38.93 | 38.93 | 38.93 |
| | 标准差 | 1.17 | 0.00 | 0.00 | 0.00 |
| #3 | 平均值 | 26.03[†] | 22.11[†] | **20.93** | **20.93** |
| | 最佳值 | 21.90 | 20.93 | 20.93 | 20.93 |
| | 最差值 | 27.01 | 22.65 | 20.93 | 20.93 |
| | 标准差 | 2.00 | 0.71 | 0.00 | 0.00 |
| #4 | 平均值 | 83.89[†] | 76.40[†] | 69.52 | **69.28** |
| | 最佳值 | 76.27 | 69.33 | 68.98 | 68.98 |
| | 最差值 | 92.09 | 78.89 | 70.25 | 69.50 |
| | 标准差 | 8.38 | 4.61 | 0.83 | 0.35 |
| #5 | 平均值 | 34.90[†] | 30.90[†] | 26.96 | **26.76** |
| | 最佳值 | 30.20 | 27.56 | 25.56 | 25.56 |
| | 最差值 | 37.37 | 32.85 | 28.00 | 27.80 |
| | 标准差 | 4.21 | 4.12 | 1.67 | 1.37 |
| #6 | 平均值 | 91.03[†] | 86.41[†] | 78.96 | **76.81** |
| | 最佳值 | 84.81 | 80.27 | 72.35 | 71.89 |
| | 最差值 | 99.23 | 90.37 | 80.56 | 80.01 |
| | 标准差 | 8.42 | 7.60 | 5.02 | 5.22 |

| 问题编号 | 度量 | GA | PSO | ACO | BBO |
|---|---|---|---|---|---|
| ♯7 | 平均值 | 73.72[†] | 66.67[†] | 57.97[†] | **55.06** |
| | 最佳值 | 68.26 | 60.30 | 51.75 | 51.75 |
| | 最差值 | 81.85 | 72.23 | 60.19 | 58.00 |
| | 标准差 | 8.06 | 7.15 | 4.83 | 3.86 |
| ♯8 | 平均值 | 57.10[†] | 53.38[†] | 46.49[†] | **42.28** |
| | 最佳值 | 52.15 | 48.91 | 40.27 | 38.66 |
| | 最差值 | 62.28 | 55.86 | 50.17 | 45.36 |
| | 标准差 | 6.66 | 5.75 | 6.42 | 6.96 |
| ♯9 | 平均值 | 90.03[†] | 85.16[†] | 76.33[†] | **72.27** |
| | 最佳值 | 83.25 | 77.88 | 72.60 | 70.58 |
| | 最差值 | 96.69 | 90.81 | 80.30 | 76.06 |
| | 标准差 | 9.73 | 8.06 | 5.85 | 5.02 |
| ♯10 | 平均值 | 81.01[†] | 74.16[†] | 65.05[†] | **58.32** |
| | 最佳值 | 72.63 | 63.97 | 60.37 | 56.03 |
| | 最差值 | 90.51 | 80.33 | 72.10 | 63.27 |
| | 标准差 | 10.24 | 8.08 | 6.68 | 5.92 |

从算法实验结果中可以看出,在最简单的问题实例♯1上,所有算法获得同样的最佳值;在问题实例♯2上,PSO、ACO和BBO算法获得同样的最优值,但GA未能做到这一点;在剩余的其他实例上,ACO和BBO算法获得的最优值总是比GA和PSO算法更佳。GA的性能表现在四种算法中最差;PSO算法展示了相对较快的收敛速度,但比ACO和BBO算法更容易陷入局部最优。而ACO和BBO算法的搜索机制使其具备更强的跳出局部最优的能力,同时又能保证一定的收敛速度。

另外,对BBO算法的求解结果与其他三种算法的结果进行了统计性分析,并在表6-5中的均值上用符号"†"表示BBO算法显著优于相比较的算法。结果显示BBO算法在9个测试问题上相对于GA有显著的性能优势,在8个问题上相对于PSO算法都有显著的性能优势。总的说来,ACO和BBO算法更适合用于求解这里所考虑的含路径规划的运输规划问题。

ACO和BBO这两种算法的性能比较接近。在小规模或中等规模的问题实例(♯1~♯6)上,二者的结果没有显著的区别。但在大规模问题实例(♯7~♯10)上,BBO算法表现出了比ACO算法更好的性能,而且这种性能优势随着问题实例规模的变大而更加明显。总之,这里所设计的BBO算法在四种比较算法中表现出了最佳的综合性能,同时也有可能在其他复杂运输规划问题特别是应急运输问题上展现较好的性能。

## 6.3　求解铁路车皮应急调度问题

相比于公路运输,铁路运输不仅装载量大、速度快,而且受天气等外部因素影响较小,在长距离运输中有着明显的优势,特别是在应急物资运输中发挥着相当重要的作用。铁路运输规划的一个难点在于一辆列车包含多个车皮,车皮的利用效率对整个运输的效率有着重要的影响。我们对一个铁路车皮应急调度问题进行了专门研究,并设计了相应的混合 BBO 算法来进行求解[18]。

### 6.3.1　铁路车皮应急调度问题

在详细描述问题的数学模型之前,先给出一个简单的问题示例。如图 6-1 所示,现有两个目标站点(三角形标注)各需要 2200 吨和 1600 吨救灾物资,而有 6 个出发站点(矩形标注)能够提供这种物资(出发站点拟输送给两个目标站点的物资量分别用矩形下方的数字标注)。运输所需的火车车皮需要从两个铁路中心站(五角星标注)调配到这些出发站点。现有两种型号的车皮,第一种的额定载重量是60 吨,第二种的额定载重量是 70 吨(中心站拥有的两种车皮的数量标注在五角星下方)。该问题就是要制定一个车皮调配方案,使得所有出发站点的运输需求都能得到满足,同时使目标站点接收物资的时间尽可能早。图 6-2 给出了该示例问题的一个解,从中心站到出发站点的线段上标注了所调配的车皮数量。

在上面的问题示例中,所有站点之间都是互连的,因此中心站的车皮可以调配给任意一个出发站点。不过这很容易扩展到网络并不完全连通的情况。从不同的中心站向出发站点调配车皮需要不同的时间,好的解决方案应该在满足运输需求的前提下尽量减少车皮转运的时间,进而提高应急响应的速度。

可以看出,该问题是一个多中心站、多出发站点、多目的站点、多列车/车皮的铁路运输规划问题,而且其总运输时间的计算也较为复杂,包含准备、装货、行驶、等待、卸货和转运的时间。

下面给出该问题模型的形式化描述。问题的输入变量包括以下几个。

$n$:目标站点的数量。

$j$:目标站点的下标 $(0 < j \leqslant n)$。

$r_j$:目标站点 $j$ 需要的物资数量。

$w_j$:目标站点 $j$ 的权重系数。

$m$:出发站点的数量。

$i$:出发站点的下标 $(0 < i \leqslant m)$。

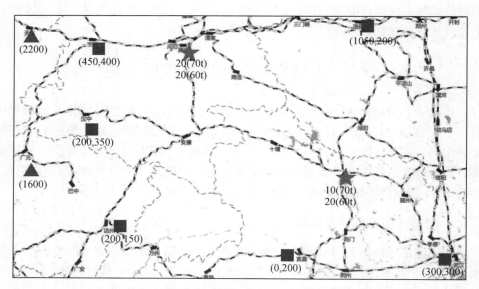

图 6-1　铁路车皮应急调度问题的一个简单示例

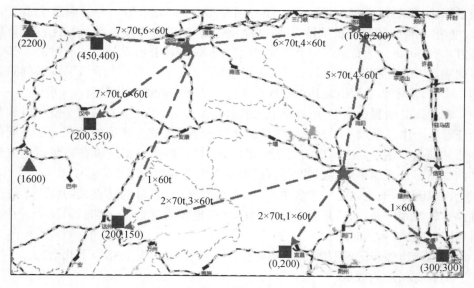

图 6-2　铁路车皮应急调度示例问题的一个解

$s_{ij}$:出发站点 $i$ 向目标站点 $j$ 运输的物资数量。

$K$:提供车皮的中心站的数量。

$k$:中心站的下标（$0 < k \leqslant K$）。

$P$:车皮类型的数量。

$p$:车皮类型的下标（$0 < p \leqslant P$）。

$c_p$:车皮类型 $p$ 的额定载重量。

$a_{kp}$:中心站 $k$ 可用的 $p$ 型车皮的数量。

$d_{ij}$:出发站点 $i$ 和目标站点 $j$ 之间的距离。

$\Delta_{ik}$:出发站点 $i$ 和中心点 $k$ 之间的距离。

值得注意的是,出发站点可能本身就可以提供一部分车皮。在实际问题求解时,这部分车皮应当被优先使用,其装载的物资量则从问题输入中删去,因此这并不影响问题模型的合理性。

问题的决策变量为 $x_{ikp}$,表示从中心站 $k$ 调往出发站点 $i$ 的 $p$ 型车皮的数量（$0 < i \leqslant m, 0 < k \leqslant K, 0 < p \leqslant P$）。

在输入变量和决策变量的基础上,需要计算几个重要的中间变量。首先,需要确定出发站点 $i$ 使用中心站 $k$ 发来的车皮向目标站点 $j$ 运输的物资数量,记为 $y_{ijk}$,以及这些物资到达目标站点 $j$ 的时间,记为 $t_{ijk}$。其次,因为该问题求解的难点之一在于每个车皮并不总是正好装满所有物资,为简化模型表示和方便计算,再引入中间变量 $\Upsilon_{ij}$,表示出发站点 $i$ 向目标站点 $j$ 运输时车皮的冗余装载量。

这样,就可以给出整个优化问题的数学模型:

$$\min f = \sum_{i=1}^{m} \sum_{j=1}^{n} \sum_{k=1}^{K} w_j y_{ijk} t_{ijk}$$

$$\text{s. t.} \quad \sum_{i=1}^{m} x_{ikp} \leqslant a_{kp}, \quad k = 1, 2, \cdots, K; p = 1, 2, \cdots, P$$

$$\sum_{k=1}^{K} \sum_{p=1}^{P} x_{ikp} c_p \geqslant \sum_{j=1}^{n} (s_{ij} + \Upsilon_{ij}), \quad i = 1, 2, \cdots, m \quad (6.15)$$

$$\sum_{k=1}^{K} y_{ijk} = s_{ij}, \quad i = 1, 2, \cdots, m; j = 1, 2, \cdots, n$$

$$x_{ikp} \in \mathbb{Z}^+, \quad i = 1, 2, \cdots, m; k = 1, 2, \cdots, K; p = 1, 2, \cdots, P$$

该模型中的第一项约束条件表示每个中心站调配的车皮数量不能超过其可用车皮数量,第二项约束表示为每个出发站点调配的车皮总装载量应满足其运输需求,第三项约束表示基于中心站和基于出发站点计算的运输量应保持一致。

模型(6.15)的形式较为简单,这得益于其使用了多个中间变量,而这些中间变量的计算却并不容易。先看冗余装载量 $\Upsilon_{ij}$,对于从每个出发站点 $i$ 向每个目标站点 $j$ 的运输方案,我们都希望在满足运力需求的前提下冗余装载量越小越好,因此每个 $\Upsilon_{ij}$ 的值可通过如下的子问题来确定:

$$\min \Upsilon_{ij} = \Big( \sum_{p=1}^{P} x_p c_p \Big) - s_{ij}$$

$$\text{s. t.} \quad \sum_{p=1}^{P} x_p c_p \geqslant s_{ij} \tag{6.16}$$

$$x_p \in \mathbb{Z}^+, \quad p = 1, 2, \cdots, P$$

例如,对于本节开头的问题示例,两种车皮的额定装载量分别是 60 吨和 70 吨,第一个出发站点的运输任务是 $(s_{11} = 200, s_{12} = 150)$,因此 $\Upsilon_{11} = 60 + 2 \times 70 - 200 = 0$,$\Upsilon_{12} = 3 \times 60 - 150 = 30$。在大部分实际应用中,车皮种类不会太多,因此可以计算出常用的车皮组合方式并预存起来,从而简化 $\Upsilon_{ij}$ 值的计算。

再来看 $y_{ijk}$ 和 $t_{ijk}$ 的计算。对于每一个出发站点 $i$,在安排给其的车皮类型和数量($x_{ikp}$)确定以后,需要将这些车皮分配给该出发站点负责的各个目标站点,而分配方案的优化可通过如下的子问题来描述:

$$\min T_i = \sum_{j=1}^{n} \sum_{k=1}^{K} w_j y_{ijk} t_{ijk}$$

$$\text{s. t.} \quad \sum_{j=1}^{n} \Big( y_{ijk} + \frac{\Upsilon_{ij}}{K} \Big) \leqslant \sum_{p=1}^{P} (x_{ikp} c_p), \quad k = 1, 2, \cdots, K \tag{6.17}$$

$$\sum_{k=1}^{K} y_{ijk} = s_{ij}, \quad j = 1, 2, \cdots, n$$

$$y_{ijk} \geqslant 0, \quad j = 1, 2, \cdots, n; k = 1, 2, \cdots, K$$

子问题(6.17)中的各个约束条件是从原问题(6.15)的约束条件中导出的。运输时间 $t_{ijk}$ 由以下几部分组成。

(1)从中心站 $k$ 到出发站点 $i$ 的转运时间,这主要取决于二者间的距离 $d_{ik}$。

(2)在出发站点 $i$ 的装载时间,这主要取决于物资量 $y_{ijk}$。

(3)从出发站点 $i$ 到目标站点 $j$ 的行驶时间,这主要取决于物资量 $y_{ijk}$ 以及二者间的距离 $d_{ij}$。

可见 $t_{ijk}$ 是物资数量 $y_{ijk}$ 和距离 $d_{ik}$、$d_{ij}$ 的函数,这里采用如下的经验公式来估算其值:

$$t_{ijk} = c_1 d_{ik} + c_2 y_{ijk} + c_3 d_{ij} \log_2(c_4 + y_{ijk}) \tag{6.18}$$

式中,$c_1 \sim c_4$ 为常数项系数($c_2$ 的值可能因站点能力的不同而有所不同)。

这样,原问题(6.15)的目标函数值就可以通过 $m$ 个子问题(6.17)组合计算得到:

$$\min T = \sum_{i=1}^{m} T_i \tag{6.19}$$

整个问题模型(6.15)本身是一个 NP 难的整数规划问题,而且它还包含了非线性的目标函数和约束条件,以及多个子优化问题,使用传统精确方法求解起来非常困难,因此更适合使用启发式算法来进行求解。

## 6.3.2　求解问题的 BBO/DE 算法

针对上述铁路车皮应急调度问题,我们基于 BBO 和 DE 设计了一种混合算法,其中用到了局部邻域结构,这里记为 HL-BBO/DE 算法[18]。算法的基本流程是先随机初始化一个种群,基于种群中的每个解导出 $m$ 个子优化问题,通过求解这些子问题来计算解的适应度,再通过迁移和变异操作来不断改进解,直至满足终止条件。算法流程如图 6-3 所示。

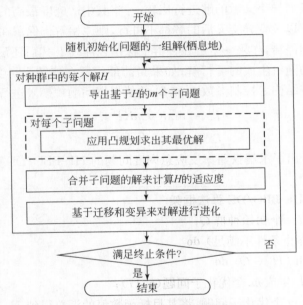

图 6-3　HL-BBO/DE 算法的基本流程

问题的每个解是一个 $m \times K \times P$ 维的整数向量。在随机初始化一个解时,每一维 $x_{ikp}$ 的值被设为 $[0, x_{ijk}^{U}]$ 内的一个随机整数,其中

$$x_{ijk}^{U} = \min\left(a_{kp}, \frac{\sum_{j=1}^{n}(s_{ij} + \Upsilon_{ij})}{\max_{0 < p \leqslant P} c_{p}}\right) \tag{6.20}$$

为简化计算,算法采用 3.2.1 节中介绍的环形结构来维护种群:每个栖息地 $H_i$ 只有左右两个相邻的栖息地,设它们的下标分别为 $i1$ 和 $i2$,那么在对 $H_i$ 进行迁移操作时,选择它们作为迁出栖息地的概率分别是 $\mu_{i1}/(\mu_{i1}+\mu_{i2})$ 和 $\mu_{i2}/(\mu_{i1}+\mu_{i2})$。

算法的迁移操作采用传统 BBO 算法中的直接迁移方式,变异操作则采用 DE 算法中的 DE/rand/1/bin 模式,再按式(6.21)对迁移得到的解 $H_i$ 和变异得到的解 $V_i$ 进行交叉:

$$U_{ij} = \begin{cases} V_{ij}, & \text{rand}() \leqslant \pi_i \\ H_{ij}, & \text{rand}() > \pi_i \end{cases} \tag{6.21}$$

式中，$\pi_i$ 为栖息地 $H_i$ 的变异率。

迁移操作中解的分量仍然是整数，但变异操作后解的分量可能会变成小数，此时算法将其舍入为最近的整数。在大多数情况下，这种舍入操作不会影响进化算法性能[19]。

迁移操作和变异操作都有可能产生不可行的解。为此，算法每次都对原始解、迁移后的解以及变异交叉后的解进行比较，并将其中适应度最高的保留在种群中；如果迁移后的解以及变异交叉后的解都不可行，则原始解仍保留在种群中。

为避免搜索停滞，如果一个解在种群中保留在连续 $l^U$ 代后还没有更新，则将其重置为一个新的随机生成的可行解；如果当前最优解在连续 $L^U$ 代后还没有更新，则重置环形邻域结构。控制参数 $l^U$ 和 $L^U$ 的值根据问题规模来进行设置：

$$l^U = \min(\sqrt[3]{mKP}, 10) \tag{6.22}$$

$$L^U = \min(\sqrt{mKP}, 20) \tag{6.23}$$

算法 6.2 给出了求解铁路车皮应急调度问题的 HL-BBO/DE 算法框架。

---

**算法 6.2　HL-BBO/DE 算法框架**

1. 随机生成一个初始种群 $Q$；
2. **while**（终止条件不满足）**do**
3. 　**for each**（$H_i \in Q$）**do**
4. 　　为 $H_i$ 生成 $m$ 个优化子问题(6.17)；
5. 　　求解 $m$ 个优化子问题，将其目标函数值的汇总得到 $H_i$ 的适应度；
6. 　　计算 $H_i$ 的迁入率、迁出率和变异率；
7. 　**end for**
8. 　**for each**（$H_i \in Q$）**do**
9. 　　**for** $d=1$ **to** $mKP$ **do**
10. 　　　**if** rand() $\leqslant \lambda(H_i)$ **then** 按迁出率选取 $H_i$ 的一个邻居，将其第 $d$ 维迁入 $H_i$；
11. 　　　　按迁出率 $\mu_j$ 选取 $H_i$ 的一个邻居 $H_j$；
12. 　　　　$H_i(d) \leftarrow H_j(d)$；
13. 　　　**end if**
14. 　　**end for**
15. 　　对 $H_i$ 执行差分变异，生成一个变异向量 $V_i$；
16. 　　按式(6.21)生成一个测试向量 $U_i$；

17. 　　　将原始解、迁移后的 $H_i$ 以及变异后的 $U_i$ 中最优的一个可行解保留在种群中；

18. 　　　**if** 原始解在种群中保留已超过 $l^U$ 代 **then** 将其替换为一个随机可行解；

19. 　　**end for**

20. 　　更新当前已找到的最优解；

21. 　　**if** 最优解连续 $L^U$ 代未更新 **then** 重置环形邻域结构；

22. **end for**

### 6.3.3　算法性能实验

这里使用一组 12 个铁路车皮应急调度问题实例来测试算法性能。车皮使用的都是中国铁路上最常见的三种类型，额定载重量分别为 58 吨、60 吨、70 吨；表 6-6 描述了这些问题实例的基本特征，其中 $T^{\max}$ 表示根据应急运输响应需求设置的问题求解时间上限，同时也便于不同算法间的公平比较。

表 6-6　铁路车皮应急调度问题的测试实例

| 问题编号 | $m$ | $n$ | $K$ | $\sum\limits_{k=1}^{K}\sum\limits_{p=1}^{P}a_{kp}$ | $\dfrac{\sum\limits_{i=1}^{m}\sum\limits_{j=1}^{n}d_{ij}}{mn}$ | $\dfrac{\sum\limits_{i=1}^{m}\sum\limits_{k=1}^{K}d_{ik}}{mK}$ | $T^{\max}/秒$ |
|---|---|---|---|---|---|---|---|
| #1 | 4 | 1 | 2 | 125 | 469 | 385 | 20 |
| #2 | 6 | 2 | 2 | 150 | 915 | 561 | 40 |
| #3 | 6 | 3 | 4 | 270 | 579 | 602 | 60 |
| #4 | 8 | 3 | 5 | 300 | 1305 | 390 | 90 |
| #5 | 9 | 3 | 6 | 420 | 1236 | 515 | 120 |
| #6 | 10 | 4 | 5 | 445 | 735 | 632 | 180 |
| #7 | 12 | 4 | 6 | 450 | 905 | 586 | 240 |
| #8 | 15 | 4 | 8 | 540 | 778 | 605 | 480 |
| #9 | 16 | 5 | 10 | 680 | 712 | 496 | 600 |
| #10 | 18 | 5 | 12 | 720 | 679 | 533 | 900 |
| #11 | 20 | 5 | 14 | 780 | 805 | 677 | 1200 |
| #12 | 24 | 6 | 15 | 810 | 635 | 520 | 2400 |

针对该问题，还分别应用以下算法来进行性能比较。

(1)面向整数规划的分支限界法[3]，这是一种精确算法。

(2)面向整数规划的 ABC 算法[20]。

(3)DE 算法[9]，其求解过程中解的分量总是被取整。

(4)用于约束优化的 B-BBO 算法[6]，其求解过程中解的分量总是被取整。

(5)另一种混合了 DE 的 BBO 约束优化算法,记为 CBBO-DM[21]。

(6)实现了另一个版本的 BBO 和 DE 混合算法,它与 HL-BBO/DE 的唯一区别就是没有使用局部邻域结构,该算法记为 H-BBO/DE。

由于 ABC 和 DE 算法都是面向无约束优化问题的,应用它们求解问题实例时采用了罚函数法。子问题(6.17)中 2 个不等式约束的违反量分别计算为

$$
\phi_{ik} = \begin{cases} \sum_{j=1}^{n}\left(y_{ijk} + \dfrac{\Upsilon_{ij}}{K}\right) - \sum_{p=1}^{P}\left(x_{ikp}c_p\right), & \sum_{j=1}^{n}\left(y_{ijk} + \dfrac{\Upsilon_{ij}}{K}\right) > \sum_{p=1}^{P}\left(x_{ikp}c_p\right) \\ 0, & 其他 \end{cases}
$$

$$(6.24)$$

$$
\Psi_{ij} = \begin{cases} s_{ij} - \sum_{k=1}^{K} y_{ijk}, & s_{ij} > \sum_{k=1}^{K} y_{ijk} \\ 0, & 其他 \end{cases} \tag{6.25}
$$

相应的目标函数转换为

$$
\min T = \left(\sum_{i=1}^{m} T_i\right) + M\left(\sum_{i=1}^{m}\sum_{k=1}^{K}\varphi_{ik} + \sum_{i=1}^{m}\sum_{j=1}^{n}\Psi_{ij}\right) \tag{6.26}
$$

式中,系数 $M$ 设为 $c_3\sum_{i=1}^{m}\sum_{j=1}^{n}d_{ij}$。

各种比较算法均采用原始文献中的参数设置。在每个测试问题实例上,六种启发式算法均使用不同的随机种子运行 40 次,算法终止条件为运行时间达到 $T^{\max}$;分支限界法只需运行 1 次便可求出精确最优解,且不受 $T^{\max}$ 的限制。表 6-7 记录了分支限界法在前 6 个问题实例上的运行时间和得到的最优结果,从中可以看出其运行时间随问题规模的增大而增长极快,在实例♯6 上已接近 2 小时(远超出一般应急调度问题的响应时间要求),故在其后的问题实例上不再运行。

表 6-7　分支限界算法在铁路车皮应急调度问题实例♯1～♯6 上的运行时间和结果

| 问题编号 | 运行时间/秒 | 最优目标函数值 |
| --- | --- | --- |
| ♯1 | 19.5 | 4.05E+01 |
| ♯2 | 45.3 | 3.40E+03 |
| ♯3 | 150.1 | 7.05E+03 |
| ♯4 | 527.2 | 1.68E+05 |
| ♯5 | 1508.2 | 2.12E+06 |
| ♯6 | 6973.5 | 7.82E+06 |

表 6-8 给出了六种启发式算法 40 次运行结果的平均值、最佳值、最差值和标准差,其中粗体标记了六种算法中最佳的平均值。

表 6-8　一般运输规划问题实例上的启发式算法比较实验结果

| 问题编号 | 度量 | ABC | DE | B-BBO | CBBO-DM | H-BBO/DE | HL-BBO/DE |
|---|---|---|---|---|---|---|---|
| #1 | 平均值 | **4.05E+01** | **4.05E+01** | **4.05E+01** | **4.05E+01** | **4.05E+01** | **4.05E+01** |
| | 最佳值 | 4.05E+01 | 4.05E+01 | 4.05E+01 | 4.05E+01 | 4.05E+01 | 4.05E+01 |
| | 最差值 | 4.05E+01 | 4.05E+01 | 4.05E+01 | 4.05E+01 | 4.05E+01 | 4.05E+01 |
| | 标准差 | 0 | 0 | 0 | 0 | 0 | 0 |
| #2 | 平均值 | **3.40E+03** | 3.64E+03 | 3.68E+03 | **3.40E+03** | **3.40E+03** | **3.40E+03** |
| | 最佳值 | 3.40E+03 | 3.40E+03 | 3.50E+03 | 3.40E+03 | 3.40E+03 | 3.40E+03 |
| | 最差值 | 3.40E+03 | 3.75E+03 | 3.73E+03 | 3.40E+03 | 3.40E+03 | 3.40E+03 |
| | 标准差 | 0 | 1.48E+02 | 9.35E+01 | 0 | 0 | 0 |
| #3 | 平均值 | 7.53E+03 | 7.80E+03 | 8.45E+03 | 7.50E+03 | 7.42E+03 | **7.08E+03** |
| | 最佳值 | 7.46E+03 | 7.59E+03 | 8.18E+03 | 7.36E+03 | 7.29E+03 | 7.05E+03 |
| | 最差值 | 7.62E+03 | 7.99E+03 | 8.56E+03 | 7.63E+03 | 7.49E+03 | 7.10E+03 |
| | 标准差 | 8.80E+01 | 3.62E+02 | 2.59E+02 | 1.06E+02 | 7.24E+01 | 3.16E+01 |
| #4 | 平均值 | 2.09E+05 | 2.32E+05 | 2.47E+05 | 1.99E+05 | 1.96E+05 | **1.75E+05** |
| | 最佳值 | 1.97E+05 | 2.19E+05 | 2.33E+05 | 1.92E+05 | 1.89E+05 | 1.68E+05 |
| | 最差值 | 2.15E+05 | 2.45E+05 | 2.55E+05 | 2.08E+05 | 2.01E+05 | 1.79E+05 |
| | 标准差 | 9.10E+03 | 1.63E+04 | 1.44E+04 | 1.02E+04 | 8.65E+03 | 3.63E+03 |
| #5 | 平均值 | 3.28E+06 | 3.60E+06 | 3.48E+06 | 3.24E+06 | 3.30E+06 | **2.90E+06** |
| | 最佳值 | 3.21E+06 | 3.48E+06 | 3.38E+06 | 3.16E+06 | 3.21E+06 | 2.85E+06 |
| | 最差值 | 3.35E+06 | 3.73E+06 | 3.59E+06 | 3.31E+06 | 3.37E+06 | 2.95E+06 |
| | 标准差 | 8.75E+04 | 1.50E+05 | 1.39E+05 | 1.11E+05 | 9.08E+04 | 4.22E+04 |
| #6 | 平均值 | 1.33E+07 | 1.64E+07 | 1.75E+07 | 1.25E+07 | 1.29E+07 | **8.69E+06** |
| | 最佳值 | 1.29E+07 | 1.51E+07 | 1.72E+07 | 1.20E+07 | 1.25E+07 | 8.55E+06 |
| | 最差值 | 1.35E+07 | 1.69E+07 | 1.80E+07 | 1.27E+07 | 1.33E+07 | 8.73E+06 |
| | 标准差 | 2.47E+05 | 5.66E+05 | 4.09E+05 | 3.92E+05 | 2.52E+05 | 9.47E+04 |
| #7 | 平均值 | 9.63E+07 | 1.35E+08 | 1.43E+08 | 9.85E+07 | 1.06E+08 | **6.39E+07** |
| | 最佳值 | 9.59E+07 | 1.26E+08 | 1.40E+08 | 9.71E+07 | 1.03E+08 | 6.29E+07 |
| | 最差值 | 9.90E+07 | 1.39E+08 | 1.48E+08 | 1.08E+08 | 1.07E+08 | 6.46E+07 |
| | 标准差 | 1.85E+06 | 8.55E+06 | 6.72E+06 | 2.22E+06 | 1.73E+06 | 8.98E+05 |
| #8 | 平均值 | 6.94E+09 | 1.45E+10 | 1.08E+10 | 7.27E+09 | 6.52E+09 | **4.00E+09** |
| | 最佳值 | 6.79E+09 | 1.38E+10 | 1.05E+10 | 7.12E+09 | 6.39E+09 | 3.93E+09 |
| | 最差值 | 7.03E+09 | 1.48E+10 | 1.10E+10 | 7.35E+09 | 6.61E+09 | 4.03E+09 |
| | 标准差 | 1.15E+08 | 4.51E+08 | 2.79E+08 | 1.39E+08 | 1.03E+08 | 5.11E+07 |

| 问题编号 | 度量 | ABC | DE | B-BBO | CBBO-DM | H-BBO/DE | HL-BBO/DE |
|---|---|---|---|---|---|---|---|
| #9 | 平均值 | 2.48E+11 | 5.21E+11 | 3.98E+11 | 2.75E+11 | 2.31E+11 | **1.02E+11** |
| | 最佳值 | 2.39E+11 | 5.02E+11 | 3.80E+11 | 2.60E+11 | 2.24E+11 | 9.78E+10 |
| | 最差值 | 2.51E+11 | 5.50E+11 | 4.12E+11 | 2.83E+11 | 2.36E+11 | 1.04E+11 |
| | 标准差 | 6.88E+09 | 2.70E+10 | 1.79E+10 | 1.27E+10 | 5.67E+09 | 2.04E+09 |
| #10 | 平均值 | 3.27E+13 | 1.29E+14 | 1.00E+14 | 4.21E+13 | 2.86E+13 | **7.66E+12** |
| | 最佳值 | 3.24E+13 | 1.25E+14 | 9.96E+13 | 4.13E+13 | 2.83E+13 | 7.58E+12 |
| | 最差值 | 3.30E+13 | 1.32E+14 | 1.02E+14 | 4.26E+13 | 2.88E+13 | 7.70E+12 |
| | 标准差 | 1.98E+11 | 3.05E+12 | 2.65E+12 | 5.01+11 | 1.41E+11 | 7.79E+10 |
| #11 | 平均值 | 9.60E+14 | 1.90E+15 | 1.68E+15 | 9.00E+14 | 7.16E+14 | **1.96E+14** |
| | 最佳值 | 9.50E+14 | 1.86E+15 | 1.63E+15 | 8.85E+14 | 7.10E+14 | 1.92E+14 |
| | 最差值 | 9.66E+14 | 1.93E+15 | 1.70E+15 | 9.17E+14 | 7.22E+14 | 1.99E+14 |
| | 标准差 | 9.55E+12 | 4.18E+13 | 3.27E+13 | 2.05E+13 | 8.85E+12 | 3.03E+12 |
| #12 | 平均值 | 1.45E+15 | 5.72E+15 | 3.06E+15 | 1.64E+15 | 9.12E+14 | **3.53E+14** |
| | 最佳值 | 1.43E+15 | 5.63E+15 | 3.03E+15 | 1.62E+15 | 9.01E+14 | 3.46E+14 |
| | 最差值 | 1.46E+15 | 5.80E+15 | 3.09E+15 | 1.66E+15 | 9.16E+14 | 3.61E+14 |
| | 标准差 | 1.52E+13 | 8.15E+13 | 2.77E+13 | 1.90E+13 | 8.28E+12 | 5.18E+12 |

从算法实验结果中可以看出,所有启发式算法在最简单的问题实例#1上总是能够求得最优解;而在实例#2上,单独的 DE 和 B-BBO 算法未能求得最优解。在其余的问题实例上,HL-BBO/DE 和 H-BBO/DE 算法体现了越来越大的性能优势,其中 HL-BBO/DE 的结果在六种启发式算法中总是保持最佳。

通过比较 HL-BBO/DE 与其他四种启发式算法的结果均值,可以发现以下几点。

(1)在较小规模的实例#3~#5上,HL-BBO/DE 算法的结果比 ABC 和 CBBO-DM 算法小 5%~15%,比 B-BBO 和 DE 算法小 20%~40%。

(2)在中等规模的实例#6~#8上,HL-BBO/DE 算法的结果比 ABC 和 CBBO-DM 算法小 30%~45%,比 B-BBO 和 DE 算法小 50%~70%。

(3)在较大规模的实例#9~#12上,HL-BBO/DE 算法的结果只是 ABC 和 CBBO-DM 算法的 20%~40%,只是 B-BBO 和 DE 算法的 8%~20%。

上述结果说明所设计的混合算法比其他比较算法更适合于求解包含大量站点和车皮的问题实例。

比较 HL-BBO/DE 和 H-BBO/DE 算法,两者的性能在较小规模和中等规模的实例上相差不大,但在较大规模的实例上 HL-BBO/DE 算法仍表现出明显的性能优势,这充分说明了局部邻域结构在避免算法早熟、提高种群多样性和搜索能力上的作用。

## 6.4　求解应急空运问题

航空运输是最快捷的一种运输方式,在灾难救援过程中,如果公路和铁路出现受损而中断,空运就会成为灾区与外界连通的关键纽带。本节将讨论一个应急空运问题,并分别应用 EBO 算法[22]、混合 BBO 算法[23]来进行求解。

### 6.4.1　应急空运问题

问题的假定场景是某地区因灾难等特殊情况需要紧急调运大量物资,物资可从多个航空货运中心空运至附近的一个飞机场。因此,这里的应急空运问题被建模为一个多源、单目的地的运输规划问题,它需要充分利用有限的空运能力来尽量满足目的地的物资需求。

下面给出该问题模型的形式化描述。问题包括如下输入变量。

$m$:航运中心的数量。

$i$:航运中心的下标（$0 < i \leqslant m$）。

$n$:目的地所需物资的种类数。

$j$:物资种类的下标（$0 < j \leqslant n$）。

$w_j$:物资 $j$ 的权重系数。

$r_j$:目的地所需物资 $j$ 的预期数量。

$l_j$:目的地所需物资 $j$ 的最少数量。

$s_{ij}$:航运中心 $i$ 所能提供的物资 $j$ 的数量。

$K_i$:航运中心 $i$（在应急行动期间）所能安排的飞行批次。

$k$:飞行批次的下标（$0 < i \leqslant m, 0 < k \leqslant K_i$）。

$c_{ik}$:航运中心 $i$ 的飞行批次 $k$ 的最大运量。

$\tau_{ik}$:航运中心 $i$ 的飞行批次 $k$ 所需的准备时间。

$t_i$:航运中心 $i$ 到目的地的飞行时间。

问题的决策变量为 $x_{ijk}$,表示通过航运中心 $i$ 的飞行批次 $k$ 向目的地运输的 $i$ 类物资的数量（$0 < i \leqslant m, 0 < j \leqslant n, 0 < k \leqslant K_i$）。

该问题从两个方面来评价解的质量。一是物资到达时间,可知航运中心 $i$ 的第 $k$ 批飞行送达物资的预期时间为 $t_{ik} = t_i + \tau_{ik}$;二是目的地所需物资的满足程度,这里对每种物资 $j$ 计算一个满足量 $\delta_j$:

$$\delta_j = \max\left(r_j, \sum_{i=1}^{m} \sum_{k=1}^{K_i} x_{ijk}\right) - l_j \tag{6.27}$$

也就是说,如果运输量小于最低需求量 $l_j$,则 $\delta_j$ 为负。我们希望 $\delta_j$ 值越大越好,但它不会超过 $(r_j - l_j)$。

下面给出整个优化问题的数学模型,其中 $\alpha$ 为一个预设系数,表示对物资量满足预期的重要性:

$$\min f(x) = \sum_{i=1}^{m} \sum_{j=1}^{n} \sum_{k=1}^{K_i} w_j x_{ijk} t_{ik} - \alpha \sum_{j=1}^{n} w_j \delta_j$$

$$\text{s.t.} \quad \sum_{i=1}^{m} \sum_{k=1}^{K_i} x_{ijk} \geqslant l_j, \quad j = 1, 2, \cdots, n$$

$$\sum_{j=1}^{n} x_{ijk} \leqslant c_{ik}, \quad i = 1, 2, \cdots, m; k = 1, 2, \cdots, K_i \qquad (6.28)$$

$$\sum_{k=1}^{K_i} x_{ijk} \leqslant s_{ij}, \quad i = 1, 2, \cdots, m; j = 1, 2, \cdots, n$$

$$x_{ijk} \in \mathbb{Z}^+, \quad i = 1, 2, \cdots, m; j = 1, 2, \cdots, n; k = 1, 2, \cdots, K_i$$

该问题维度较高且约束复杂。不过,可以从决策变量和约束条件两方面对其加以简化。不妨假定已经确定从每个航运中心 $i$ 要运输的每类物资 $j$ 的总量 $x_{ij}$,要将这些物资量分配到不同的批次,同时使问题(6.28)中的目标函数最小化,那么可以采用贪心策略[24],让每个航运中心按照物资权重由大到小的顺序来安排批次顺序,即越重要的物资应越早运输。再记

$$t_{ij} = \frac{1}{K_i} \sum_{k=1}^{K_i} t_{ijk}, \quad i = 1, 2, \cdots, m; j = 1, 2, \cdots, n \qquad (6.29)$$

这样,问题(6.28)可被简化为如下形式:

$$\min f'(x) = \sum_{i=1}^{m} \sum_{j=1}^{n} w_j x_{ij} t_{ij} - \alpha \sum_{j=1}^{n} w_j \delta_j$$

$$\text{s.t.} \quad \sum_{i=1}^{m} x_{ij} \geqslant l_j, \quad j = 1, 2, \cdots, n$$

$$\sum_{j=1}^{n} x_{ij} \leqslant \sum_{k=1}^{K_i} c_{ik}, \quad i = 1, 2, \cdots, m \qquad (6.30)$$

$$x_{ij} \leqslant s_{ij}, \quad i = 1, 2, \cdots, m; j = 1, 2, \cdots, n$$

$$x_{ij} \in \mathbb{Z}^+, \quad i = 1, 2, \cdots, m; j = 1, 2, \cdots, n$$

设各个航运中心的平均批次为 $\bar{K}$,问题(6.30)的维度和约束数量都只有问题(6.28)的 $\bar{K}$ 分之一,因此求解难度大大降低。在求得了问题(6.30)的解后,只需将每个决策分量 $x_{ij}$ 按照贪心策略分配到各个批次 $x_{ijk}$,就能得到问题(6.28)的解。

### 6.4.2　求解问题的 EBO 算法

即使经过了简化,上述应急空运问题仍是一个复杂的非线性约束优化问题,适合应用启发式算法来进行求解。

这里仍采用罚函数的方法来处理问题(6.30)中的前两个约束条件,分别定义如下函数来计算每个解向量 $x$ 违反约束的程度:

$$\varphi_j = \begin{cases} l_j - \sum_{i=1}^m x_{ij}, & \sum_{i=1}^m x_{ij} < l_j \\ 0, & \text{其他} \end{cases} \tag{6.31}$$

$$\Psi_i = \begin{cases} \sum_{j=1}^n x_{ij} - \sum_{k=1}^{K_i} c_{ik}, & \sum_{j=1}^n x_{ij} > \sum_{k=1}^{K_i} c_{ik} \\ 0, & \text{其他} \end{cases} \tag{6.32}$$

从而将问题(6.30)中的目标函数进一步转化为

$$\min f''(\boldsymbol{x}) = \sum_{i=1}^m \sum_{j=1}^n w_j x_{ij} t_{ij} - \alpha \sum_{j=1}^n w_j \delta_j + M\left(\sum_{j=1}^n \varphi_j + \sum_{i=1}^m \Psi_i\right) \tag{6.33}$$

这样,问题的约束条件仅剩下对每个决策分量 $x_{ij}$ 的范围约束,适合用绝大多数无约束优化算法来进行求解。

针对上述应急空运问题,文献[22]中使用了 EBO 算法来对其进行求解,算法整体框架参见算法 4.1。在执行每次局部迁移或全局迁移操作后,将每个非整数的解分量都舍入为最近的整数。

文献[23]中设计了一种 BBO 和 HS[25] 的混合算法来求解该问题,其中 BBO 的迁移操作采用式(5.9)的混合迁移,和声调整则采用式(1.31)的微调方式,算法整体框架参见算法 5.4。类似地,在执行混合迁移或和声微调操作后,每个非整数的解分量都会被取整。

### 6.4.3　算法性能实验

这里使用一组 8 个应急空运问题实例来测试算法性能,表 6-9 中总结了这些实例的基本特征。其中,$\bar{K}$ 表示各航运中心的平均飞行批次,$\bar{t}$ 表示各航运中心到目的地的平均飞行时间(以小时为单位),$\bar{r}$ 表示各物资的平均需求量(以吨为单位),$T^{\max}$ 表示根据应急运输响应需求设置的问题求解时间上限(以秒为单位),同时也便于不同算法间的公平比较。

**表 6-9　应急空运问题测试实例**

| 问题编号 | $m$ | $n$ | $\bar{K}$ | $\bar{t}$ | $\bar{r}$ | $T^{max}$ |
|---|---|---|---|---|---|---|
| ♯1 | 5 | 8 | 4.8 | 5.4 | 96 | 300 |
| ♯2 | 8 | 8 | 8.5 | 7.1 | 132 | 300 |
| ♯3 | 9 | 7 | 12.5 | 6.2 | 106 | 300 |
| ♯4 | 12 | 9 | 10.3 | 6.5 | 65 | 480 |
| ♯5 | 16 | 6 | 16.0 | 5.0 | 98 | 480 |
| ♯6 | 15 | 10 | 18.7 | 6.0 | 84 | 600 |
| ♯7 | 19 | 9 | 15.5 | 4.6 | 109 | 600 |
| ♯8 | 28 | 18 | 23.5 | 4.8 | 75 | 900 |

针对该问题,还分别实现了以下算法来进行性能比较。

(1)原始 BBO 算法[5]。

(2)B-BBO 算法[6]。

(3)原始 HS 算法[25]。

(4)一种改进型 HS 算法,记为 IHS[26]。

(5)一种 DE 和 HS 的混合算法,记为 DHS[27]。

(6)另一种 HS 和 BBO 的混合算法,记为 HSBBO[28],它和 BHS 算法的最大区别在于保留了原始 BBO 算法中的克隆迁移。

在每个测试问题实例上,每个算法均使用不同的随机种子运行 30 次。表 6-10 给出了各种算法运行结果的平均值、最佳值、最差值和标准差,其中粗体标记了八种算法中最佳的平均值。

**表 6-10　一般运输规划问题实例上的启发式算法比较实验结果**

| 问题编号 | 度量 | BBO | B-BBO | HS | IHS | DHS | HSBBO | BHS | EBO |
|---|---|---|---|---|---|---|---|---|---|
| ♯1 | 平均值 | 1.01E+06 | **8.21E+05** | 8.58E+05 | **8.21E+05** | 8.32E+05 | **8.21E+05** | **8.21E+05** | **8.21E+05** |
| | 最佳值 | 8.21E+05 | 8.21E+05 | 8.21E+05 | 8.21E+05 | 8.21E+05 | 8.21E+05 | 8.21E+05 | 8.21E+05 |
| | 最差值 | 1.33E+06 | 8.21E+05 | 9.27E+05 | 8.21E+05 | 8.50E+05 | 8.21E+05 | 8.21E+05 | 8.21E+05 |
| | 标准差 | 3.05E+05 | 0 | 6.19E+04 | 0 | 1.56E+04 | 0 | 0 | 0 |
| ♯2 | 平均值 | 9.01E+06 | 7.69E+06 | 9.29E+06 | **7.05E+06** | 7.29E+06 | 7.18E+06 | **7.05E+06** | **7.05E+06** |
| | 最佳值 | 7.62E+06 | 7.35E+06 | 7.05E+06 | 7.05E+06 | 7.05E+06 | 7.05E+06 | 7.05E+06 | 7.05E+06 |
| | 最差值 | 9.98E+06 | 8.11E+06 | 1.16E+07 | 7.05E+06 | 7.75E+06 | 7.59E+06 | 7.05E+06 | 7.05E+06 |
| | 标准差 | 1.39E+06 | 3.17E+05 | 1.50E+06 | 0 | 3.02E+05 | 2.32E+05 | 0 | 0 |

| 问题编号 | 度量 | BBO | B-BBO | HS | IHS | DHS | HSBBO | BHS | EBO |
|---|---|---|---|---|---|---|---|---|---|
| #3 | 平均值 | 9.56E+06 | 7.27E+06 | 1.08E+07 | 7.20E+06 | 7.98E+06 | 7.18E+06 | **6.52E+06** | 6.59E+06 |
|  | 最佳值 | 9.26E+06 | 6.52E+06 | 8.85E+06 | 6.52E+06 | 6.52E+06 | 6.52E+06 | 6.52E+06 | 6.52E+06 |
|  | 最差值 | 9.80E+06 | 8.07E+06 | 1.49E+07 | 9.26E+06 | 9.03E+06 | 9.26E+06 | 6.52E+06 | 6.76E+06 |
|  | 标准差 | 2.36E+05 | 8.33E+05 | 3.16E+07 | 1.86E+06 | 1.05E+06 | 9.33E+05 | 0 | 9.24E+04 |
| #4 | 平均值 | 5.09E+07 | 5.35E+07 | 5.79E+07 | 3.81E+07 | 4.25E+07 | 4.06E+07 | **3.63E+07** | 3.69E+07 |
|  | 最佳值 | 3.89E+07 | 4.90E+07 | 5.24E+07 | 3.67E+07 | 3.67E+07 | 3.69E+07 | 3.60E+07 | 3.60E+07 |
|  | 最差值 | 5.77E+07 | 5.50E+07 | 6.13E+07 | 3.97E+07 | 4.63E+07 | 4.20E+07 | 3.69E+07 | 3.80E+07 |
|  | 标准差 | 7.34E+06 | 2.27E+06 | 6.08E+06 | 1.21E+06 | 5.00E+06 | 2.69E+06 | 3.99E+05 | 1.35E+06 |
| #5 | 平均值 | 1.78E+07 | 2.20E+07 | 3.45E+07 | 1.63E+07 | 1.95E+07 | 1.89E+07 | **1.36E+07** | 1.50E+07 |
|  | 最佳值 | 1.69E+07 | 1.69E+07 | 1.84E+07 | 1.25E+07 | 1.69E+07 | 1.54E+07 | 1.25E+07 | 1.33E+07 |
|  | 最差值 | 1.95E+07 | 2.38E+07 | 5.08E+07 | 1.90E+07 | 2.56E+07 | 2.16E+07 | 1.39E+07 | 1.68E+07 |
|  | 标准差 | 2.08E+06 | 2.76E+06 | 1.03E+07 | 3.47E+06 | 3.00E+06 | 2.75E+06 | 8.59E+05 | 1.51E+06 |
| #6 | 平均值 | 2.33E+08 | 1.85E+08 | 1.26E+100 | 8.21E+07 | 1.17E+08 | 2.06E+08 | 6.13E+07 | **5.82E+07** |
|  | 最佳值 | 2.02E+08 | 1.57E+08 | 2.02E+08 | 5.15E+07 | 1.05E+08 | 8.99E+07 | 5.15E+07 | 5.22E+07 |
|  | 最差值 | 3.01E+08 | 2.36E+08 | 3.05E+100 | 9.27E+07 | 1.29E+08 | 5.11E+07 | 6.39E+07 | 6.08E+07 |
|  | 标准差 | 4.85E+07 | 2.66E+07 | 7.92E+99 | 1.68E+07 | 9.52E+06 | 9.21E+07 | 3.25E+06 | 3.89E+06 |
| #7 | 平均值 | 3.26E+09 | 1.80E+09 | 3.09E+78 | 1.78E+09 | 1.76E+09 | 1.76E+09 | **1.73E+09** | 1.75E+09 |
|  | 最佳值 | 3.03E+09 | 1.76E+09 | 2.15E+09 | 1.74E+09 | 1.72E+09 | 1.73E+09 | 1.72E+09 | 1.72E+09 |
|  | 最差值 | 3.76E+09 | 1.88E+09 | 3.31E+79 | 1.82E+09 | 1.82E+09 | 1.78E+09 | 1.76E+09 | 1.76E+09 |
|  | 标准差 | 5.17E+08 | 7.12E+07 | 4.68E+78 | 6.15E+07 | 7.08E+07 | 1.85E+07 | 3.03E+07 | 3.85E+07 |
| #8 | 平均值 | 7.36E+98 | 2.05E+121 | 1.12E+101 | 1.95E+11 | 2.57E+12 | 1.80E+12 | 6.60E+10 | **5.93E+10** |
|  | 最佳值 | 1.60E+12 | 6.93E+11 | 8.01E+12 | 1.32E+11 | 9.24E+11 | 2.76E+11 | 3.86E+10 | 3.86E+10 |
|  | 最差值 | 9.80E+99 | 7.79E+12 | 1.06E+102 | 5.05E+11 | 7.03E+12 | 3.05E+12 | 8.62E+10 | 6.75E+10 |
|  | 标准差 | 8.31E+98 | 2.89E+12 | 3.67E+101 | 1.33E+11 | 3.00E+12 | 8.94E+11 | 2.21E+10 | 8.55E+09 |

从实验结果中可以看出,在最简单的问题实例#1上,除传统BBO、HS和DHS以外的五种算法取得了相同的最佳值;而在实例#2上,只有HIS、BHS和EBO这三种算法取得了相同的最佳值。在其余的问题实例上,相比其他六种算法,BHS和EBO算法体现了较大的性能优势。在其他六种算法中,IHS算法的综合性能最好,另两种混合算法DHS和HSBBO算法也优于原始的BBO和HS算法。即便如此,在较大规模的问题实例上,IHS算法相比于BHS和EBO算法的性能差距仍然较为明显。在最复杂的实例#8上,IHS取得的目标函数均值约为

BHS 算法的 3 倍,约为 EBO 算法的 2.5 倍。

　　对比 BHS 和 EBO 这两种算法,它们在实例♯1 和♯2 上的性能相当,在♯3、
♯4、♯5 和♯7 上 BHS 算法的性能占优,而在♯6 和♯8 上 EBO 算法的性能占优。
我们观察到,♯6 和♯8 的特点是飞行批次数较多,问题的搜索空间更大,这时
EBO 算法体现了较强的全局搜索能力。而在那些中等规模的问题实例上,BHS 算
法的和声微调操作具有更强的局部搜索能力。

# 6.5　小　　结

　　本章介绍了 BBO 及其改进算法在交通运输优化中的应用,其中求解含路径规
划的运输规划问题时设计了离散型的迁移和变异操作,而在求解其他三个问题时
采用的是整数或实数编码以支持算法的原始操作。在第 7 章的调度问题求解中将
看到更多的自定义离散型算法操作。

## 参 考 文 献

[1] Charnes A,Cooper W W. The stepping stone method of explaining linear programming calculations in transportation problems[J]. Management Science,1954,1(1):49-69.

[2] 张莹. 运筹学基础[M]. 北京:清华大学出版社,1995.

[3] Rardin,R. L. Optimization in Operations Research[M]. Englewood Cliffs:Prentice Hall,1998.

[4] Zheng Y J,Ling H F,Wu X B,et al. Localized biogeography-based optimization[J]. Soft Computing,2014,18(11):2323-2334.

[5] Simon D. Biogeography-based optimization[J]. IEEE Transactions on Evolutionary Computation,2008,12(6):702-713.

[6] Ma H,Simon D. Blended biogeography-based optimization for constrained optimization[J]. Engineering Applications of Artificial Intelligence,2011,24(3):517-525.

[7] Vignaux G A,Michalewicx Z. A genetic algorithm for the linear transportation problem[J]. IEEE Transactions on System Man & Cybernetics, Part B,1991,21(2):445-452.

[8] Fogel D B. An introduction to simulated evolutionary optimization[J]. IEEE Transactions on Neural Networks,1994,5(1):3-14.

[9] Storn R,Price K. Differential evolution-a simple and efficient heuristic for global optimization over continuous spaces[J]. Journal of Global Optimization,1997,11(4):341-359.

[10] Gong W,Cai Z,Ling C X. DE/BBO:A hybrid differential evolution with biogeography-based optimization for global numerical optimization[J]. Soft Computing, 2010, 15(4):645-665.

[11] Zhang M X,Zhang B,Zheng Y J. Bio-inspired meta-heuristics for emergency transportation problems[J]. Algorithms,2014,7(1):15-31.

[12] Cormen T H. Introduction to Algorithms[M]. 3rd ed. Cambridge:MIT Press,2001.

[13] 郑宇军,石海鹤,陈胜勇. 算法设计[M]. 北京：人民邮电出版社,2011.

[14] Taillard E. Some efficient heuristic methods for the flow shop sequencing problem[J]. European Journal of Operational Research,1990,47(1)：65-74.

[15] Carter A E,Ragsdale C T. A new approach to solving the multiple traveling salesperson problem using genetic algorithms[J]. European Journal of Operational Research,2006,175(1)：246-257.

[16] Jarboui B,Damak N,Siarry P,et al. A combinatorial particle swarm optimization for solving multi-mode resource-constrained project scheduling problems[J]. Applied Mathematics and Computation,2008,195(1)：299-308.

[17] Yu B,Yang Z Z,Xie J X. A parallel improved ant colony optimization for multi-depot vehicle routing problem[J]. Journal of the Operational Research Society,2011,62(1)：183-188.

[18] Zheng Y J,Ling H F, Shi H H,et al. Emergency railway wagon scheduling by hybrid biogeography-based optimization[J]. Computers & Operations Research,2014,43(1)：1-8.

[19] Laskari E C,Parsopoulos K E,Vrahatis M N. Particle swarm optimization for integer programming[C]. Proceedings of the IEEE Congress on Evolutionary Computation,Honolulu, 2002：1582-1587.

[20] Akay B,Karaboga D. Solving integer programming problems by using artificial bee colony algorithm[C]. Proceedings of the Emergent Perspectives in Artificial Intelligence,Reggio Emilia,2009：355-364.

[21] Boussaïd I,Chatterjee A,Siarry P, et al. Biogeography-based optimization for constrained optimization problems[J]. Computers & Operations Research,2012,39(12)：3293-3304.

[22] Zheng Y J,Ling H F,Xue J Y. Ecogeography-based optimization：Enhancing biogeography-based optimization with ecogeographic barriers and differentiations[J]. Computers & Operations Research,2014,50(1)：115-127

[23] Zheng Y J,Zhang M X,Zhang B. Biogeographic harmony search for emergency air transportation[J]. Soft Computing, 2016,20(3)：967-977.

[24] Zheng Y,Xu C,Xue J. A simple greedy algorithm for a class of shuttle transportation problems[J]. Optimization Letters,2009,3(4)：491-497.

[25] Geem Z W, Kim J H, Loganathan G. A new heuristic optimization algorithm：Harmony search[J]. Simulation,2001,76(2)：60-68.

[26] Mahdavi M,Fesanghary M,Damangir E. An improved harmony search algorithm for solving optimization problems［J］. Applied Mathematics and Computation, 2007, 188（2）：1567-1579.

[27] Chakraborty P,Roy G G,Das S,et al. An improved harmony search algorithm with differential mutation operator[J]. Fundamental Informatics,2009,95(4)：401-426.

[28] Wang G,Guo L,Duan H,et al. Hybridizing harmony search with biogeography based optimization for global numerical optimization[J]. Journal of Computational and Theoretical Nanoscience,2013,10(10)：2312-2322.

# 第7章 生物地理学优化在作业调度中的应用

作业调度问题是一类典型的组合优化问题,它们在现实工程中广泛存在,如生产作业调度、维修作业调度和课程表调度等,研究它们的高效求解算法具有重要的价值。本章介绍 BBO 算法在这类调度问题上的应用,求解这些问题的关键在于针对问题的离散搜索空间设计有效的迁移和变异等操作方式。

## 7.1 基于 BBO 的流水线调度

### 7.1.1 流水线调度问题

流水线调度问题(flow-shop scheduling problem,FSP)是一个具有广泛应用背景的调度问题[1]。它研究的是一组工件在一组机器上的加工问题。记工件数量为 $n$,机器数量为 $m$,该问题的基本假设如下。

(1)每个工件都具有 $m$ 道工序,必须依次在 $m$ 台机器上进行加工,只有当前一道工序完成后才能开始下一道工序。

(2)每台机器在任何时刻都只能运行一道工序,且每道工序都不能被中断。

(3)所有机器都不会停机。

(4)所有工件都是相互独立的。

由于不同工件在机器上的加工时间可能各不相同,FSP 就要合理安排这些工件的加工顺序,使得工件最后完工的时间尽可能早。

考虑一个包含 3 个工件和两台机器的简单问题实例,设工件 $J_1$ 在两台机器 $M_1$ 和 $M_2$ 上的加工时间分别为 2 和 1,工件 $J_2$ 在两台机器上的加工时间分别为 2 和 4,工件 $J_3$ 在两台机器上的加工时间分别为 3 和 1。图 7-1 给出了所有可能的 6 种加工顺序的时间示意图(甘特图),不难看出,当加工顺序为 $\{2,1,3\}$ 或 $\{2,3,1\}$ 时,所有工件的完工时间取最小值 8。

FSP 不仅在工业生产领域中有着重要的作用,其他应用领域中也有很多问题可以归纳为该问题的形式。例如,一组学生要依次参加一组培训课程,每名学生参加每个课程的培训时间各不相同(因为学生基础不同),如何安排学生的培训顺序,可使得完成最后一名学生毕业的时间尽可能早;一组货运列车要经过铁路线上的一组站点,每列货车在每个站点的卸货时间各不相同,如何安排货车的发车顺序,可使得完成最后一列货车卸货的时间尽可能早等。

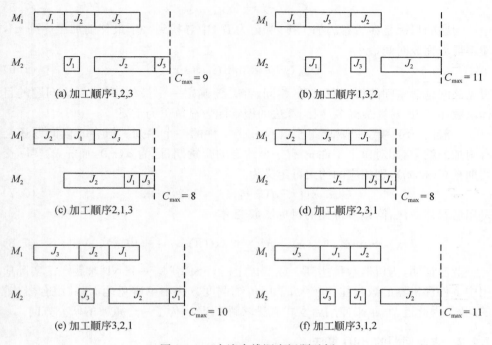

图 7-1　一个流水线调度问题示例

下面给出 FSP 模型的形式化描述。问题包括如下几个输入变量。

$\{J_1, J_2, \cdots, J_n\}$：$n$ 个工件的集合。

$\{M_1, M_2, \cdots, M_m\}$：$m$ 台机器的序列（即工件加工的工序）。

$t_{ij}$：工件 $J_i$ 在机器 $M_j$ 上的加工时间（$1 \leqslant i \leqslant n, 1 \leqslant j \leqslant m$）。

该问题就是要确定这 $n$ 个工件的一个排列，记为 $\boldsymbol{\pi} = \{\pi_1, \pi_2, \cdots, \pi_n\}$。令 $C(\pi_i, j)$ 表示工件 $\pi_i$ 在机器 $M_j$ 上的加工完成时间，机器 $M_1$ 上各个工件总是一件接一件地进行加工，因此有

$$C(\pi_1, 1) = t_{\pi_1, 1} \tag{7.1}$$

$$C(\pi_i, 1) = C(\pi_{i-1}, 1) + t_{\pi_i, 1}, \quad i = 2, \cdots, n \tag{7.2}$$

第一个工件 $\pi_1$ 总是要在机器 $M_{j-1}$ 上加工完成后再到 $M_j$ 上加工：

$$C(\pi_1, j) = C(\pi_1, j-1) + t_{\pi_1, j}, \quad j = 2, \cdots, m \tag{7.3}$$

而后续每个工件 $\pi_i$ 要在机器 $M_j$ 上开始加工，必须满足两个条件：一是 $\pi_i$ 已在前一台机器 $M_{j-1}$ 上加工完成，二是前一个工件 $\pi_{i-1}$ 已在 $M_{j-1}$ 上加工完成。因此有

$$C(\pi_i, j) = \max\{C(\pi_{i-1}, j), C(\pi_i, j-1)\} + t_{\pi_i, j}, \quad i = 2, \cdots, n; j = 2, \cdots, m \tag{7.4}$$

故最大完成时间（即最后一个工件完成加工的时间）为

$$C_{\max}(\boldsymbol{\pi}) = C(\pi_n, m) \tag{7.5}$$

问题的目标是在所有的加工排列(记为 $\Pi$ )中寻找到一个最佳的加工序列 $\boldsymbol{\pi}^*$ ,使得最大完成时间最小:

$$C_{\max}(\boldsymbol{\pi}^*) = \min_{\pi \in \Pi} C_{\max}(\boldsymbol{\pi}) \tag{7.6}$$

可见该问题解空间的形式和 TSP 相同,都是要确定一个最佳序列,但该问题的目标函数比 TSP 要复杂得多,因此算法的搜索能力显得更为重要。

一般的 FSP 模型只要求每个解是 $n$ 个工件的一个序列。但有时候问题还会有附加的约束,即对每个工件 $\pi_i$ 有一个约定的交货期,记为 $d(\pi_i)$ ,而 $\pi_i$ 的实际交货期是 $C(\pi_i, m)$ ,则相应的约束可定义为

$$C(\pi_i, m) \leqslant d(\pi_i), \quad i = 1, 2, \cdots, n \tag{7.7}$$

采用惩罚函数法,问题要优化的目标函数变为

$$f(\boldsymbol{\pi}) = \min\Big( C_{\max}(\boldsymbol{\pi}) + M \sum_{i=1}^{n} \max(C(\pi_i, m) - d(\pi_i), 0) \Big) \tag{7.8}$$

业已证明,当机器数量达到 3 或 3 以上时,FSP 就是一个 NP 难题[2]。实际应用中工件和机器的数量往往较大,采用传统调度方法不可避免地面临"组合爆炸"的问题,因此近 20 年来使用启发式算法求解 FSP 成为了一个重要的研究方向。

### 7.1.2　求解问题的 BBO 算法

#### 1. 编码与种群初始化

应用启发式算法求解 FSP,首先要解决的就是解的编码问题。如果直接采用工件序号排列的编码方式,需要设计专门的启发式操作,这方面已有很多人作了研究[3,4]。文献[5]中提出了另一种策略,即将问题的解编码作为一个实数向量,向量中各个分量之间没有直接相关性,这样各种启发式算法中的原有操作就可以直接应用。该策略采用一种基于最大排名值(largest ranked value,LRV)的方法来将实数向量解码为工件的排列,即将解向量中具有最大值的那个分量作为加工序列中的第一个元素,具有第二大值的分量作为第二个元素,依次类推。

例如,对于一个长度为 6 的解向量 $[0.72, 0.65, 0.33, 0.95, 0.23, 0.83]$ ,其中的最大值是 0.95,故将对应的第 4 维排在加工序列中的第一位;第二大值是 0.83,故将对应的第 6 维排在第二位;依次类推,最终得到加工序列 $\boldsymbol{\pi} = [3, 4, 5, 1, 6, 2]$ 。

这样,BBO 算法[6]就能够直接用于 FSP 的求解。但是,像 GA、BBO 这样的智能优化算法主要强调算法的通用性,因此无法很好地利用问题的一些具体性质。而求解 FSP 的很多传统算法对该问题的性质进行了较好的发掘,NEH 算法[7]就是这些传统算法中较典型的一个,它使用一种贪心策略来构造问题的解,构造过程如算法 7.1 所示。

**算法 7.1　NEH 算法**

步骤 1　计算每个工件在所有机器上的处理时间之和,并按该时间和由小到大对工件进行排序。

步骤 2　令 $k=2$,取排序后的前两个工件,安排它们的加工顺序 $\boldsymbol{\pi}$,使得这两个工件的最大完成时间最小。

步骤 3　令 $k=k+1$,取排序后的下一个(即第 $k$ 个)工件,分别尝试将其插入 $\boldsymbol{\pi}$ 的 $k$ 个位置并计算最大完成时间,取使得这 $k$ 个工件的最大完成时间最小的一个位置插入 $\boldsymbol{\pi}$ 中。

步骤 4　如果 $k=n$,返回长度为 $n$ 的排列结果;否则,转算法步骤 3。

---

NEH 算法并不保证求得最优解。实验表明,NEH 算法在一些小规模 FSP 实例上求得的解的性能较好,但在大规模实例上的表现往往很差。尽管如此,NEH 算法求得的解中往往也包含有用信息,对提高其他算法的求解效率很有帮助。

对于 FSP 这样的问题,将智能优化算法与传统算法相结合,往往能够起到很好的效果[3]。在使用 BBO 算法求解 FSP 时,采用的策略是先使用 NEH 算法生成一个初始解,再将其加入 BBO 的初始种群,以使该解中的信息在后续进化中发挥作用。对于 NEH 算法产生的工件序列 $\boldsymbol{\pi}$,这里按式(7.9)将其每个分量 $\pi_i$ 转换为一个实数 $x_i$,从而得到一个实数向量 $\boldsymbol{x}$:

$$x_i = \frac{1}{n}(i-1), \quad i=1,2,\cdots,n \tag{7.9}$$

**2. 变异操作**

采用基于 LRV 规则的实数编码时,如果直接采用原始 BBO 算法的变异操作,就是随机改变某一个实数分量的值,这相当于随机改变其对应工件的位置,这种变异方式在提高解的多样性方面效果有限。为此,我们增加以下两种变异方式。

(1)随机选取解的两个分量,交换它们的位置,这相当于交换对应工件的位置。

(2)随机选取解向量中的一个子序列,对其进行逆序排列,这相当于把对应的工件子序列进行逆序排列。

将这三种变异操作分别称为一般变异、交换变异和逆序变异。

**3. 增强局部搜索**

很多启发式算法的研究表明,通过局部搜索来改进种群中的最优解,往往能够给种群进化带来很大的帮助[8,9]。对于 FSP,设计了一种基于最长等待工件(the job with longest waiting time,JLWT)重插入的局部搜索策略[10]。工件 $\pi_i$ 在机器

$M_j$ 上的等待时间 $\tau_{ij}$ 为

$$\tau_{ij} = \max(C(\pi_{i-1}, j) - C(\pi_i, j-1), 0) \tag{7.10}$$

工件 $\pi_i$ 在所有机器上的总等待时间 $T_{ij}$ 为

$$T_{ij} = \sum_{j=2}^{m} \tau_{ij} \tag{7.11}$$

基于 JLWT 重插入的局部搜索策略就是将序列 $\pi$ 中的具有最大总等待时间的工件取出,分别尝试将其插入序列中的另外 $(n-1)$ 个位置,如果其中最佳的重插入结果优于当前序列,则将当前序列替换为最佳的重插入序列。

4. 算法框架

算法 7.2 给出了设计的求解 FSP 的 BBO 算法框架。

---

**算法 7.2    求解流水线调度问题的 HBBO 算法**

步骤 1    随机生成算法的初始种群,其中包含 NEH 算法生成的一个解 $x$。

步骤 2    基于 LRV 规则,将每个解解码为加工序列,并计算其适应度。

步骤 3    如果找到新的最优解,更新当前已找到的最优解,并对其应用基于 JLWT 重插入的局部搜索。

步骤 4    如果终止条件满足,返回当前已找到的最优解。

步骤 5    基于每个解的适应度,计算其迁入率、迁出率和变异率。

步骤 6    对种群中的每个解,应用 BBO 算法的迁移操作。

步骤 7    对种群中的每个解,应用 BBO 算法的变异操作。

步骤 8    转步骤 2。

---

我们分别应用原始 BBO 算法[6]、采用混合迁移操作的 B-BBO 算法[11]、采用随机邻域结构的 Local-DE/BBO(简写为 LDB)算法[12]以及 EBO 算法[13]来实现上述算法框架。下面对这些算法进行性能测试。

## 7.1.3    算法性能实验

这里从文献[14]中提供的 FSP 测试集中选取 7 个问题实例,它们的规模各不相同,但工件数 $n$ 都不小于 20,属于较困难的 FSP 实例。表 7-1 的前 3 列分别给出了这些实例的编号、规模和已知最优解 $C^*$。

除了上述四种 BBO 算法版本外,还与以下三种流行算法进行了比较。

(1)文献[5]中的另一种混合 BBO 算法,记为 HBBO。

(2)文献[9]中的 PSO+文化基因算法,记为 PSOMA。

(3)文献[15]中的混合 DE 算法,记为 HDE。

各种 BBO 算法采用统一的参数设置：种群大小 $N=50$，最大迁移率 $I=E=1$，变异率为 0.06，三种变异方式具有相同的执行概率。HBBO、PSOMA 和 HDE 算法均采用其原始文献中的建议设置。

在每个测试问题实例上，每种算法随机独立运行 30 次，算法的终止条件均为目标函数估值次数达到 100000 次。记录每种算法在 30 次运行中得到的最佳值 $C_{\text{best}}$、最差值 $C_{\text{worst}}$ 以及平均值 $C_{\text{avg}}$。为提高展示的直观性，将上述结果规范化为如下的 3 个评价指标。

（1）BRE：与 $C^*$ 的最佳相对误差。

$$\text{BRE} = \frac{C_{\text{best}} - C^*}{C^*} \times 100\% \tag{7.12}$$

（2）ARE：与 $C^*$ 的平均相对误差。

$$\text{ARE} = \frac{C_{\text{avg}} - C^*}{C^*} \times 100\% \tag{7.13}$$

（3）WRE：与 $C^*$ 的最差相对误差。

$$\text{WRE} = \frac{C_{\text{worst}} - C^*}{C^*} \times 100\% \tag{7.14}$$

表 7-1 给出了七种算法在测试问题实例上的实验结果（三种比较算法的结果取自文献[5]，缺少数据部分以"—"标注）。

表 7-1　七种算法在 FSP 测试问题实例上的实验结果

| 问题 | $n \times m$ | $C^*$ | 度量 | PSOMA | HDE | BBO | HBBO | B-BBO | LDB | EBO |
|---|---|---|---|---|---|---|---|---|---|---|
| | | | BRE | 0 | 0 | 0 | 0 | 0 | 0 | 0 |
| Rec01 | 20×5 | 1247 | ARE | 0.144 | 0.152 | 0.031 | 0.016 | 0 | 0 | 0 |
| | | | WRE | 0.160 | — | 0.052 | 0.160 | 0 | 0 | 0 |
| | | | BRE | 0 | 0 | 0 | 0 | 0 | 0 | 0 |
| Rec07 | 20×10 | 1566 | ARE | 0.986 | 0.920 | 0.731 | 0 | 0.322 | 0.125 | 0 |
| | | | WRE | 1.149 | — | 0.980 | 0 | 0.859 | 0.813 | 0 |
| | | | BRE | 0.259 | 0.259 | 0 | 0 | 0 | 0 | 0 |
| Rec13 | 20×15 | 1930 | ARE | 0.893 | 0.705 | 0.509 | 0.238 | 0.196 | 0.167 | 0 |
| | | | WRE | 1.502 | — | 1.502 | 0.985 | 1.263 | 0.985 | 0 |
| | | | BRE | 0.430 | 0.287 | 0.287 | 0.287 | 0 | 0 | 0 |
| Rec19 | 30×10 | 2093 | ARE | 1.313 | 0.908 | 0.926 | 0.401 | 0.381 | 0.275 | 0.126 |
| | | | WRE | 2.102 | — | 1.753 | 0.860 | 0.860 | 0.860 | 0.287 |
| | | | BRE | 0.835 | 0.676 | 0 | 0 | 0 | 0 | 0 |
| Rec25 | 30×15 | 2513 | ARE | 2.085 | 1.429 | 0.733 | 0.541 | 0.480 | 0.318 | 0.133 |
| | | | WRE | 3.233 | 3.233 | 1.154 | 1.154 | 1.154 | 0.676 | 0.541 |

续表

| 问题 | $n \times m$ | $C^*$ | 度量 | PSOMA | HDE | BBO | HBBO | B-BBO | LDB | EBO |
|------|------|------|------|------|------|------|------|------|------|------|
| | | | BRE | 1.51 | 0.427 | 0.427 | 0.263 | 0.263 | 0 | 0 |
| Rec31 | 50×10 | 3045 | ARE | 2.254 | 1.192 | 1.035 | 0.450 | 0.399 | 0.287 | 0.163 |
| | | | WRE | 2.692 | — | 1.51 | 1.149 | 1.149 | 0.427 | 0.263 |
| | | | BRE | 2.101 | 1.697 | 1.697 | 1.353 | 1.353 | 1.133 | 1.133 |
| Rec37 | 75×20 | 4951 | ARE | 3.537 | 2.632 | 2.367 | 1.759 | 1.653 | 1.517 | 1.368 |
| | | | WRE | 4.039 | — | 3.860 | 2.262 | 2.101 | 2.101 | 1.697 |

从实验结果中可以看出,各种 BBO 算法的结果均优于 PSOMA 和 HDE 算法,这说明了 BBO 启发式策略在 FSP 上的有效性。在设计的 4 个 BBO 版本中,只有原始 BBO 算法性能差于 HBBO 算法,其余 3 个版本的性能均优于 HBBO 算法。这说明所设计的变异策略和局部搜索策略是有效的,但原始 BBO 算法的克隆迁移操作限制了种群的多样性,因此在复杂问题上的表现不是很好。

在所有七种算法中,EBO 算法的总体性能最佳。特别地,B-BBO、LDB 和 EBO 算法在前 5 个 FSP 实例上均能够达到最佳完成时间(BRE 值为 0),而 LDB 和 EBO 算法在前 6 个实例上均能做到这一点。这表明,即使在较大规模的问题实例上,我们所设计的变异操作也能够有效提高种群的多样性,从而促使算法充分探索整个解空间;而所设计的局部搜索策略能够在最优点附近进行细致的开发,从而达到最优点。

## 7.2　基于 BBO 的车间作业调度

### 7.2.1　车间作业调度问题

车间作业调度问题(job-shop scheduling problem,JSP)也是一个在工业生产等领域常见的调度问题。和 FSP 类似,它考虑 $n$ 个作业在 $m$ 台机器上的执行问题,其中每个作业有 $m$ 道工序,需要分别在这 $m$ 台机器上执行。但和 FSP 不同,JSP 中不同作业的工序可以各不相同。例如,在一个货船装卸车间中,到达的货船要依次执行吊箱、开箱、卸货和封箱的工序,而出发的货船要依次执行开箱、装货、封箱和吊箱的工序(假定装卸货使用的是同一台机器)。

因此,JSP 的输入除了作业集合 $\{J_1, J_2, \cdots, J_n\}$、机器集合 $\{M_1, M_2, \cdots, M_m\}$、作业-机器的执行时间矩阵 $\boldsymbol{T}_{(n \times m)}$ 外,还包含一个作业-机器的执行顺序矩阵 $\boldsymbol{S}_{(n \times m)}$,其中每个元素 $s_{ij}$ 表示作业 $J_i$ 在第 $j$ 步工序要使用的机器编号。此外,JSP 的执行时间矩阵 $\boldsymbol{T}_{(n \times m)}$ 中的每个元素 $t_{ij}$ 通常表示的是作业 $J_i$ 的第 $j$ 步工序的执

行时间(而非 $J_i$ 在机器 $M_j$ 上的执行时间)。

　　JSP 的目的就是要确定一个调度方案,即为每台机器确定各个作业的执行顺序,使得所有作业的最大完成时间 $C_{max}$ 最短。这样,问题的决策变量可以表示为一个 $m×n$ 型的矩阵 $X$,其每个元素 $x_{jk}$ 表示机器 $j$ 在第 $k$ 步要执行的作业编号。

　　考虑一个包含 4 个作业和 3 台机器的 JSP 实例,设其执行顺序矩阵 $S$ 和执行时间矩阵 $T$ 分别为

$$S = \begin{bmatrix} 1 & 2 & 3 \\ 1 & 3 & 2 \\ 2 & 1 & 3 \\ 3 & 2 & 1 \end{bmatrix}$$

$$T = \begin{bmatrix} 2 & 2 & 5 \\ 2 & 3 & 5 \\ 3 & 5 & 3 \\ 3 & 6 & 6 \end{bmatrix}$$

该问题实例的每个调度方案就是一个 $3×4$ 的矩阵。若采用如下的调度方案:

$$X = \begin{bmatrix} 1 & 2 & 3 & 4 \\ 1 & 3 & 4 & 2 \\ 4 & 1 & 2 & 3 \end{bmatrix}$$

对应的调度过程如图 7-2 所示,此时的最大完成时间为 19。

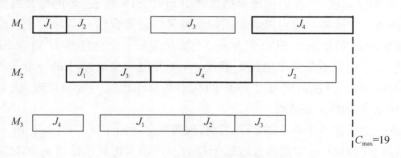

图 7-2　一个车间作业调度问题示例

　　令 $C(j,k)$ 表示机器 $M_j$ 上第 $k$ 步操作的加工完成时间,对应的作业编号记为 $i = x_{j,k}$;再令 $p$ 为 $M_j$ 在 $J_i$ 工序中的位置,当 $k=1$ 且 $p=1$ 时 $J_i$ 在 $M_j$ 上最早执行,而当 $k=1$ 且 $p>1$ 时 $J_i$ 要等前 $p-1$ 工序都完成后才能在 $M_j$ 上执行:

$$C(j,1) = \begin{cases} t_{i,1}, & p = 1 \\ C(s_{i,p-1}, i) + t_{i,p}, & p \neq 1 \end{cases} \quad j = 1, 2, \cdots, m \quad (7.15)$$

当 $k>1$ 时,该作业还要等 $M_j$ 上的前 $k-1$ 步都完成之后才能执行,因此有

$$C(j,k) = \begin{cases} C(j,k-1) + t_{i,p}, & p = 1 \\ \max(C(j,k-1), C(s_{i,p-1},i)) + t_{i,p}, & p \neq 1 \end{cases} \quad (7.16)$$

$$j = 1,2,\cdots,m; k = 2,3,\cdots,n$$

故最大完成时间为

$$C_{\max}(X) = \min_{1 \leqslant j \leqslant m} C(j,n) \quad (7.17)$$

问题的目标是在所有的调度方案(记为 $\Pi$)中寻找到一个最佳的 $X^*$,使得最大完成时间最小:

$$C_{\max}(X^*) = \min_{X \in \Pi} C_{\max}(X) \quad (7.18)$$

对于一个包含 $n$ 个作业和 $m$ 台机器的问题,FSP 所有可能解的个数是 $n!$,而 JSP 所有可能解的个数是 $m \times n!$。可见,JSP 的搜索空间和求解难度都远大于 FSP[16]。

### 7.2.2　求解问题的 BBMO 算法

我们设计了一个求解 JSP 的 BBO 文化基因算法(简记为 BBMO),下面介绍该算法的主要内容。

#### 1. 迁移操作

JSP 的决策变量是一个 $m \times n$ 型的矩阵,也可以看成是一个 $m \times n$ 维的向量。不过在 BBMO 算法中,我们视每个栖息地由 $m$ 个 SIV 组成,即把每台机器上的作业调度视为一个整体。每台机器上的调度都是作业集合 $\{J_1, J_2, \cdots, J_n\}$ 的一个排列;设栖息地 $H$ 的第 $j$ 个 SIV(记为 $\pi_j$)上要接受另一个栖息地 $H'$ 对应 SIV(记为 $\pi_j'$)的迁入,这里并不是简单地用 $\pi_j'$ 替换 $\pi_j$,而是随机选取 $\pi_j'$ 中的一个子段来替换 $\pi_j$ 中的对应子段,替换的同时对 $\pi_j$ 中的其余部分作相应的置换处理,使得迁移后 $\pi_j$ 仍是作业集合的一个排列。

考虑一个包含 6 个作业的 JSP 实例,现要从 $\pi_j = [1,3,5,6,4,2]$ 向 $\pi_j' = [1,2,3,4,5,6]$ 迁移,设 $\pi_j'$ 中随机选取的子段为 $[3,5,6]$,将其迁移到 $\pi_j$ 的对应子段中去,其操作步骤描述如下。

(1) 用子段的第一个元素 3 替换 $\pi_j$ 中对应的 2,并将 $\pi_j$ 中原有的 3 改为 2。

(2) 用子段的第二个元素 5 替换 $\pi_j$ 中对应的 2,并将 $\pi_j$ 中原有的 5 改为 2。

(3) 用子段的第三个元素 6 替换 $\pi_j$ 中对应的 4,并将 $\pi_j$ 中原有的 6 改为 4。

这样迁移后 $\pi_j' = [1,3,5,6,2,4]$,上述过程如图 7-3 所示。因为迁出栖息地的适应度通常较高,其中的作业序列通常也更为合理,这种迁移操作能够把迁出栖息地中的序列信息分享给迁入栖息地,从而逐渐提高整个种群的质量。

算法过程 7.1 描述了 BBMO 算法的迁移操作。

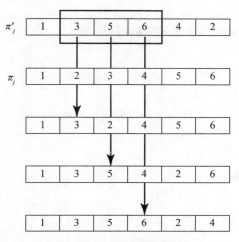

图 7-3　BBMO 中的迁移操作示例

---

**算法过程 7.1　BBMO 算法的迁移操作**

1. **for** $j=1$ **to** $m$ **do**

2. 　　**if** rand()$< \lambda_i$ **then**

3. 　　　　Select another $H_j$ from the population with a probability in propor-
　　　　tional to $\mu_j$；

4. 　　　　**let** $p_1=$rand$(1,n/2)$，$p_2=$rand$(p_1+1,n)$；//选择从 $p_1$ 到 $p_2$ 的子序列

5. 　　　　**for** $p = p_1$ to $p_2$ **do**

6. 　　　　　　**let** $p'=$Indexof$(\pi'_j,\pi_j(p))$；//取 $\pi_j(p)$ 在 $\pi'_j$ 中的索引位置

7. 　　　　　　$\pi'_j(p') \leftarrow \pi'_j(p)$；

8. 　　　　　　$\pi'_j(p) \leftarrow \pi_j(p)$；

9. 　　　　**end for**

10. 　　**end if**

11. **end for**

---

在对栖息地 $H$ 的 $m$ 个 SIV 都进行迁移操作后,算法对迁移后的新解进行评估,如果其适应度高于 $H$,则用其在种群中替换 $H$,否则保留 $H$。

2. 变异操作

BBMO 算法的变异操作也是一次以一个 SIV(即一台机器上的作业序列)为单位进行,其操作方式相对简单,随机选取序列中的两个作业并交换其顺序即可。算法过程 7.2 描述了 BBMO 算法的变异操作。

**算法过程 7.2　　BBMO 算法的变异操作**

1. **for** $j=1$ to $m$ **do**
2. 　　**if** rand()$<\pi_i$ **then**
3. 　　　　**let** $p_1=$rand$(1,n)$；
4. 　　　　**let** $p_2=$**if** $p_1<n$ **then** rand$(p_1+1,n)$**else** rand$(1,n-1)$；
5. 　　　　**let** tmp $=\pi'_j(p_1)$；
6. 　　　　$\pi'_j(p_1)\leftarrow\pi'_j(p_2)$；
7. 　　　　$\pi'_j(p_2)\leftarrow$tmp；
8. 　　**end if**
9. **end for**

　　由于变异操作只对少数适应度较低的解执行,因此变异操作得到的新解总是在种群中替换原有的解。

　　3. 邻域搜索策略

　　在 BBMO 算法中,每次通过迁移或变异找到一个新的当前最优解 $H_{best}$ 后,算法还在当前解附近进行邻域搜索,以提高算法的局部开发能力,这也是它被称为"BBO 文化基因"算法的原因[17]。对于 JSP 这样的组合优化问题,设计邻域搜索的关键在于邻域结构的选择,这里选择基于"关键路径块"的邻域结构[18]。

　　这里涉及以下几个定义。

　　关键路径:从起点到终点的最长路径,其长度就是 $C_{max}$。

　　关键工序:位于关键路径上的工序。

　　关键块:同一机器上连续的关键工序组成的最大序列。

　　例如,在图 7-2 中,边框加粗的工序就是关键工序,从起点到终点的 5 个关键工序组成了关键路径。$J_1$ 和 $J_4$ 分别是机器 $M_1$ 上的 2 个关键块,$J_1$、$J_3$ 和 $J_4$ 构成了 $M_2$ 上的关键块,$M_3$ 上没有关键块。

　　关键块有两个性质能够为搜索提供很好的帮助[18]。

　　(1)交换关键块上的任意两个作业,不影响调度的可行性。

　　(2)对于一个关键块,如果块首工序和块尾工序不变,仅交换块内的工序,不会减少最大完成时间。

　　因此,对 JSP 的解的邻域搜索可以通过交换关键块上的作业来进行,而且交换的方式可以限定为以下三种之一。

　　(1)交换块首工序和块尾工序[19]。

　　(2)将块内工序移到块首之前或块尾之后[20]。

(3) 将块首工序或块尾工序移到块内[21]。

例如,对于图 7-2 中机器 $M_2$ 上的关键块,通过将块内工序 $J_3$ 移到块首 $J_1$ 之前,得到的调度结果如图 7-4 所示,它成功地减少了 $C_{max}$ 的值。

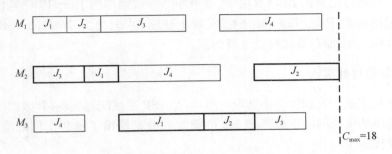

图 7-4　对图 7-2 中的关键路径块进行工序交换

经实验验证,后两种交换方式的效果更好,因此 BBMO 算法的邻域搜索操作每次在后两种方式中随机选取一种,而后搜索其所有邻域解;如果其中最优的邻域解优于当前最优解,则用其替换当前最优解。

设关键路径上包含 $B$ 个关键块,每个块的平均长度为 $L$,则邻域搜索产生的解的数量为 $2B(L-2)$,略小于关键工序的总数。

4. 算法框架

算法 7.3 给出了求解 JSP 问题的 BBMO 算法的基本框架。

**算法 7.3　求解车间作业调度问题的 BBMO 算法**

步骤 1　随机初始化一个栖息地种群,计算其中每个解的适应度。

步骤 2　记录当前最优解,并对其进行邻域搜索操作。

步骤 3　基于适应度计算每个解的迁入率和迁出率。

步骤 4　对种群中的每个解 $H$ 依次执行如下操作:

步骤 4.1　按算法过程 7.1 进行迁移操作。

步骤 4.2　计算迁移后的解的适应度,如果其值高于 $H$,则替换种群中的 $H$。

步骤 4.3　如果迁移后的解是一个新的当前最优解,则对其进行邻域搜索操作。

步骤 5　对种群中的排名后 50% 的每个解 $H$ 依次执行如下操作:

步骤 5.1　按算法过程 7.2 进行变异操作。

步骤 5.2　计算变异后的解的适应度,如果其值高于 $H$,则替换种群中的 $H$。

步骤 5.3　如果变异后的解是一个新的当前最优解,则对其进行邻域搜索操作。

步骤 6　如果终止条件满足,返回当前已找到的最优解,算法结束;否则转步骤 3。

我们分别应用原始 BBO 算法[6]、基于环形邻域结构的 Ring-BBO 算法和基于随机邻域结构的 Rand-BBO 算法[12]实现上述框架,记为 BBMO、Ring-BBMO 和 Rand-BBMO。下面对算法性能进行测试。

### 7.2.3　算法性能实验

这里从文献[22]和[23]中选取一组 40 个 JSP 测试问题实例,其数据可以从文献[24]给出的资源网站下载。表 7-2 的前 3 列分别给出了这些实例的编号、规模和已知最优解 $C^*$。

除了上述三种 BBMO 算法外,还选取了以下四种先进算法进行比较。

(1)一种 GA 与局部搜索相结合的算法(HGA)[25]。

(2)一种 PSO 与 AIS 相结合的混合算法(HPA)[26]。

(3)一种集成了 SA 和局部搜索的 PSO 算法(MPSO)[27]。

(4)一种集成了最优学习策略的 ABC 算法[28]。

各种 BBMO 算法采用统一的参数设置,种群大小 $N$ 为 $2mn$,最大迁移率 $I=E=1$,变异率为 0.02。另外,三种比较算法均采用其原始文献中的建议设置。算法的终止条件设为迭代次数达到 1000 次。

在每个问题实例上,每种算法随机独立运行 20 次。为提高展示的直观性,使用算法求得结果与 $C^*$ 的最佳相对误差(%)作为评价指标。表 7-2 给出了七种算法在测试问题实例上的实验结果(部分比较算法的结果取自原始文献)。

**表 7-2　七种算法在 JSP 测试问题实例上的实验结果**

| 问题 | $n \times m$ | $C^*$ | HGA | HPA | MPSO | ABC | BBMO | Ring-BBMO | Rand-BBMO |
|------|------|------|------|------|------|------|------|------|------|
| LA01 | 10×5 | 666 | 0 | 0 | 0 | 0 | 0 | 0 | 0 |
| LA02 | 10×5 | 655 | 0 | 0 | 0 | 0 | 0 | 0 | 0 |
| LA03 | 10×5 | 597 | 0 | 0 | 0 | 0 | 0 | 0 | 0 |
| LA04 | 10×5 | 590 | 0 | 0 | 0 | 0 | 0 | 0 | 0 |
| LA05 | 10×5 | 593 | 0 | 0 | 0 | 0 | 0 | 0 | 0 |
| LA06 | 15×5 | 926 | 0 | 0 | 0 | 0 | 0 | 0 | 0 |
| LA07 | 15×5 | 890 | 0 | 0 | 0 | 0 | 0 | 0 | 0 |
| LA08 | 15×5 | 863 | 0 | 0 | 0 | 0 | 0 | 0 | 0 |
| LA09 | 15×5 | 951 | 0 | 0 | 0 | 0 | 0 | 0 | 0 |

续表

| 问题 | $n \times m$ | $C^*$ | HGA | HPA | MPSO | ABC | BBMO | Ring-BBMO | Rand-BBMO |
|------|------|------|------|------|------|------|------|------|------|
| LA10 | 15×5 | 958 | 0 | 0 | 0 | 0 | 0 | 0 | 0 |
| LA11 | 20×5 | 1222 | 0 | 0 | 0 | 0 | 0 | 0 | 0 |
| LA12 | 20×5 | 1039 | 0 | 0 | 0 | 0 | 0 | 0 | 0 |
| LA13 | 20×5 | 1150 | 0 | 0 | 0 | 0 | 0 | 0 | 0 |
| LA14 | 20×5 | 1292 | 0 | 0 | 0 | 0 | 0 | 0 | 0 |
| LA15 | 20×5 | 1207 | 0 | 0 | 0 | 0 | 0 | 0 | 0 |
| LA16 | 10×10 | 945 | 0 | 0 | 0 | 0 | 0 | 0 | 0 |
| LA17 | 10×10 | 784 | 0 | 0 | 0 | 0 | 0 | 0 | 0 |
| LA18 | 10×10 | 848 | 0 | 0 | 0 | 0 | 0 | 0 | 0 |
| LA19 | 10×10 | 842 | 0 | 0 | 0 | 0 | 0 | 0 | 0 |
| LA20 | 10×10 | 902 | 0.554 | 0 | 0 | 0 | 0 | 0 | 0 |
| LA21 | 15×10 | 1046 | 0 | 0 | 0 | 0 | 0 | 0 | 0 |
| LA22 | 15×10 | 927 | 0.863 | 0.539 | 0.539 | 0 | 0.863 | 0 | 0 |
| LA23 | 15×10 | 1032 | 0 | 0 | 0 | 0 | 0 | 0 | 0 |
| LA24 | 15×10 | 935 | 1.925 | 0.642 | 1.604 | 0 | 1.604 | 0 | 0 |
| LA25 | 15×10 | 977 | 0.921 | 0 | 0.205 | 0 | 0 | 0 | 0 |
| LA26 | 20×10 | 1218 | 0 | 0 | 0 | 0 | 0 | 0 | 0 |
| LA27 | 20×10 | 1235 | 1.700 | 0.324 | 1.700 | 0 | 0 | 0 | 0 |
| LA28 | 20×10 | 1216 | 1.316 | 0 | 0.905 | 0 | 0 | 0 | 0 |
| LA29 | 20×10 | 1152 | 3.819 | 1.823 | 2.778 | 1.042 | 1.823 | 1.042 | 0 |
| LA30 | 20×10 | 1355 | 0 | 0 | 0 | 0 | 0 | 0 | 0 |
| LA31 | 30×10 | 1784 | 0 | 0 | 0 | 0 | 0 | 0 | 0 |
| LA32 | 30×10 | 1850 | 0 | 0 | 0 | 0 | 0 | 0 | 0 |
| LA33 | 30×10 | 1719 | 0 | 0 | 0 | 0 | 0 | 0 | 0 |
| LA34 | 30×10 | 1721 | 0 | 0 | 0 | 0 | 0 | 0 | 0 |
| LA35 | 30×10 | 1888 | 0 | 0 | 0 | 0 | 0 | 0 | 0 |
| LA36 | 15×15 | 1268 | 0.868 | 0.789 | 1.025 | 0 | 0.868 | 0.789 | 0.789 |
| LA37 | 15×15 | 1397 | 0.787 | 1.002 | 1.288 | 0 | 1.002 | 0 | 0 |
| LA38 | 15×15 | 1196 | 1.923 | 1.003 | 1.421 | 0 | 1.003 | 1.003 | 0 |
| LA39 | 15×15 | 1233 | 1.054 | 0 | 1.054 | 0 | 0 | 0 | 0 |
| LA40 | 15×15 | 1222 | 1.555 | 0.245 | 1.473 | 0.164 | 0.245 | 0.245 | 0.245 |
| | 平均值 | | 0.432 | 0.159 | 0.350 | 0.030 | 0.193 | 0.077 | 0.026 |

从实验结果中可以看出,相比其他四种先进算法,BBMO 算法表现出了极具竞争力的性能。在七种算法中,从平均 BRE 值来看,BBMO、Ring-BBMO 和 Rand-BBMO 算法分别排名第五、第三和第一;而从取得已知最优解(误差值为 0)的问题实例个数来看,基本的 BBMO 算法为 33,Ring-BBMO 算法为 36,两者均优于 HGA、HIA 和 MPSO 算法;Rand-BBMO 和 ABC 算法在 38 个实例上取得了已知最优解,而 Rand-BBMO 算法的平均 BRE 值小于 ABC 算法。综合看来,在这 40 个 JSP 实例上,Rand-BBMO 算法表现出了最好的求解性能。

比较三种 BBMO 算法,Ring-BBMO 和 Rand-BBMO 算法的性能明显高于基本 BBMO 算法,这说明它们使用的种群邻域结构能够有效地避免过早陷入局部最优。Rand-BBMO 算法的性能略高于 Ring-BBMO 算法,而且在问题 LA29 和 LA38 上取得了 Ring-BBMO 算法未达到的已知最优解,这说明动态变化的随机邻域结构也能够在一定程度上提高算法的搜索能力,避免局部最优。

## 7.3 基于 BBO 的维修作业分配与调度

### 7.3.1 维修作业分配-调度问题

#### 1. 问题描述

本节考虑一个作业分配与调度集成在一起的优化问题,它需要将一组不同的维修作业分配给若干个维修团队,并为每个维修团队调度分配维修作业,使得这些维修作业能够被高效地完成。和前面的 FSP 及 JSP 相比,这里的维修作业分配-调度问题还需要处理以下几方面的问题。

(1)要同时兼顾分配和调度两个方面。

(2)不同的维修作业常常分布在不同的位置,因此不仅要考虑维修时间,还要考虑维修团队在这些位置之间的移动(交通)时间。

(3)由于各种不确定因素的存在,维修时间和移动时间一般难以精确估算[29],这里采用模糊数的表示形式。

(4)维修团队不像机器那样能够无限制地工作,因此还要考虑其休息(恢复)时间。

(5)不同维修作业的重要性各不相同,通常采用专家评估法确定其权重,但不同专家的评估标准也往往各不相同。

下面给出该问题的形式化描述[30]。问题包括以下几个输入变量。

$n$:维修作业的数量。

$m$:维修团队的数量。

$\tilde{t}_{ij}$：维修团队 $i$ 完成维修作业 $j$ 所需的时间（$1 \leqslant i \leqslant m, 1 \leqslant j \leqslant n$）。

$\vec{t}_j^i$：从维修团队 $i$ 的当前所在地移动到作业 $j$ 所在地所需的时间（$1 \leqslant i \leqslant m$，$1 \leqslant j \leqslant n$）。

$\vec{t}_{jj'}^i$：维修团队 $i$ 从作业 $j$ 所在地移动到另一作业 $j'$ 所在地所需的时间（$1 \leqslant i \leqslant m, 1 \leqslant j \leqslant n, 1 \leqslant j' \leqslant n$）。

$\bar{t}_i$：维修团队 $i$ 出发之前所需的准备时间（$1 \leqslant i \leqslant m$）。

$\Delta T_i^u$：维修团队 $i$ 能够连续工作的时间上限（$1 \leqslant i \leqslant m$）。

$\hat{t}_i$：维修团队达到连续工作时间上限后需要的恢复时间（$1 \leqslant i \leqslant m$）。

$K$：评估专家的数量。

$w_k = [w_{k1}, \cdots, w_{kj}, \cdots, w_{kn}]$：专家 $k$ 对 $n$ 个作业的权重打分（$1 \leqslant k \leqslant K$）。

在上述变量中，$\tilde{t}_{ij}$、$\vec{t}_j^i$、$\vec{t}_{jj'}^i$ 通常都以模糊数的形式给定，具体的形式可以是区间模糊数或三角模糊数。

该问题是要将 $n$ 个维修作业分配给 $m$ 个维修团队，并为每个维修团队 $i$ 确定执行任务的顺序 $\pi_i$。这样，问题的每个解都是一个包含 $m$ 个子序列的组合 $\boldsymbol{\pi} = \{\pi_1, \cdots, \pi_i, \cdots, \pi_m\}$。

记 $\text{Set}(\pi_i)$ 为序列 $\pi_i$ 中的元素所组成的集合，则每个解都需要满足的基本约束是

$$\bigcup_{i=1}^{m} \text{Set}(\pi_i) = \{1, 2, \cdots, n\} \tag{7.19}$$

确定了决策变量 $\boldsymbol{\pi}$ 后，再基于上述六类时间就可以得到每个作业 $j$ 的预期完成时间，这里记为 $\tau_j$。如果能够得到每个 $\tau_j$ 的精确值，且能够确定每个作业的最终权重 $w_j$，则问题的目标函数可定义为使得所有作业的加权完成时间之和最小：

$$\min f = \sum_{j=1}^{n} w_j \tau_j \tag{7.20}$$

这里的输入时间有很多是模糊数，针对复杂问题实例时不同专家的权重评估可能存在冲突。下面介绍针对该问题所使用的模糊化处理方法和多专家权重聚合方法。

**2. 模糊处理方法**

这里采用文献[23]中的期望模型来处理模糊数。给定一个模糊数 $\tilde{\xi}$，其期望值 $E(\tilde{\xi})$、$\alpha$ 乐观值 $O_\alpha(\tilde{\xi})$ 和 $\alpha$ 悲观值 $P_\alpha(\tilde{\xi})$ 分别按照下面的公式进行计算：

$$E(\tilde{\xi}) = \int_0^\infty \text{Cr}\{\tilde{\xi} \geqslant r\} \mathrm{d}r - \int_{-\infty}^0 \text{Cr}\{\tilde{\xi} \leqslant r\} \mathrm{d}r \tag{7.21}$$

$$O_\alpha(\widetilde{\xi}) = \sup\{r \mid \mathrm{Cr}\{\widetilde{\xi} \geqslant r\} \geqslant \alpha\} \tag{7.22}$$

$$P_\alpha(\widetilde{\xi}) = \inf\{r \mid \mathrm{Cr}\{\widetilde{\xi} \leqslant r\} \geqslant \alpha\} \tag{7.23}$$

式中，$\alpha$ 是一个 $(0,1]$ 内的置信度值；$\mathrm{Cr}$ 是一个可信度函数，它满足正态性、单调性、自对偶性和极大性公理[31]。这种模型方法的优点在于计算复杂度低，并且在排序偏好上没有特别的要求。

例如，对于一个区间模糊数 $\widetilde{\xi} = (\xi_u, \xi_l)$，我们有

$$E(\widetilde{\xi}) = (\xi_u + \xi_l)/2 \tag{7.24}$$

$$O_\alpha(\widetilde{\xi}) = \begin{cases} \xi_l, & \alpha \leqslant 0.5 \\ \xi_u, & \alpha > 0.5 \end{cases} \tag{7.25}$$

$$P_\alpha(\widetilde{\xi}) = \begin{cases} \xi_u, & \alpha \leqslant 0.5 \\ \xi_l, & \alpha > 0.5 \end{cases} \tag{7.26}$$

而对于一个三角模糊数 $\widetilde{\xi} = (\xi_u, \xi_m, \xi_l)$，我们有

$$E(\widetilde{\xi}) = (\xi_u + 2\xi_m + \xi_l)/4 \tag{7.27}$$

$$O_\alpha(\widetilde{\xi}) = \begin{cases} 2\alpha\xi_m + (1-2\alpha)\xi_u, & \alpha \leqslant 0.5 \\ (2\alpha-1)\xi_u + (2-2\alpha)\xi_m, & \alpha > 0.5 \end{cases} \tag{7.28}$$

$$P_\alpha(\widetilde{\xi}) = \begin{cases} (1-2\alpha)\xi_u + 2\alpha\xi_m, & \alpha \leqslant 0.5 \\ (2-2\alpha)\xi_m + (2\alpha-1)\xi_l, & \alpha > 0.5 \end{cases} \tag{7.29}$$

因此，给定一个维修作业分配-调度问题，可以先确定一个置信水平 $\alpha$，再基于上述模型对模糊数进行去模糊化操作。具体的方法如下。

（1）对于模糊维修时间 $\widetilde{t}_{ij}$，如果作业 $j$ 属于困难作业（如道路维修等），则在计算时采用其 $\alpha$ 悲观值，否则采用其期望值。

（2）对于模糊移动时间 $\widetilde{t}_j^i$ 或 $\widetilde{t}_{jj'}^i$，在计算时采用其期望值。

（3）在计算维修团队连续工作时间时，按模糊算术规则[32]进行时间累积，并在累积时间的 $\alpha$ 乐观值达到上限 $\Delta T_i^u$ 时安排团队休息。

### 3. 多专家权重聚合方法

当专家团队中存在不同意见时，可通过聚合方法尽量将他们的意见都考虑在内。多专家权重聚合的方法有多种[33]，为了提高解的多样性，这里分别采用两种聚合策略。第一种是简单加权法，即为每项维修作业 $j$ 计算所有专家权重的平均值：

$$\overline{w}_j = \frac{1}{K}\sum_{k=1}^{K} w_{kj}, \quad j = 1, 2, \cdots, n \tag{7.30}$$

这样，问题的解的第一个评估标准就是

$$f_1 = \sum_{j=1}^{n} \bar{w}_j \tau_j \tag{7.31}$$

第二种策略是在所有专家的打分权重向量中选择一个使得作业总加权时间最大的向量,对应的解的第二个评估标准就是

$$f_2 = \max_{1 \leqslant k \leqslant K} \left( \sum_{j=1}^{n} w_{kj} \tau_j \right) \tag{7.32}$$

这种策略的特点是能够找到一个使所有专家的"分歧成本"最小化的解[34]。

这样就得到了一个双目标优化问题,通过对 $f_1$ 和 $f_2$ 的同步优化,可以搜索到一组 Pareto 最优解而非单个最优解,从而为决策者推荐若干个候选解。在实际推荐时,可按照 $f_2$ 的值对解进行升序排序。而 $f_1$ 的引入不仅有助于提高解的多样性,而且也有效避免了过早收敛[35],这将在后面的算法实验中得到验证。

### 7.3.2　求解问题的多目标 BBO 算法

为了高效地求解上述维修作业分配-调度问题,我们设计了一种基于 BBO 的多目标优化算法[30]。由于涉及 $f_1$ 和 $f_2$ 两个目标函数,因此需要将它们综合起来计算解的适应度及迁移率。这里采用 NSGA-II[36] 中的快速非支配排序方法来评估种群中每个解的适应度,具体步骤如下。

(1) 选出不受种群中任何其他解支配的那些解,这些解的集合 $\mathrm{ND}_1$ 称为第一非支配前沿。

(2) 令 $k=1$。

(3) 对不属于 $\mathrm{ND}_k$ 中的每个解 $H$,计算种群中支配其解的数量 $n_H$。

(4) 对 $\mathrm{ND}_k$ 中的每个解 $H$,找出种群中被其支配的解的集合 $S_H$,并将其中每个解 $H'$ 的 $n_{H'}$ 值减 1。

(5) 将 $n_{H'}$ 值变为 0 的解的集合构成下一支配前沿 $\mathrm{ND}_{k+1}$。

(6) 若 $\mathrm{ND}_{k+1}$ 为空,则结束排序;否则,令 $k=k+1$ 并转步骤(3)。

这样,每个解都被划分到一个非支配前沿。设解 $H$ 属于种群中的第 $k_H$ 非支配前沿,那么其迁入率和迁出率分别按如下公式进行计算(其中, $N_P$ 表示划分种群 $P$ 得到的非支配前沿的总个数):

$$\lambda_H = I \frac{k_H}{N_P} \tag{7.33}$$

$$\mu_H = E \left( 1 - \frac{k_H}{N_P} \right) \tag{7.34}$$

接下来,针对问题设计 BBO 的迁移操作和变异操作。设有两个解 $H = \{\pi_1, \cdots, \pi_i, \cdots, \pi_m\}$ 和 $H' = \{\pi_1', \cdots, \pi_i', \cdots, \pi_m'\}$,这里将其中的每个子排列视为一个整体来进行迁移。设要在第 $i$ 个子排列上从 $H$ 向 $H'$ 迁移,具体见算法过程 7.3。

**算法过程 7.3　求解维修作业分配-调度问题的 BBO 迁移过程**

1. 令 $R_i$ 为一个作业集合,这些作业均在 $\pi'_i$ 中但不在 $\pi_i$ 中。
2. 在 $H'$ 中设置 $\pi'_i = \pi_i$。
3. 对 $R_i$ 中的每个作业 $j$,在 $H$ 中找到包含 $j$ 的子排列 $\pi_k$;再在 $H'$ 中将 $j$ 插入对应的子排列 $\pi'_k$,插入的位置应使得新的 $\pi'_k$ 在所有的 $\pi'_k$ 的排序序列中具有最短的总完成时间。

　　例如,设问题有 3 个维修团队和 9 个维修作业,迁出解 $H=\{[2,5],[4,1,3,7],[6,9,8]\}$,迁入解 $H'=\{[3,2,6],[7,9,5],[4,1,8]\}$。现要在第 1 维上从 $H$ 向 $H'$ 迁移,则执行以下步骤。

　　(1)对比 $H$ 和 $H'$ 的第 1 个子排列,得到 $R_1=\{3,6\}$。

　　(2)将 $H'$ 中的 $\pi'_1$ 设为 $[2,5]$。

　　(3)再看 $R_1$,其中的作业 3 在 $H$ 的 $\pi_2$ 中,故将 3 插入 $H'$ 的 $\pi'_2=[7,9,5]$ 中,使得 $\pi'_2$ 在所有 $\{3,7,9,5\}$ 的排序序列中具有最短的总完成时间;类似地,作业 6 将被插入 $H'$ 的 $\pi'_3$ 中,使得 $\pi'_3$ 在所有 $\{6,4,1,8\}$ 的排序序列中具有最短的总完成时间。

　　特别地,如果某次迁移操作产生一个不可行解,则放弃该维上的操作并转到下一维。

　　再来看变异操作,对解 $H=\{\pi_1,\cdots,\pi_i,\cdots,\pi_m\}$ 的变异过程是随机选择两个维度 $i$ 和 $i'$,使得 $C_i \bigcap C_{i'} \neq \varnothing$,再任选一个作业 $j \in C_i \bigcap C_{i'}$,将其从 $\pi_i$ 中删除并重新插入 $\pi_{i'}$ 中,使得新的 $\pi_{i'}$ 具有最短的总完成时间。

　　与大多数其他多目标优化算法类似,我们设计的算法也使用一个外部档案 $A$ 来保存已找到的非支配解。此外,为了避免性能退化,还对存档的大小进行了上限设定:当 $|A|$ 达到上限 $|A|$"时,如果一个新的非支配解 $H$ 能提高存档的多样性,则用其取代原来的一个存档。评估多样性有多种方法,这里使用基于最短成对距离的方法,即 $A$ 中相邻最近的一对解(记为 $H_a$ 和 $H_b$)之间的距离;如果将 $H$ 替换到 $A$ 中另一个解能够使最短成对距离有所增加,则接受 $H$ 的加入[37,38]。具体的存档更新步骤如下。

　　(1)找出 $A$ 中离 $H$ 最近的一个解 $H'$。

　　(2)如果 $H' \neq H_a$,且 $\text{dis}(H,H') > \text{dis}(H_a,H_b)$,则使用 $H$ 替换 $H_a$。

　　(3)否则,如果 $H' \neq H_b$,且 $\text{dis}(H,H') > \text{dis}(H_a,H_b)$,则使用 $H$ 替换 $H_b$。

　　(4)否则,找出 $A$ 中离 $H'$ 最近的一个解 $H_c$,如果 $\text{dis}(H,H') > \text{dis}(H,H_c)$,则使用 $H$ 替换 $H_c$。

　　(5)否则,放弃 $H$。

算法 7.4 给出了求解维修作业分配-调度问题的多目标 BBO 算法框架。

---

**算法 7.4　求解维修作业分配-调度问题的多目标 BBO 算法**

步骤 1　随机生成问题的一组初始解,构成初始种群 $P$。

步骤 2　创建一个空档案 $A$,用于保存当前的非支配解。

步骤 3　如果终止条件满足,返回 $A$,算法结束。

步骤 4　对 $P$ 执行快速非支配排序。

步骤 5　按式(7.33)和式(7.34)分别计算每个解 $H$ 的迁入率和迁出率。

步骤 6　用 $P$ 的第一非支配前沿更新 $A$。

步骤 7　对 $P$ 中的每个解 $H$ 的每一维依次执行操作:如果 $\text{rand}() < \lambda_H$,则以 $\mu_{H'}$ 为概率选取一个迁出解 $H'$,按算法过程 7.3 执行迁移操作。

步骤 8　对 $P$ 中 $n_{H'} > 0$ 的每个解 $H$ 依次执行如下操作:

　　步骤 8.1　对 $H$ 执行变异操作,生成新解 $H'$。

　　步骤 8.2　如果 $H'$ 不受 $H$ 支配,则用 $H'$ 替换 $H$。

步骤 9　转步骤 3。

---

### 7.3.3　算法性能实验

以近年来我们以若干次灾难救援行动为背景,生成一组应急维修作业分配-调度问题测试实例,其特征在表 7-3 中进行了总结,其中第 5 列表示问题输入中的模糊参数个数,第 6 列为根据应急需求设置的最大响应时间(maximum response time,MRT),也就是问题求解的时间上限。

**表 7-3　工程维修作业调度问题测试实例**

| 问题编号 | $m$ | $n$ | $\sum_i \sum_j t_{ij}$ | 模糊项数 | MRT/分钟 |
|---|---|---|---|---|---|
| 08W | 58 | 626 | 108525 | 5813 | 30 |
| 10Y | 15 | 67 | 3997 | 95 | 15 |
| 10Z | 16 | 39 | 3920 | 93 | 15 |
| 11Y | 12 | 55 | 2285 | 106 | 15 |
| 12N | 9 | 32 | 562 | 63 | 15 |
| 13Y | 21 | 102 | 6335 | 278 | 20 |

在每个问题实例上,均有一个由 5 到 6 位专家组成的团队在交互式决策支持系统的帮助下确定作业的重要性权重。

除了两个目标函数之外,还采用如下公式对解的性能进行事后评价:

$$E = \sum_{j=1}^{n} (T - \tau_j) e_j \tag{7.35}$$

式中,$T$ 表示所有维修作业完成的时间;$e_j$ 是对作业 $j$ 完成有效性的评估,例如,对于道路维修,$e_j$ 是维修恢复后的交通流量,对于建筑物维修,$e_j$ 是不维修可能导致事故的损失。$E$ 值越大,表示解的有效性越好。

针对该问题,还分别实现了以下算法来进行性能比较。

(1)一种 TS 算法[39],它从任一解出发,重复地从当前解移动至邻居中非禁忌的最优解。

(2)一种采用双染色体编码方式的 GA[40]。

(3)一种使用路径重连和 TS 的混合型遗传算法(记为 HGAT)[41]。

(4)一种混合了模拟退火的遗传算法(记为 HGAS)。

上述算法的参数均在各个测试问题实例上进行了优化调节。

在每个测试问题实例上,每种算法均使用不同的随机种子运行 30 次。表 7-4 给出了各种算法运行结果的 $f_2$ 和 $E$ 的平均值、标准差,其中粗体标记了五种算法中最佳的平均值。

表 7-4　维修作业分配-调度问题实例上的启发式算法比较实验结果

| 问题编号 | 度量 | $\min f_2$ | | | | | $\max E$ | | | | |
|---|---|---|---|---|---|---|---|---|---|---|---|
| | | TS | GA | HGAT | HGAS | BBO | TS | GA | HGAT | HGAS | BBO |
| 08W | 平均值 | 72.27 | 25.8 | 19 | 17.88 | **9.55** | 9.19 | 27.35 | 38.21 | 42.72 | **93.17** |
| | 标准差 | 20.66 | 6.3 | 4.24 | 3.92 | 1.95 | 2.67 | 8.5 | 9.1 | 10.94 | 16.85 |
| 10Y | 平均值 | 88.75 | 30.16 | 27.11 | 28.33 | **23.96** | 8.9 | 23.08 | 29.67 | 28.85 | **36.36** |
| | 标准差 | 23.99 | 5.98 | 4.57 | 7.03 | 3.25 | 2.13 | 5.14 | 6.27 | 5.77 | 5.81 |
| 10Z | 平均值 | 65.67 | 28.68 | 22.22 | 20.49 | **15.87** | 4.29 | 13.66 | 24.09 | 27.2 | **46.55** |
| | 标准差 | 15.33 | 7.82 | 3.98 | 5.04 | 2.73 | 1.29 | 3.69 | 6.5 | 6.89 | 8.54 |
| 11Y | 平均值 | 90.33 | 72.3 | 67.22 | 64.93 | **50.12** | 5.62 | 9.48 | 13.01 | 13.86 | **20.67** |
| | 标准差 | 15.06 | 9.57 | 7.32 | 10.28 | 7.2 | 0.88 | 1.59 | 1.53 | 2.77 | 3.84 |
| 12N | 平均值 | 56.26 | 50.18 | 46.15 | 41.75 | **39.9** | 11.06 | 17.2 | 20.89 | 22.36 | **25.5** |
| | 标准差 | 10.61 | 6.75 | 5.35 | 8.68 | 5.68 | 1.72 | 2.62 | 2.94 | 4.28 | 3.6 |
| 13Y | 平均值 | 59.53 | 47.25 | 39.67 | 36.75 | **25.83** | 18.14 | 26.67 | 40.33 | 47.28 | **76.29** |
| | 标准差 | 17.2 | 9.44 | 6.52 | 9.12 | 5.16 | 4.59 | 6.1 | 7.11 | 11.06 | 13.86 |

从实验结果中可以看出,BBO 算法在所有问题实例上都表现出了最佳的求解性能;问题实例越复杂,这种优势更加明显。在所有的测试问题实例中,12N 是最简单的,在该实例上 BBO 算法所得解的有效性评估值大约是 GA 的 148.26%、HGAT 算法的 122.07% 以及 HGAS 算法的 114.04%。08W 和 13Y 是较为复杂

的问题实例,在 08W 上,BBO 算法取得的有效性评估值大约是 GA 的 340.66%、HGAT 的 243.84% 以及 HGAS 的 218.09%;在 13Y 上,BBO 算法取得的有效性评估值分别是 GA、HGAT 和 HGAS 算法的 286.05%、189.16% 和 161.26%。如此显著的性能优势验证了所设计的迁移操作和变异操作的有效性。

　　观察实验的结果数据也可以发现,在每个问题实例上,有效性评估值 $E$ 大致与目标函数值 $f_2$ 成反比,这表明一个解在最小化目标函数 $f_2$ 时,也极有可能最大化其有效性 $E$。

　　此外,我们还比较了多目标 BBO 算法和仅优化目标函数 $f_2$ 的单目标 BBO 算法。结果显示,多目标 BBO 算法总能产生一些目标值优于单目标版本的 Pareto 最优解。两种 BBO 算法在各个问题实例上的收敛曲线如图 7-5 所示。从中可以看出,单目标 BBO 算法通常在开始阶段收敛较快,但在后期容易陷入局部最优,从而被多目标 BBO 算法超越。这证明了我们设计的多目标方法能更有效地避免局部最优,并且获得更优的解。

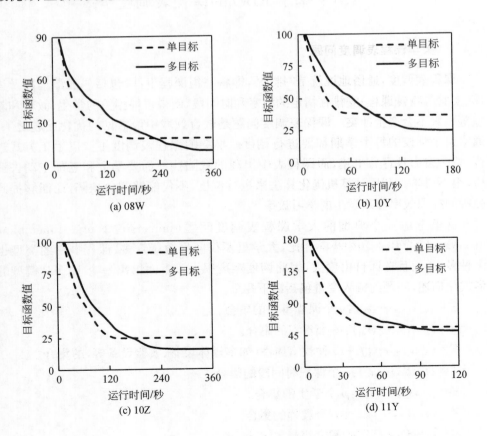

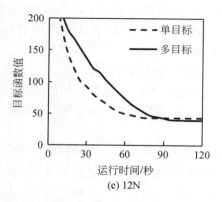
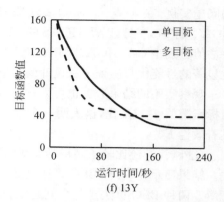

图 7-5　单目标和多目标 BBO 算法在 6 个维修作业分配-调度问题测试实例上的收敛曲线

# 7.4　基于 EBO 的课程表调度

## 7.4.1　大学课程表调度问题

课程表调度,通俗地说就是"排课",即将一组课程事件(包括一般课程以及讲座、实验等特殊课程)安排在指定的教室和时间段,使得事件相关的学生、教师和教室等因素不会产生冲突。课程表调度问题是教育领域中最常见的优化问题之一,通常每个学校的每个学期都要进行调度。早期的课程表调度主要以手工方式进行,费时费力且容易出错,而课程表中出现的缺陷往往需要学生和老师主动去适应,很不科学。利用计算机优化算法来进行调度,不仅能够避免缺陷,还能够提高教师的授课效率以及学生的学习效率[42,43]。

这里考虑一个典型的大学课程表调度问题(university course timetabling problem,UCTP)。和中小学相比,大学里不仅师生数量众多,课程事件的类型也多种多样,而且选课自由度大,因此调度难度很大。下面给出一个 UCTP 模型的形式化描述,问题的输入变量包括以下几个。

$E=\{e_1,e_2,\cdots,e_n\}$:$n$ 个课程事件的集合。

$R=\{r_1,r_2,\cdots,r_m\}$:$m$ 个教室的集合。

$F=\{f_1,f_2,\cdots,f_q\}$:$q$ 种教室属性(如多媒体设备、实验设备等)的集合。

$T=\{t_1,t_2,\cdots,t_o\}$:$o$ 个课程时间段的集合。

$S=\{s_1,s_2,\cdots,s_p\}$:$p$ 个学生的集合。

$Z=\{z_1,z_2,\cdots,z_w\}$:$w$ 个教师的集合。

$c(e_i)$:事件 $e_i$ 所需的教室容量 ($1\leqslant i\leqslant n$)。

$c(r_j)$：教室 $r_j$ 提供的容量（$1 \leqslant j \leqslant m$）。

$A_{m \times q}$：教室-属性矩阵。当 $A_{jl} = 1$ 时，表示教室 $r_j$ 具有属性 $f_l$；当 $A_{jl} = 0$ 时，表示不具有（$1 \leqslant j \leqslant m, 1 \leqslant l \leqslant q$）。

$B_{n \times q}$：事件-属性矩阵。$B_{il}$ 表示事件 $e_i$ 是否需要属性 $f_l$（$1 \leqslant i \leqslant n, 1 \leqslant l \leqslant q$）。

$C_{n \times n}$：事件-冲突矩阵。$C_{ii'}$ 表示事件 $e_i$ 和事件 $e_{i'}$ 能否同时进行（$1 \leqslant i \leqslant n, 1 \leqslant i' \leqslant n$）。

$D_{p \times n}$：学生-事件矩阵。$D_{hi}$ 表示学生 $s_h$ 是否参与事件 $e_i$（$1 \leqslant h \leqslant p, 1 \leqslant i \leqslant n$）。

$G_{w \times n}$：教师-事件矩阵。$G_{vi}$ 表示教师 $z_v$ 是否参与事件 $e_i$（$1 \leqslant v \leqslant w, 1 \leqslant i \leqslant n$）。

根据大学的一般特征，这里认为 $o = 12 \times 5$，其中 5 代表工作日的数量，12 代表在每个工作日中包含的时间段总数。

问题的决策变量是一个事件-教室-时间的三维矩阵，记为 $X_{n \times m \times o}$，其每个元素 $X_{ijk} = 1$ 表示事件 $e_i$ 被安排到教室 $r_j$ 和时间段 $t_k$（$1 \leqslant i \leqslant n, 1 \leqslant j \leqslant m, 1 \leqslant k \leqslant o$）。

为便于说明和计算，定义如下中间变量。

$D_h$：学生 $s_h$ 参与的事件集合（$1 \leqslant h \leqslant p$）。

$G_v$：教师 $z_v$ 参与的事件集合（$1 \leqslant y \leqslant w$）。

$X_j$：安排到教室 $r_j$ 的事件集合（$1 \leqslant j \leqslant m$）。

$C_i$：与事件 $e_i$ 冲突的事件集合（$1 \leqslant i \leqslant n$）。

$B_i$：事件 $e_i$ 所需的教室属性集合（$1 \leqslant i \leqslant n$）。

一个决策变量（解）被认为是可行的，如果它满足下面列出的 6 个约束条件（这些约束被称为"硬"约束）。

(1) 每个事件正好被安排一次：

$$\sum_{j=1}^{m} \sum_{k=1}^{o} X_{ijk} = 1, \quad i = 1, 2, \cdots, n \tag{7.36}$$

(2) 每名学生在任一时间段只能参加一个事件：

$$\sum_{i \in D_h} \sum_{j=1}^{m} X_{ijk} \leqslant 1, \quad h = 1, 2, \cdots, P; k = 1, 2, \cdots, o \tag{7.37}$$

(3) 每个教室在任一时间只能被安排一个事件：

$$\sum_{i \in X_j} X_{ijk} \leqslant 1, \quad j = 1, 2, \cdots, m; k = 1, 2, \cdots, o \tag{7.38}$$

(4) 任意两个相冲突的事件不能安排在同一时间段：

$$\sum_{i \in C_i} \sum_{j=1}^{m} X_{i'jk} \leqslant 1, \quad i = 1, 2, \cdots, n; k = 1, 2, \cdots, o \tag{7.39}$$

(5) 安排给事件的教室应该满足事件的容量需求：

$$c(e_i) \leqslant c(r_j), \quad \forall i, j : (\exists k : X_{ijk} = 1) \tag{7.40}$$

(6) 安排给事件的教室应该满足事件的属性需求：

$$A_{jl} = 1, \forall i,j,l: (\exists k: X_{ijk} = 1) \wedge l \in B_i \tag{7.41}$$

评价一个解的好坏,要看它对下列 5 个"软"约束条件的满足情况。

(1)每个学生在一天中不应该累计上课超过 4 个时间段:

$$\sum_{i \in D_h} \sum_{j=1}^{m} \sum_{k=a}^{a+11} X_{ijk} \leqslant 4, \quad 1 \leqslant h \leqslant p; a \in \{1,13,25,37,49\} \tag{7.42}$$

(2)每个学生在一天中不应该连续上课超过 2 个时间段:

$$\sum_{i \in D_h} \sum_{j=1}^{m} \sum_{k=a}^{a+2} X_{ijk} \leqslant 2, \quad 1 \leqslant h \leqslant p; 1 \leqslant a \leqslant 60 \wedge a\%12 \leqslant 10 \tag{7.43}$$

(3)每个教师在一天中不应该累计上课超过 4 个时间段:

$$\sum_{i \in G_v} \sum_{j=1}^{m} \sum_{k=a}^{a+11} X_{ijk} \leqslant 4, \quad 1 \leqslant v \leqslant w; a \in \{1,13,25,37,49\} \tag{7.44}$$

(4)每个教师在一天中不应该连续上课超过 2 个时间段:

$$\sum_{i \in G_v} \sum_{j=1}^{m} \sum_{k=a}^{a+2} X_{ijk} \leqslant 2, \quad 1 \leqslant v \leqslant w; 1 \leqslant a \leqslant 60 \wedge a\%12 \leqslant 10 \tag{7.45}$$

(5)每个事件都不应该被安排到一天中的最后一个时间段:

$$\sum_{i=1}^{n} \sum_{j=1}^{m} X_{ija} = 0, \quad a \in \{12,24,36,48,60\} \tag{7.46}$$

该问题的目标就是要搜索一个调度方案,使其满足所有的硬约束(7.36)~(7.41),同时尽可能少地违反软约束(7.42)~(7.46)。令 $S_1 = \{1,13,25,37,49\}$(每天第一个时间段所组成的集合),$S_2 = \{a \mid 1 \leqslant a \leqslant 60 \wedge a\%12 \leqslant 10\}$(每天除最后一个以外的时间段所组成的集合),$S_3 = \{12,24,36,48,60\}$(每天最后一个时间段所组成的集合),则问题的目标函数可定义为

$$\begin{aligned}
\min f = &\sum_{a \in S_1} \sum_{h=1}^{p} \Big( \sum_{i \in D_h} \sum_{j=1}^{m} \sum_{k=a}^{a+11} g(X_{ijk} - 4) \Big) \\
&+ \sum_{a \in S_2} \sum_{h=1}^{p} \Big( \sum_{i \in D_h} \sum_{j=1}^{m} \sum_{k=a}^{a+2} g(X_{ijk} - 2) \Big) \\
&+ \sum_{a \in S_1} \sum_{v=1}^{w} \Big( \sum_{i \in G_v} \sum_{j=1}^{m} \sum_{k=a}^{a+11} g(X_{ijk} - 4) \Big) \\
&+ \sum_{a \in S_2} \sum_{v=1}^{w} \Big( \sum_{i \in G_v} \sum_{j=1}^{m} \sum_{k=a}^{a+2} g(X_{ijk} - 2) \Big) \\
&+ \sum_{a \in S_3} \Big( \sum_{i=1}^{n} \sum_{j=1}^{m} X_{ija} \Big)
\end{aligned} \tag{7.47}$$

式中,函数 $g$ 的定义如下:

$$g(x) = \begin{cases} x, & x > 0 \\ 0, & x \leqslant 0 \end{cases} \tag{7.48}$$

从上述模型描述中可以看出,无论是评估解的可行性还是评估解的目标函数值,所需的计算都是比较复杂的。因此,针对该问题,设计高效的搜索算法是非常有必要的。

### 7.4.2　求解问题的 EBO 算法

UCTP 也是一个典型的组合优化问题,因此专门设计了一个离散型 EBO 算法[44]来对其进行求解。

#### 1. 编码方式和约束处理

前面介绍到,UCTP 的每个解是一个 $n \times m \times o$ 矩阵,但直接采用这种编码方式的计算效率较低。为此设计了一种两阶段过程来创建和评估每个解。

阶段 1:针对每个事件分配一个时间段;

阶段 2:在事件集合和教室集合之间进行匹配,这里可使用双向匹配算法[45]来为每个事件分配一个教室。

这种方式使我们能够对 UCTP 的解进行压缩编码:每个解 $x$ 是一个 $n$ 维的整数向量,其中 $x(i)$ 表示分配给事件 $e_i$ 的时间段。阶段 1 产生的向量 $x$ 作为阶段 2 的输入,再通过算法过程 7.4 将 $x$ 转化为一个三维分配矩阵 $X_{n \times m \times o}$(过程中的 $y$ 记录了阶段 2 所得的结果,$y(i)$ 表示分配给事件 $e_i$ 的教室)。

---

**算法过程 7.4　大学课程表调度问题解的解码过程**

1. 针对向量 $x$ 执行双向匹配算法[45],产生一个教室分配向量 $y$;
2. 初始化一个三维分配矩阵 $X_{n \times m \times o}$;
3. **for** $i=1$ **to** $n$ **do**
4. 　**for** $j=1$ **to** $m$ **do**
5. 　　**for** $k=1$ **to** $o$ **do**
6. 　　　**if** $x(i)=k \wedge y(i)=j$ **then** $X_{ijk} \leftarrow 1$;
7. 　　　**else** $X_{ijk} \leftarrow 0$;
8. 　　　**end if**
9. 　　**end for**
10. 　**end for**
11. **end for**
12. **return** $X_{n \times m \times o}$

---

采用压缩编码的方式可以自动满足约束条件(7.36),双向匹配算法所得的结果也可以满足约束条件(7.38)、(7.40)和(7.41)。因此,只需考虑解违反约束条件

(7.37)和(7.39)的情况,并对问题的目标函数加上相应的惩罚项:

$$f' = f + M\Big(\sum_{h=1}^{p}\sum_{k=1}^{o}\Big(\sum_{i\in D_h}\sum_{j=1}^{m}g(X_{ijk})-1\Big)+\sum_{i=1}^{n}\sum_{k=1}^{o}\Big(\sum_{i'\in C_i}\sum_{j=1}^{m}g(X_{i'jk})-1\Big)\Big)$$

$$(7.49)$$

式中,$M$ 是一个较大的正常数(通常大于最大可能的软约束条件违反数目)。

2. 局部迁移

原始 EBO 算法[12]是针对连续优化问题的,这里针对 UCTP 设计了两种新的局部迁移和全局迁移操作。

给定一个解向量 $x_i$,对其执行局部迁移操作时,首先以迁出率 $\mu_j$ 为概率选取一个邻居解 $x_j$,再随机选定一个维度 $k\in[1,n]$,将 $x_i(k)$ 设为 $x_j(k)$。令 $u=x_j(k)$,我们按照算法过程 7.5 对 $x_i$ 进行修补。

---

**算法过程 7.5　大学课程表调度问题解的修补过程**

步骤 1　除 $u$ 以外,根据被分配的事件数量对 $T$ 中的每个时间段进行升序排序,令 $T(x_i)$ 为排序后的列表。

步骤 2　如果 $T(x_i)$ 为空,则停止修补过程。

步骤 3　检查 $x$ 中是否存在另一维度 $k'$ 使得 $x_i(k')=u$,若是则执行以下步骤:

步骤 3.1　如 $C_{k,k'}=1$,则转至步骤 3.4。

步骤 3.2　检查是否存在任一学生 $s_h$ 使得 $D_{h,k}=1$ 且 $D_{h,k'}=1$,若是则转至步骤 3.5。

步骤 3.3　检查是否存在任一教师 $z_v$ 使得 $G_{y,k}=1$ 且 $G_{y,k'}=1$,若是则转至步骤 3.5。

步骤 3.4　结束修补过程。

步骤 3.5　令 $u$ 为 $T(x_i)$ 中的第一个时间段,将 $u$ 从 $T(x_i)$ 中删除,设 $x_i(k')=u,k=k'$,转步骤 2。

---

当 $x_i$ 是一个可行解时,上述修补过程将停止在步骤 3.4,新生成的解也仍将是可行解,所以在评估目标函数时不需要计算惩罚项;否则新生成的解将是不可行解,那么式(7.49)就需要完整计算。因此,上述的修补过程也在很大程度上降低了评估解的计算量。

图 7-6 说明了上述局部迁移的过程。设 $k=4$,故在迁出解 $x_j$ 中取 $u=x_j(4)=54$;再检查迁入解 $x_i$,可以发现存在 $x_i(1)=u$,此时就要检查事件 $e_1$ 和 $e_4$ 是否可以在同一时间段内进行。如果该迁移不会导致违反任何约束条件,则直接将 $u$ 从 $x_j$ 迁入 $x_i$,即把事件 $e_4$ 重新分配给时间段 54;否则就要执行修补过程,将事件分配给

具有最少事件数的时间段。设时间段 17 是 $T(x_i)$ 中的第一个元素,那么在执行迁移操作后,事件 $e_4$ 将被重新分配给时间段 17。

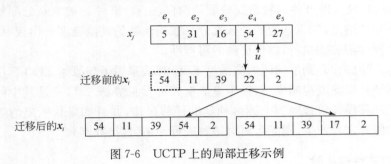

图 7-6　UCTP 上的局部迁移示例

### 3. 全局迁移

在对解 $x_i$ 执行全局迁移操作时,先根据迁出率选取一个邻居解 $x_j$ 和一个非邻居解 $x_{j'}$,再随机在 $[1,n]$ 内选定两个不同的维度 $k$ 和 $k'$,而后执行以下步骤。

(1)将 $x_i(k)$ 设为 $x_j(k)$,在第 $k$ 维上执行算法过程 7.5,如结果为非可行解,则转步骤 3。

(2)将 $x_i(k')$ 设为 $x_{j'}(k')$,在第 $k'$ 维上执行算法过程 7.5,如结果为可行解,则返回该解。

(3)将 $x_i(k)$ 设为 $x_{j'}(k)$,在第 $k$ 维上执行算法过程 7.5,如结果为非可行解,则返回该解。

(4)将 $x_i(k')$ 设为 $x_j(k')$,在第 $k'$ 维上执行算法过程 7.5。

图 7-7 说明了上述全局迁移操作的例子。图 7-7(a)展示的情况是解 $x_i$ 在第 $k$ 维上接受了来自邻居解 $x_j$ 的特性、在第 $k'$ 维上接受了来自非邻居解 $x_{j'}$ 的特性,即

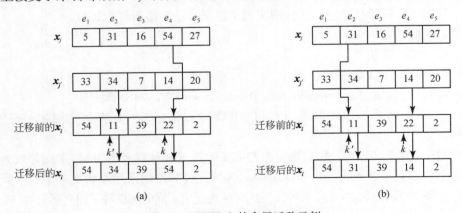

图 7-7　UCTP 上的全局迁移示例

事件 $e_2$ 被重新分配给时间段 34、事件 $e_4$ 被重新分配给时间段 54。图 7-7(b) 展示的情况则是解 $x_i$ 在第 $k'$ 维上接受了来自邻居解 $x_j$ 的特性、在第 $k$ 维上接受了来自非邻居解 $x_{j'}$ 的特性,即事件 $e_2$ 被重新分配给时间段 31、事件 $e_4$ 被重新分配给时间段 14。需要注意的是,如果选定的迁入部分已在当前解的其他维度上出现,那么上述修补过程同样需要被执行,以保证解的可行性。

求解大学课程表调度问题的离散型 EBO 算法采用了与原始 EBO 算法相同的迁移率模型和成熟度控制模型,整个算法框架可参见算法 4.1,只是其中的局部迁移和全局迁移操作将替换为上述两种新的迁移操作,并且如果新生成的解是由一个失败的修补过程产生,则无需再对该解进行评估(直接放弃)。

### 7.4.3　算法性能实验

这里使用一组 8 个大学课程表调度问题实例来测试算法性能,表 7-5 中总结了它们的基本特征,并在最后一列给出了在每个问题实例上设置的目标函数最大估值次数 MNFE,作为算法的终止条件。

表 7-5　大学课程表问题测试实例

| 问题编号 | $n$ | $m$ | $o$ | $p$ | $q$ | $w$ | MNFE |
|---|---|---|---|---|---|---|---|
| ♯1 | 156 | 8 | 60 | 285 | 3 | 15 | 500000 |
| ♯2 | 172 | 8 | 60 | 281 | 3 | 15 | 500000 |
| ♯3 | 462 | 26 | 60 | 633 | 5 | 30 | 1000000 |
| ♯4 | 472 | 26 | 60 | 670 | 5 | 28 | 1000000 |
| ♯5 | 689 | 37 | 60 | 1475 | 6 | 53 | 2000000 |
| ♯6 | 706 | 37 | 60 | 1543 | 6 | 66 | 2000000 |
| ♯7 | 1711 | 72 | 60 | 5125 | 6 | 151 | 4000000 |
| ♯8 | 1860 | 72 | 60 | 5203 | 6 | 169 | 4000000 |

针对 UCTP 问题模型,还分别实现了以下算法来进行性能比较。

(1)遗传算法(GA)[46]。

(2)ACO 算法[47]。

(3)混合 PSO 算法[48]。

(4)可变邻域搜索(variable neighborhood search,VNS)算法[49]。

(5)一种离散型 BBO 算法,记为 D-BBO,它仅采用 7.4.2 节中所述的局部迁移操作。

对于离散型 EBO 算法(这里记为 D-EBO),设置其种群大小为 50,平均邻域大小为 5,惩罚函数系数 $M=10n\times m\times o\times p$。各种比较算法均采用原始文献中的参数设置。在每个测试问题实例上,每种启发式算法均使用不同的随机种子独立运行 30 次。

表 7-6 给出了各种算法运行结果的最佳值、最差值、中位值和标准差,其中粗

体标记了六种算法中最佳的中位值和最优值。

**表 7-6　大学课程表调度问题实例上的算法比较实验结果**

| 问题编号 | 度量 | GA | ACO | PSO | VNS | D-BBO | D-EBO |
|---|---|---|---|---|---|---|---|
| #1 | 中位值 | 5.67 | 5.33 | 5.93 | 1.67 | **0** | **0** |
| | 最佳值 | **0** | **0** | **0** | **0** | **0** | **0** |
| | 最差值 | 12 | 12 | 12 | 5 | 0 | 0 |
| | 标准差 | 3.13 | 2.48 | 3.02 | 2.11 | 0 | 0 |
| #2 | 中位值 | 6.87 | 5.13 | 7.00 | 4.97 | **0** | **0** |
| | 最佳值 | **0** | **0** | **0** | **0** | **0** | **0** |
| | 最差值 | 16 | 12 | 16 | 12 | 9 | 0 |
| | 标准差 | 4.05 | 3.93 | 3.95 | 3.65 | 3.27 | 0 |
| #3 | 中位值 | 15.50 | 15.00 | 15.13 | 10.50 | 6.37 | **6.00** |
| | 最佳值 | **6** | **6** | **6** | **6** | **6** | **6** |
| | 最差值 | 21 | 19 | 26 | 21 | 19 | 6 |
| | 标准差 | 3.97 | 3.66 | 5.20 | 3.88 | 2.75 | 0 |
| #4 | 中位值 | 33.03 | 31.67 | 26.90 | 27.53 | 24.50 | **16.03** |
| | 最佳值 | 25 | 25 | 25 | 25 | 21 | **14** |
| | 最差值 | 39 | 39 | 39 | 39 | 39 | 21 |
| | 标准差 | 4.12 | 3.89 | 4.48 | 3.70 | 3.90 | 3.18 |
| #5 | 中位值 | 93.00 | 89.33 | 98.17 | 90.20 | 82.77 | **58.30** |
| | 最佳值 | 73 | 68 | 72 | 65 | 65 | **53** |
| | 最差值 | 105 | 105 | 123 | 105 | 105 | 79 |
| | 标准差 | 16.79 | 16.5 | 19.19 | 17.8 | 15.73 | 5.88 |
| #6 | 中位值 | 220.53 | 202.2 | 188 | 150.63 | 161.37 | **98.13** |
| | 最佳值 | 170 | 166 | 132 | 93 | 109 | **72** |
| | 最差值 | 261 | 248 | 259 | 252 | 230 | 133 |
| | 标准差 | 30.35 | 37.92 | 39.15 | 38.03 | 42.16 | 25.32 |
| #7 | 中位值 | 375.83 | 338.23 | 360.5 | 316 | 330.93 | **216.6** |
| | 最佳值 | 305 | 290 | 279 | 233 | 271 | **185** |
| | 最差值 | 494 | 468 | 510 | 387 | 411 | 229 |
| | 标准差 | 50.08 | 48.17 | 83.29 | 57.25 | 57.9 | 28.71 |
| #8 | 中位值 | 538.1 | 589.5 | 436.27 | 424.6 | 418.13 | **255.87** |
| | 最佳值 | 453 | 435 | 385 | 376 | 360 | **199** |
| | 最差值 | 610 | 626 | 579 | 515 | 521 | 360 |
| | 标准差 | 55.2 | 50.55 | 63.99 | 52.17 | 57.9 | 37.68 |

　　从实验结果中可以看出,在简单的问题实例#1和#2上,D-EBO算法在30次运行中均能够求得满足所有硬约束条件和软约束条件的最优解,其结果的最优值和中位值均为0,但在其余比较算法中只有D-BBO算法取得了相同的结果;在中等规模的

实例♯3上,所有的启发式算法均取得了最优值6,但仅有D-EBO算法能够求得中位值6,这个值远小于除D-BBO以外的其他算法;在余下的5个实例上,D-EBO算法不但总能取得最小的最优值,而且总能唯一地求得最小的中位值;在4个大规模实例(♯4~♯8)上,D-EBO算法获得的结果也远优于其他五种启发式算法。

在其他五种比较算法中,D-BBO算法在6个实例上取得了最小的最优值和中位值,这有力地表明7.4.2节中设计的局部迁移操作在求解大学课程表调度问题时比其他启发式操作(如GA中的交叉、变异操作以及ACO算法中的路径构造方法)更为有效。D-EBO算法展现了比D-BBO算法更好的性能优势,说明局部迁移和全局迁移结合的方法比单纯使用局部迁移更有利于求得问题的最优解。

针对8个测试实例,还分别绘制了各种算法的收敛曲线,如图7-8所示,其中横轴表示目标函数估值次数,纵轴表示算法求得的目标函数中位值。从中可以看出,在所有测试问题实例上,D-EBO算法的收敛速度和求解精度均优于其他五种算法。虽然在开始阶段D-EBO算法的收敛速度比PSO算法慢,但在后期当PSO算法收敛速度明显下降时,D-EBO算法仍保持较快的收敛速度,从而赶超了PSO算法,求得更为精确的最优解。与D-BBO算法相比,D-EBO算法也在绝大部分问题上收敛得又快又好,这也说明其在全局探索和局部开发上达到了更好的平衡。

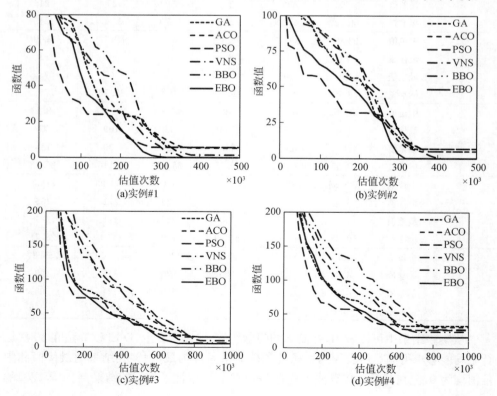

(a)实例#1
(b)实例#2
(c)实例#3
(d)实例#4

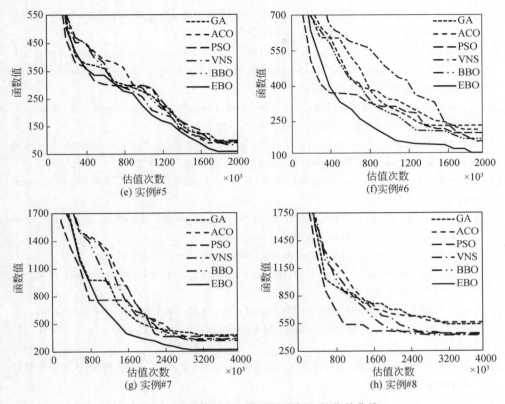

图 7-8　六种算法在 8 个测试实例上的收敛曲线

总之，离散型 EBO 算法在六种启发式算法中表现出最佳的综合性能，这充分说明所设计的局部迁移和全局迁移操作大大提高了种群的多样性，加快了收敛过程，从而使得算法更适合于求解 UCTP。

## 7.5　小　　结

本章介绍了 BBO 及其改进算法在几个著名调度问题中的应用。在求解 FSP 时，使用实数编码就能直接应用 BBO 算法的原始操作，其算法设计要点在于实数向量与离散解之间的编码与解码。求解其他三个问题时，则是设计了专门的离散型迁移和变异操作。这是启发式算法求解各类组合优化问题的两种根本策略。

### 参 考 文 献

[1] Pinedo M. Scheduling：Theory，Algorithms，and Systems[M]. Englewood Cliffs：Prentice-Hall，1995.

［2］Garey M R,Johnson D S,Sethi R. The complexity of flowshop and jobshop scheduling［J］. Mathematics of Operations Research,1976,1(2)：117-129.

［3］Framinan J M,Gupta J N D,Leisten R. A review and classification of heuristics for permutation flow-shop scheduling with makespan objective［J］. Journal of the Operational Research Society,2004,55(12)：1243-1255.

［4］Gupta J N D,Stafford E F. Flowshop scheduling research after five decades［J］. European Journal of Operational Research,2006,169(3)：699-711.

［5］Yin M H,Li X T. A hybrid bio-geography based optimization for permutation flow shop scheduling［J］. Scientific Research and Essays,2011,6(10)：2078-2100.

［6］Simon D. Biogeography-based optimization［J］. IEEE Transactions on Evolutionary Computation,2008,12(6)：702-713.

［7］Nawaz M,Enscore E E,Ham I. A heuristic algorithm for the m-machine,n-job flow-shop sequencing problem［J］. Omega,1983,11(1)：91-95.

［8］Krasnogor N,Smith J. Amemetic algorithm with self-adaptive local search：TSP as a case study［C］. Proceedings of the Genetic and Evolutionary Computation Conference,Las Vagas,2000：987-994.

［9］Liu B,Wang L,Jin Y H. An effective PSO-based memetic algorithm for flow shop scheduling［J］. IEEE Transactions on Systems,Man,and Cybernetics,Part B：Cybernetics,2007,37(1)：18-27.

［10］郑宇军,赵燕伟,王万良. 流水线调度问题的新型水波优化算法［R］. 杭州:浙江工业大学计算机智能系统所,2015.

［11］Ma H,Simon D. Blended biogeography-based optimization for constrained optimization［J］. Engineering Applications of Artificial Intelligence,2011,24(3)：517-525.

［12］Zheng Y J,Ling H F,Wu X B,et al. Localized biogeography-based optimization［J］. Soft Computing,2014,18 (11)：2323-2334.

［13］Zheng Y J,Ling H F,Xue J Y. Ecogeography-based optimization：enhancing biogeography-based optimization with ecogeographic barriers and differentiations［J］. Computers & Operations Research,2014,50(1)：115-127.

［14］Reeves C R,Yamada T. Genetic algorithms,path relinking,and the flowshop sequencing problem［J］. Evolutionary Computation,1998,6(1)：45-60.

［15］Qian B,Wang L,Hu R,et al. A hybrid differential evolution method for permutation flow-shop scheduling［J］. The International Journal of Advanced Manufacturing Technology,2008,38(7-8)：757-777.

［16］Lawler E L,Lenstra J K,Kan A H G R. Recent Developments in Deterministic Sequencing and Scheduling:A Survey［M］. Heidelberg：Springer,1982.

［17］Hasan S M K,Sarker R,Essam D,et al. Memetic algorithms for solving job-shop scheduling problems［J］. Memetic Computing,2009,1(1)：69-83.

［18］Chang Y L,Matsuo H,Sullivan R S. A bottleneck-based beam search for job scheduling in a flexible manufacturing system[J]. International Journal of Production Research,1989,27(11): 1949-1961.

[19] Nowicki E,Smutnicki C. A fast taboo search algorithm for the job shop problem[J]. Management Science,1996,42(6): 797-813.

[20] Balas E,Vazacopoulos A. Guided local search with shifting bottleneck for job shop scheduling[J]. Management Science,1998,44(2): 262-275.

[21] Zhang C Y,Li P G,Guan Z L,et al. A tabu search algorithm with a new neighborhood structure for the job shop scheduling problem[J]. Computers & Operations Research,2007,34(11): 3229-3242.

[22] Lawrence S R. Resource Constrained Project Scheduling: An Experimental Investigation of Heuristic Scheduling Techniques[R]. Pittsburgh: Carnegie Mellon University,1984.

[23] Storer R H,Wu S D,Vaccari R. New search spaces for sequencing problems with application to job shop scheduling[J]. Management Science,1992,38(10): 1495-1509.

[24] Beasley J E. OR-Library: Distributing test problems by electronic mail[J]. Journal of Operational Research Society,1990: 1069-1072.

[25] Gonçalves J F,de Magalhães Mendes J J,Resende M G C. A hybrid genetic algorithm for the job shop scheduling problem[J]. European Journal of Operational Research,2005,167(1): 77-95.

[26] Ge H,Sun L,Liang Y,et al. An effective PSO and AIS-based hybrid intelligent algorithm for job-shop scheduling[J]. IEEE Transactions on Systems,Man and Cybernetics,Part A,2008, 38(2),358-368.

[27] Lin T L,Horng S J,Kao T W,et al. An efficient job-shop scheduling algorithm based on particle swarm optimization[J]. Expert Systems with Applications,2010,37(3): 2629-2636.

[28] Banharnsakun A, Sirinaovakul B, Achalakul T. Job Shop Scheduling with thebest-so-far ABC[J]. Engineering Applications of Artificial Intelligence,2012,25(3): 583-593.

[29] Sniedovich M. Black Swans,New Nostradamuses,Voodoo decision theories,and the science of decision making in the face of severe uncertainty[J]. International Transactions in Operational Research,2012,19(1-2): 253-281.

[30] Zheng Y J,Ling H F,Xu X L,et al. Emergency scheduling of engineering rescue tasks in disaster relief operations and its application in China[J]. International Transactions in Operational Research,2015,22(3): 503-518.

[31] Liu B,Liu Y K. Expected value of fuzzy variable and fuzzy expected value models[J]. IEEE Transactions on Fuzzy Systems,2002,10(4): 445-450.

[32] Dubois D, Prade H. Operations on fuzzy numbers[J]. International Journal of Systems Science,1978,9(6): 613-626.

[33] Matsatsinis N F, Samaras A P. MCDA and preference disaggregation in group decision support systems[J]. European Journal of Operational Research,2001,130(2): 414-429.

[34] Hu J,Mehrotra S. Robust and stochastically weighted multiobjective optimization models

and reformulations[J]. Operations Research,2012,60(4)：936-953.

[35] Knowles J D,Watson R A,Corne D W. Reducing local optima in single-objective problems by multi-objectivization[C]. Proceedings of the 1st International Conference on Evolutionary multi-criterion optimization,Zurich,2001：269-283.

[36] Deb K,Pratap A,Agarwal S,et al. A fast and elitist multiobjective genetic algorithm：NSGA-II[J]. IEEE Transactions on Evolutionary Computation,2002,6(2)：182-197.

[37] Hájek J,Szöllös A,Šístek J. A new mechanism for maintaining diversity of Pareto archive in multi-objective optimization[J]. Advances in Engineering Software,2010,41(7)：1031-1057.

[38] Zheng Y,Shi H,Chen S. Fuzzy combinatorial optimization with multiple ranking criteria：A staged tabu search framework[J]. Pacific Journal of Optimization,2012,8(3)：457-472.

[39] Zheng Y,Chen S,Ling H. Efficient multi-objective tabu search for emergency equipment maintenance scheduling in disaster rescue[J]. Optimization Letters,2013,7(1)：89-100.

[40] Carter A E,Ragsdale C T. A new approach to solving the multiple traveling salesperson problem using genetic algorithms[J]. European Journal of Operational Research,2006,175(1)：246-257.

[41] Spanos A C,Ponis S T,Tatsiopoulos I P,et al. A new hybrid parallel genetic algorithm for the job-shop scheduling problem[J]. International Transactions in Operational Research,2014,21(3)：479-499.

[42] Babaei H,Karimpour J,Hadidi A. A survey of approaches for university course timetabling problem[J]. Computers & Industrial Engineering,2014,86(1)：43-59.

[43] Bettinelli A,Cacchiani V,Roberti R,et al. An overview of curriculum-based course timetabling[J]. TOP,2015,23(2)：313-349.

[44] Zhang B,Zhang M X,Qian N. Adiscrete ecogeography-based optimization algorithm for university course timetabling[M]//Tan Y,Shi Y H,Buarque F. Advances in Swarm and Computational Intelligence. Cham：Springer International Publishing,2015：247-257.

[45] Hopcroft J E,Karp R M. An n^5/2 algorithm for maximum matchings in bipartite graphs[J]. SIAM Journal on Computing,1973,2(4)：225-231.

[46] Alsmadi O M K,Abo-Hammour Z S,Abu-Al-Nadi D,et al. A novel genetic algorithm technique for solving university course timetabling problems[C]. Proceedings of the 7th International Workshop on Systems,Signal Processing and their Applications,Tipaza,2011：195-198.

[47] Nothegger C,Mayer A,Chwatal A,et al. Solving the post enrolment course timetabling problem by ant colony optimization[J]. Annals of Operations Research,2012,194(1)：325-339.

[48] Tassopoulos I X,Beligiannis G N. A hybrid particle swarm optimization based algorithm for high school timetabling problems[J]. Applied Soft Computing,2012,12(11)：3472-3489.

[49] Fonseca G H G,Santos H G. Variable Neighborhood Search based algorithms for high school timetabling[J]. Computers & Operations Research,2014,52：203-208.

# 第8章　生物地理学优化算法在图像处理中的应用

在图像处理领域,也存在着各种各样的优化问题。本章介绍 BBO 算法在图像处理中的一些典型应用,包括图像压缩、显著性目标检测以及图像分隔等。

## 8.1　用于图像压缩的 BBO 算法

### 8.1.1　分形图像压缩问题

图像的数字化表示通常需要较大数据量,这会给存储和传输带来很多不便。图像压缩就是在尽量不损失图像信息的前提下减少图像所用的数据量,以提高存储和传输的效率。

图像压缩主要是基于以下两个基本事实来实现的。

(1)图像数据中有许多重复的数据,使用数学方法来表示这些重复数据就可以减少数据量。

(2)人的眼睛对图像细节和颜色的辨认有一个极限,把超过极限的部分去掉,也就达到了压缩数据的目的。

利用前一个事实的压缩技术称为"无损压缩",即从压缩后的数据可以完全恢复出原来的图像,没有任何信息损失(失真),如 TIFF 图像文件格式就是一种无损压缩格式;利用后一个事实的压缩技术称为"有损压缩",即从压缩后的数据无法完全恢复原来的图像,有一定的信息损失,如 JPEG 图像文件格式就是一种有损压缩格式。实际的图像压缩其实是综合使用各种有损和无损压缩技术来实现的,具体有行程长度编码、哈夫曼编码、色度抽样、分形图像压缩(fractal image compression,FIC)和人工神经网络等多种方法[1]。

分形图像压缩属于有损压缩方法,其基本思想是利用图像的自相似性(即同一幅图像中的一部分与其他部分的相似程度)来进行数据压缩,具有压缩比高、解码速度快等优点,主要缺点是在编码阶段进行搜索匹配的计算复杂度较高。分形图像压缩的理论基础来源于以下 3 个定理[2]。

(1)函数迭代系统(iterated function system,IFS)定理,指出每个 IFS 都可以构成函数空间中的一个收缩映射。

(2)不动点原理,指出函数空间中的每个收缩映射都有一个不动点。

(3)拼贴原理,指出对给定的一幅图像,可以通过选择 $L$ 个收缩映射变换后得

到 $L$ 个像集,每个像集都是一副小图像;如果这 $L$ 个小图像拼贴起来的图像与原图像的距离任意小,则这 $L$ 个收缩映射构成的 IFS 就任意地接近原图像。

IFS 中的变换采用仿射变换的形式[3,4]。在二维空间中,仿射变换是线性变换和平移变换的组合。对于二维灰度图像,其每一个像素点除了横坐标 $x$ 和纵坐标 $y$ 外,还需要增加一个像素点的灰度值 $z$,因此每一个像素点都由一个三维向量 $(x, y, z)$ 表示,这样三维空间中的仿射变换 $w$ 定义为

$$w \begin{bmatrix} x \\ y \\ z \end{bmatrix} = \begin{bmatrix} a_{11} & a_{12} & 0 \\ a_{21} & a_{22} & 0 \\ 0 & 0 & s \end{bmatrix} \begin{bmatrix} x \\ y \\ z \end{bmatrix} + \begin{bmatrix} \Delta x \\ \Delta y \\ o \end{bmatrix} \tag{8.1}$$

式中,设 $A = \begin{bmatrix} a_{11} & a_{12} \\ a_{21} & a_{22} \end{bmatrix}$ 为缩放/旋转矩阵;$B = \begin{bmatrix} \Delta x \\ \Delta y \end{bmatrix}$ 为位移向量;$s$ 和 $o$ 分别为灰度变换的尺度因子和偏移因子。$A$ 取以下 8 个变换矩阵之一:

$$\begin{bmatrix} 1 & 0 \\ 0 & 1 \end{bmatrix}, \begin{bmatrix} 1 & 0 \\ 0 & -1 \end{bmatrix}, \begin{bmatrix} -1 & 0 \\ 0 & 1 \end{bmatrix}, \begin{bmatrix} -1 & 0 \\ 0 & -1 \end{bmatrix}$$

$$\begin{bmatrix} 0 & 1 \\ 1 & 0 \end{bmatrix}, \begin{bmatrix} 0 & -1 \\ 1 & 0 \end{bmatrix}, \begin{bmatrix} 0 & 1 \\ -1 & 0 \end{bmatrix}, \begin{bmatrix} 0 & -1 \\ -1 & 0 \end{bmatrix} \tag{8.2}$$

分形图像压缩的编码过程可分为以下 4 个步骤。

(1)图像分隔:将原始大小为 $N \times N$ 维的原始图像 $I$ 分隔为互不相交的 $L \times L$ 个值域块,其中每一块 $R_i$ 都是分形压缩中的一个编码单元。

(2)建立搜索空间:用 $2L \times 2L$ 截取窗口,沿图像 $I$ 的水平方向和垂直方向分别以 $\Delta h$ 和 $\Delta v$ 为步长移动,每次移动后的截取块 $D_i$ 称为定义域块或匹配块,所有这些匹配块构成了搜索空间 $S_D$。搜索空间的大小(即所有候选解的个数)为

$$|S_D| = \left( \frac{N-2L}{\Delta h} + 1 \right) \times \left( \frac{N-2L}{\Delta v} + 1 \right) \tag{8.3}$$

(3)搜索最优匹配块:在搜索空间 $S_D$ 中,为每个值域块 $R_i$ 寻找一个最优匹配块 $D_i$,使得 $D_i$ 经过仿射变换 $w_i$ 后逼近 $R_i$ 的误差尽可能地小:

$$d(R_i, w_i(D_i)) = \min_{D_i \in S_D} \| R_i - w_i(D_i) \|^2 \tag{8.4}$$

(4)获得分形码:将上一步得到的各个 $w_i$ 记录下来并进行量化编码,得到每个 $R_i$ 的分形码,该分形码就是 $R_i$ 的压缩结果。

对分形图像压缩的性能改进一般从三个方面考虑:提高编码速度、提高解码图像质量(降低信息损失)以及提高压缩比[5]。在实际应用中,编码速度太慢是分形图像压缩的主要缺点,因此这里从编码速度的角度来进行优化。由式(8.3)可知,每个最优匹配块的搜索复杂度为 $O(N^2)$,故整个图像编码的复杂度为 $O(N^4)$,这对较大的图像来说是非常耗时的。

在分形图像压缩中,每个最优匹配块的搜索都对应如式(8.4)所示的一个优化问题,而该问题又可以分解为 8 个子问题,每个子问题分别对应 $\boldsymbol{A}$ 取式(8.2)中的 8 个变换矩阵之一。为了使式(8.4)中的均方差最小,尺度因子 $s_i$ 和偏移因子 $o_i$ 的值可通过最小二乘法来确定:

$$s_i = \frac{\left(\sum_{x=0}^{L-1}\sum_{y=0}^{L-1}R_i(x,y)\cdot D_i(x,y)\right) - L^2\bar{R}\bar{D}}{\left(\sum_{x=0}^{L-1}\sum_{y=0}^{L-1}D_i(x,y)\right) - L^2\bar{D}} \tag{8.5}$$

$$o_i = \bar{R} - s_i\bar{D} \tag{8.6}$$

式中

$$\bar{R} = \frac{1}{L^2}\sum_{x=0}^{L-1}\sum_{y=0}^{L-1}R_i(x,y) \tag{8.7}$$

$$\bar{D} = \frac{1}{L^2}\sum_{x=0}^{L-1}\sum_{y=0}^{L-1}D_i(x,y) \tag{8.8}$$

因此,优化问题需要确定的决策变量就是位移向量 $\boldsymbol{B}$,每个向量有 2 个分量 $\Delta x$ 和 $\Delta y$。以 $256\times256$ 大小的图像和 $8\times8$ 大小的值域块为例,每个分量的取值范围为 $0\sim240$,分形图像压缩最优匹配问题就可以被看成是一个整数规划问题。

### 8.1.2　求解问题的 BBO 算法

使用 BBO 算法来求解上述分形图像压缩最优匹配问题时,每个解(栖息地)对应一个二维向量 $(\Delta x,\Delta y)$。算法的基本框架如算法 8.1 所示。

---

**算法 8.1　用于分形图像压缩的 BBO 算法**

步骤 1　随机生成问题的一组初始解,构成初始种群。

步骤 2　对种群中每个解 $H = (\Delta x,\Delta y)$ 依次执行如下操作:

　步骤 2.1　设置的适应度函数值 $f_H = 0$。

　步骤 2.2　对式(8.2)中的 8 个变换矩阵依次执行如下操作:

　　步骤 2.2.1　计算灰度变换的尺度因子 $s$ 和偏移因子 $o$,进而构造仿射变换 $w$。

　　步骤 2.2.2　计算映射结果 $w(D)$,进而计算其与对应值域块 $R$ 的误差 $d$。

　　步骤 2.2.3　如 $1/d$ 大于 $f_H$,设置 $f_H = 1/d$。

步骤 3　基于每个解适应度,计算其迁入率、迁出率和/或变异率。

步骤 4　更新当前已找到的最优解 $H_{\text{best}}$,若 $H_{\text{best}}$ 不在当前种群中,则将其加入种群。

步骤 5　如果终止条件满足,返回当前已找到的最优解,算法结束。

步骤 6 对种群中的每个解,分别进行迁移操作和/或变异操作,而后转步骤 2。

---

将上述算法反复用于每个值域块,直到为所有每个值域块找到相应的匹配块,即完成了图像压缩。

基于上述算法框架,我们实现了 3 个版本的 BBO 算法来求解分形图像压缩最优匹配问题。

(1)原始 BBO 算法,采用文献[6]中提供的代码实现。

(2)B-BBO 算法,使用文献[7]中的混合迁移操作和变异操作。

(3)EBO 算法,使用文献[8]中的全局迁移＋局部迁移操作,同时舍弃了变异操作。

对于 B-BBO 和 EBO 算法,在每次应用迁移操作和/或变异操作后,都对得到的解分量进行取整[9]。

### 8.1.3 算法性能实验

这里选取 $256 \times 256$、$512 \times 512$、$1024 \times 1024$ 的图像各两幅(分别记为♯1～♯6)来进行算法性能测试。除了上述三种 BBO 算法外,还分别与如下算法进行了比较。

(1)FIC 完全搜索算法[2],这是一种精确算法。

(2)遗传算法(GA)[10]。

(3)PSO 算法[11]。

采用文献中的推荐参数设置,其中 PSO 算法的种群大小设为 35,其余启发式算法的种群大小均设为 50。

每种算法都反复应用于每幅图像的每个值域块。对于除 FIC 完全搜索算法以外的五种启发式算法,在每个值域块的匹配问题上设置相同的目标函数(均方差)计算次数作为算法终止条件,以保证公平比较。

(1)在 $256 \times 256$ 的图像上,函数计算次数上限为 1000。

(2)在 $512 \times 512$ 的图像上,函数计算次数上限为 2000。

(3)在 $1024 \times 1024$ 的图像上,函数计算次数上限为 3000。

除 FIC 完全搜索算法以外,针对每种启发式算法进行 30 次仿真实验,并在其上计算平均结果。使用的度量指标包括以下几个。

(1)每幅函数上的编码时间 $T$(以秒为单位)。

(2)启发式算法相对于 FIC 完全搜索算法的加速比(speedup ratio,SR),即 FIC 完全搜索算法编码时间与启发式算法编码时间之比。

(3)压缩前后图像的峰值信噪比(peak signal to noise ratio,PSNR):

$$PSNR = 10 \log_{10} \frac{N-1}{MSE} \tag{8.9}$$

式中,MSE(mean square error)为整个图像编码前后的均方差。显然,MSE 越小,PSNR 值就越大,图像因压缩导致的信息损失越小。

表 8-1 给出了各种算法在测试图像上的实验结果。五种启发式算法中的最佳加速比和峰值信噪比均用粗体标注。

表 8-1　在 6 幅测试图像上的分形压缩算法实验结果

| 问题编号 | 度量指标 | FIC | GA | PSO | BBO | B-BBO | EBO |
|---|---|---|---|---|---|---|---|
| #1 | 时间 | 1988.5 | 50.5 | 47.1 | 48.5 | 48.7 | 49.7 |
| | 加速比 | 1 | 39.4 | **42.2** | 41.0 | 40.8 | 40.0 |
| | 峰值信噪比 | 28.7 | 26.8 | 27.9 | 27.5 | 28.0 | **28.2** |
| #2 | 时间 | 2100.3 | 52.0 | 47.7 | 49.0 | 49.2 | 50.3 |
| | 加速比 | 1 | 40.4 | **44.0** | 42.9 | 42.7 | 41.8 |
| | 峰值信噪比 | 28.5 | 26.7 | 27.7 | 27.2 | 27.8 | **28.2** |
| #3 | 时间 | 7533.3 | 146.7 | 113.9 | 126.8 | 117.1 | 118.8 |
| | 加速比 | 1 | 51.4 | **66.1** | 59.4 | 64.3 | 63.4 |
| | 峰值信噪比 | 28.2 | 26.2 | 27.3 | 26.9 | 27.6 | **28.0** |
| #4 | 时间 | 7720.8 | 150.06 | 115.3 | 128.9 | 117.9 | 119.6 |
| | 加速比 | 1 | 51.5 | **67.0** | 59.9 | 65.5 | 64.6 |
| | 峰值信噪比 | 28.1 | 26.2 | 27.3 | 26.8 | 27.6 | **27.9** |
| #5 | 时间 | 27853.6 | 428.5 | 339.3 | 392.1 | 347.6 | 360.0 |
| | 加速比 | 1 | 65.0 | **82.1** | 71.0 | 80.1 | 77.4 |
| | 峰值信噪比 | 27.3 | 25.9 | 27.0 | 26.5 | 27.3 | **27.6** |
| #6 | 时间 | 29109.9 | 445.6 | 343.3 | 396.7 | 351.9 | 363.1 |
| | 加速比 | 1 | 65.3 | **84.8** | 73.4 | 82.7 | 80.2 |
| | 峰值信噪比 | 26.9 | 25.8 | 26.9 | 26.4 | 27.1 | **27.6** |

从实验结果中可以看出,随着图像尺寸的变大,各种启发式算法的加速比也变得越来越大。在五种启发式算法中,GA 和 BBO 算法的综合性能较差;PSO 算法的加速比始终最大,因为它并不需要执行轮盘赌、迁移率等计算;EBO 算法的加速比优于 GA 和 BBO 算法,但劣于 PSO 和 B-BBO 算法,这主要是因为其需要额外维护种群的邻域结构,不过压缩质量最好(信息损失最小);B-BBO 算法则在加速比和压缩质量之间达到了一个较好的平衡。总的来看,PSO、B-BBO 和 EBO 算法的运行时间差距不大,如果不是特别关注时间的微小差别,EBO 算法可以作为首选的压缩算法。

## 8.2　用于显著性目标检测的 BBO 算法

### 8.2.1　显著性目标检测问题

显著性目标检测(salient object detection,SOD)指检测出图像中最吸引人们注意力的对象[12],主要通过区分图像中的背景区域和显著性区域来确定图像中的突出目标。SOD 在计算机视觉和多媒体的许多应用中扮演重要角色,例如,在智能交通系统中识别地标、行人和车辆[13],在医学解剖图像中划分病理结构和正常组织结构[14],在监控系统中识别非法闯入人员[15]等。

显著性目标检测的方法大致可分为两类:自底向上的方法和自顶向下的方法[16]。在自底向上的方法中,首先是从图像中提取像素强度、颜色、方向和质地等低维视觉特征,接着在此基础上来绘制特征图,其特点是直观、快速,但是只考虑图像的底层特点[12,13]。在自顶向下的方法中,对特征的处理融入了人们对场景的先验知识(如在处理人像图片时包含人的脸部特征),从而提高检测的准确率,但缺点是速度有所下降。在实际应用中,自底向上和自顶向下的方法常常被结合起来使用[17,18]。

文献[18]中提出了一种自底向上和自顶向下相结合的显著性目标检测建模方法,其基本过程如下。

(1) 基于多尺度对比(multi-scale contrast)、中心环绕直方图(center-surround histogram)和颜色空间分布(color spatial distribution)这 3 个特征,从原始图像中提取 3 个特征图,分别记为 $f_1$、$f_2$ 和 $f_3$。

(2) 确定一个权重向量 $w=(w_1,w_2,w_3)$,通过它将 3 个特征图组合为一个显著图 $S$,其中每一个像素 $p$ 的显著值计算如下:

$$S(p,w) = \sum_{k=1}^{3} w_k f_k(p) \tag{8.10}$$

式中,$w_1+w_2+w_3=1$。

(3)对显著图进行归一化,使其每个像素点的显著值在[0,1]内:

$$S_N(p,w) = \frac{S(p,w) - \min_{p' \in P} S(p',w)}{\max_{p' \in P} S(p',w) - \min_{p' \in P} S(p',w)} \tag{8.11}$$

式中,$\min_{p' \in P} S(p',w)$ 表示像素集 $P$ 中的最小值;$\max_{p' \in P} S(p',w)$ 表示像素集 $P$ 中的最大值。

(4) 将像素集中的像素按阈值进行划分,其值大于阈值的认为是显著性像素,小于阈值的认为是背景像素,从而得到最终的二值显著图 $A$:

$$A(p,w) = \begin{cases} 1, & S_N(p,w) \geqslant \tau(w) \\ 0, & S_N(p,w) < \tau(w) \end{cases} \tag{8.12}$$

式中,阈值一般取像素集中最大显著值的一半:

$$\tau(w) = \frac{\max\limits_{p' \in P} S_N(p',w)}{2} \tag{8.13}$$

图 8-1 给出了一个样例图片从原图到显著图的构造过程示例。

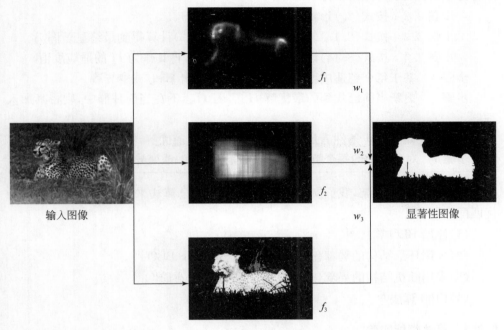

图 8-1　从原图到显著图的构造过程示例

在上述过程中,一个难点是权重向量 $w$ 的确定,其目标是使得显著性像素和背景像素的对比度最大,这可以通过如下的适应度函数来刻画:

$$\text{Fit}(w) = \sum_{p \in P_{\text{att}}} (1 - S_N(p,w)) + \sum_{p \in P_{\text{bkg}}} S_N(p,w) \tag{8.14}$$

式中,$P_{\text{att}}$ 和 $P_{\text{bkg}}$ 分别代表显著性像素集和背景像素集:

$$P_{\text{att}}(w) = \{p : p \in P \wedge A(p,w) = 1\} \tag{8.15}$$

$$P_{\text{bkg}}(w) = \{p : p \in P \wedge A(p,w) = 1\} \tag{8.16}$$

## 8.2.2　求解问题的 BBO 算法

使用 BBO 算法来确定上述显著性目标检测的最优权重,每个解(栖息地)对应一个三维向量 $(w_1, w_2, w_3)$。算法的基本框架如算法 8.2 所示。

**算法 8.2　　用于显著性目标检测的 BBO 算法**

步骤 1　基于给定的特征,从原始图像中分别提取 3 个特征图 $f_1$、$f_2$ 和 $f_3$。

步骤 2　随机生成问题的一组初始解,构成初始种群。

步骤 3　对种群中每个解 $H=(w_1,w_2,w_3)$ 依次执行如下操作:

步骤 3.1　对像素集中的每个像素点 $p$,按式(8.10)将 3 个特征图的像素点聚合为显著图 $S$ 中的像素点。

步骤 3.2　按式(8.11)将显著图 $S$ 归一化为 $S_N$。

步骤 3.3　按式(8.13)确定阈值,并按式(8.12)计算得到最终显著图 $A$。

步骤 3.4　按式(8.14)计算 $A$ 的显著对比度,将其作为 $H$ 的适应度值。

步骤 4　基于每个解适应度,计算其迁入率、迁出率和/或变异率。

步骤 5　更新当前已找到的最优解 $H_{best}$,若 $H_{best}$ 不在当前种群中,则将其加入种群。

步骤 6　如果终止条件满足,返回当前已找到的最优解,算法结束。

步骤 7　对种群中的每个解,分别进行迁移操作和/或变异操作,而后转步骤 3。

基于上述算法框架,我们实现了 4 个版本的 BBO 算法来求解分形图像压缩最优匹配问题[19]。

(1)原始 BBO 算法[6]。

(2)采用环形结构的局部化 BBO 算法,记为 Ring-BBO[20]。

(3)采用随机结构的局部化 BBO 算法,记为 Rand-BBO[20]。

(4)EBO 算法[8]。

### 8.2.3　算法性能实验

在 3 个图像数据集 MSRA[18]、iCoSeg[21] 和 SED[22] 中挑选 300 张图像来进行算法性能测试。除了上述四种 BBO 算法外,还分别与以下两种算法进行了比较。

(1)Liu 等在文献[18]中给出的经典算法。

(2)Singh 等在文献[23]中给出的 PSO 算法。

四种 BBO 算法的种群大小为 20,算法迭代次数为 10,Rand-BBO 和 EBO 算法中的邻域结构平均大小为 3,EBO 算法中成熟度系数 $\eta$ 的上界和下界分别是 0.7 和 0.4。另两种比较算法的参数按照原始文献中的推荐设置。

首先,每种算法在每张测试图片上均运行 5 次,并根据显著性检测结果将所有测试图片分成三组。

A 组:四种 BBO 算法在这些图片上的显著性结果均为最佳。

B 组:部分 BBO 算法在这些图片上的显著性结果为最佳。

C 组：没有哪个 BBO 算法在这些图片上的显著性结果为最佳。

对 A 组中的图片，取 5 次运行的平均结果为最终结果；对 B 组和 C 组中的图片，每种算法在每张图片上再运行 20 次，从 25 次中选择较好的 20 次的平均结果为最终结果。

三组的定性比较结果如图 8-2～图 8-4 所示。其中，输入图像中显著性目标轮廓的（最小）外接矩形用粗框线标记。

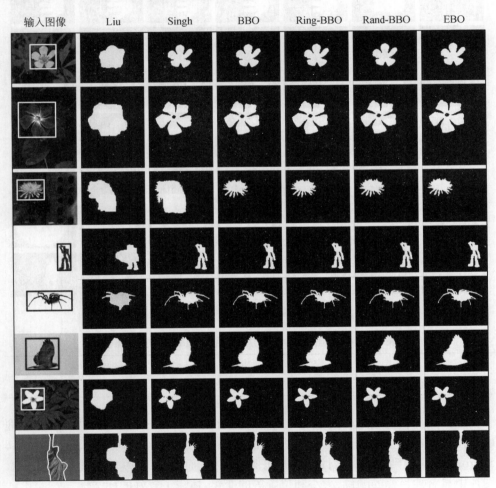

图 8-2　在 A 组测试图片上各种算法得到的显著图

对于 B 组中的图片，表 8-2 给出了各种算法得到最佳显著性结果的比例，可见 BBO 算法的结果比另两种算法都要好，其中原始 BBO 算法的比例最高。

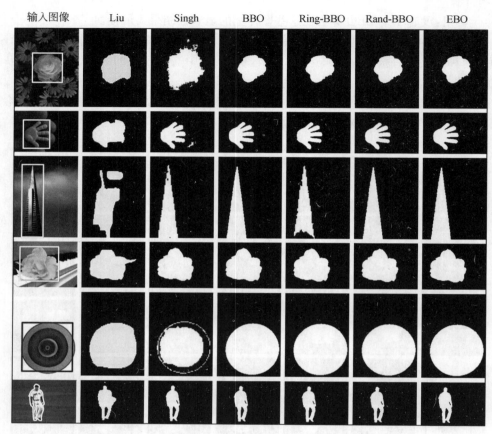

图 8-3　在 B 组测试图片上各种算法得到的显著图

**表 8-2　在 B 组图片中各算法得到最佳显著性结果的比例**

| 算法 | Liu | Singh | BBO | Ring-BBO | Rand-BBO | EBO |
|---|---|---|---|---|---|---|
| 最佳比例/% | 0 | 23 | 61 | 47 | 56 | 54 |

　　定性地比较上述显著图结果可以发现，Liu 的方法和 Singh 的方法虽然能够准确定位显著性目标的位置，但 Liu 的方法未在任何图片上得到最佳显著性结果，Singh 的方法得到最佳显著性结果的比例也很低；而四种 BBO 算法能够有效应对图片中显著性目标的颜色、大小和位置等的变化，体现了较好的稳定性。

　　进一步，在三组图片集上分别计算每种算法的计算时间（以秒为单位），以及算法结果的准确率（Precision）、召回率（Recall）和 $F$ 度量值（$F$-Measure）：

$$\text{Precision} = \frac{\text{TP}}{\text{TP} + \text{FP}} \tag{8.17}$$

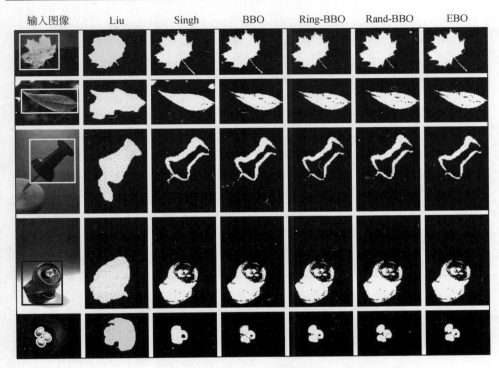

图 8-4　在 C 组测试图片上各种算法得到的显著图

$$\text{Recall} = \frac{\text{TP}}{\text{TP} + \text{FN}} \tag{8.18}$$

$$F\text{-Measure} = \frac{2 \times \text{Precision} \times \text{Recall}}{\text{Precision} + \text{Recall}} \tag{8.19}$$

式中,TP、FP、TN、FN 分别表示显著性检测结果的真正值(被正确检测为显著点的个数)、假正值(背景点被误检测为显著点的个数)、真负值(被正确判断为背景点的个数)和假负值(显著点被误判为背景点的个数)。

三组图片集上各种算法的结果如表 8-3~表 8-5 所示,其中最佳的均值用粗体表示。

表 8-3　在 A 组图片集中各算法的计算时间及检测结果度量

| 度量指标 | | Liu | Singh | BBO | Ring-BBO | Rand-BBO | EBO |
|---|---|---|---|---|---|---|---|
| 时间 | 平均值 | 8.110 | 16.809 | 6.944 | 7.035 | **6.928** | 6.988 |
| | 最大值 | 8.837 | 46.189 | 7.785 | 8.127 | 7.663 | 7.858 |
| | 最小值 | 7.064 | 8.100 | 5.928 | 5.868 | 5.886 | 5.917 |
| | 标准差 | 0.594 | 13.449 | 0.632 | 0.738 | 0.604 | 0.633 |

| 度量指标 | | Liu | Singh | BBO | Ring-BBO | Rand-BBO | EBO |
|---|---|---|---|---|---|---|---|
| 准确率 | 平均值 | 0.843 | 0.913 | **0.991** | **0.991** | **0.991** | **0.991** |
| | 最大值 | 1.000 | 1.000 | 1.000 | 1.000 | 1.000 | 1.000 |
| | 最小值 | 0.535 | 0.357 | 0.963 | 0.963 | 0.963 | 0.963 |
| | 标准差 | 0.204 | 0.225 | 0.014 | 0.014 | 0.014 | 0.014 |
| 召回率 | 平均值 | 0.896 | **0.955** | 0.949 | 0.949 | 0.949 | 0.949 |
| | 最大值 | 0.961 | 0.987 | 1.000 | 1.000 | 1.000 | 1.000 |
| | 最小值 | 0.659 | 0.909 | 0.889 | 0.889 | 0.889 | 0.889 |
| | 标准差 | 0.098 | 0.024 | 0.038 | 0.038 | 0.038 | 0.038 |
| $F$ 度量值 | 平均值 | 0.850 | 0.914 | **0.969** | **0.969** | **0.969** | **0.969** |
| | 最大值 | 0.974 | 0.982 | 0.982 | 0.982 | 0.982 | 0.982 |
| | 最小值 | 0.682 | 0.499 | 0.941 | 0.941 | 0.941 | 0.941 |
| | 标准差 | 0.118 | 0.168 | 0.016 | 0.016 | 0.016 | 0.016 |

**表 8-4　在 B 组图片集中各算法的计算时间及检测结果度量**

| 度量指标 | | Liu | Singh | BBO | Ring-BBO | Rand-BBO | EBO |
|---|---|---|---|---|---|---|---|
| 时间 | 平均值 | 8.005 | 18.260 | 6.725 | 6.697 | **6.674** | 6.687 |
| | 最大值 | 8.383 | 29.197 | 7.452 | 7.360 | 7.184 | 7.117 |
| | 最小值 | 7.782 | 11.760 | 6.310 | 6.192 | 6.260 | 6.339 |
| | 标准差 | 0.271 | 7.081 | 0.431 | 0.425 | 0.345 | 0.294 |
| 准确率 | 平均值 | 0.792 | 0.700 | 0.921 | 0.906 | **0.930** | **0.930** |
| | 最大值 | 0.960 | 0.994 | 1.000 | 0.999 | 1.000 | 1.000 |
| | 最小值 | 0.488 | 0.203 | 0.700 | 0.631 | 0.714 | 0.751 |
| | 标准差 | 0.170 | 0.328 | 0.114 | 0.145 | 0.109 | 0.093 |
| 召回率 | 平均值 | 0.903 | **0.945** | 0.924 | 0.919 | 0.911 | 0.918 |
| | 最大值 | 0.986 | 1.000 | 0.989 | 0.991 | 0.990 | 0.992 |
| | 最小值 | 0.784 | 0.765 | 0.800 | 0.781 | 0.764 | 0.779 |
| | 标准差 | 0.077 | 0.090 | 0.067 | 0.078 | 0.087 | 0.079 |
| $F$ 度量值 | 平均值 | 0.837 | 0.750 | 0.916 | 0.897 | 0.914 | **0.919** |
| | 最大值 | 0.973 | 0.979 | 0.983 | 0.983 | 0.981 | 0.983 |
| | 最小值 | 0.593 | 0.332 | 0.725 | 0.687 | 0.716 | 0.753 |
| | 标准差 | 0.129 | 0.243 | 0.099 | 0.113 | 0.104 | 0.089 |

**表 8-5　在 C 组图片集中各算法的计算时间及检测结果度量**

| 度量指标 | | Liu | Singh | BBO | Ring-BBO | Rand-BBO | EBO |
|---|---|---|---|---|---|---|---|
| 时间 | 平均值 | 8.163 | 15.374 | 6.859 | **6.778** | 6.787 | 6.786 |
| | 最大值 | 8.434 | 16.366 | 7.182 | 7.180 | 7.167 | 7.127 |
| | 最小值 | 7.901 | 14.607 | 6.365 | 6.420 | 6.403 | 6.450 |
| | 标准差 | 0.277 | 0.737 | 0.351 | 0.328 | 0.329 | 0.304 |
| 准确率 | 平均值 | 0.720 | 0.668 | 0.878 | 0.858 | **0.879** | 0.866 |
| | 最大值 | 0.995 | 0.843 | 0.975 | 0.975 | 0.973 | 0.966 |
| | 最小值 | 0.221 | 0.447 | 0.784 | 0.781 | 0.801 | 0.766 |
| | 标准差 | 0.295 | 0.186 | 0.072 | 0.071 | 0.064 | 0.076 |
| 召回率 | 平均值 | 0.904 | **0.957** | 0.831 | 0.840 | 0.844 | 0.820 |
| | 最大值 | 0.986 | 1.000 | 0.976 | 0.975 | 0.958 | 0.984 |
| | 最小值 | 0.823 | 0.862 | 0.702 | 0.694 | 0.744 | 0.611 |
| | 标准差 | 0.071 | 0.056 | 0.125 | 0.119 | 0.101 | 0.152 |
| $F$ 度量值 | 平均值 | 0.760 | 0.759 | 0.824 | 0.838 | **0.851** | 0.831 |
| | 最大值 | 0.900 | 0.896 | 0.913 | 0.896 | 0.898 | 0.904 |
| | 最小值 | 0.359 | 0.582 | 0.749 | 0.731 | 0.776 | 0.675 |
| | 标准差 | 0.228 | 0.130 | 0.071 | 0.074 | 0.059 | 0.096 |

从三组的定量比较中可以发现,四种 BBO 算法所需要的时间明显少于另两个比较算法;Singh 等的方法在三组上均得到最好的召回率,这是因为召回率只关心有多少显著点被检测到,而该方法得到的显著性结果中总是包含不需要的区域。而对于四种 BBO 算法:

(1)在 A 组上,所有 BBO 算法均得到最好的准确率和 $F$ 度量值。

(2)在 B 组上,Rand-BBO 算法和 EBO 算法得到最好的准确率,EBO 算法得到最好的 $F$ 度量值。

(3)在 C 组上,Rand-BBO 算法得到最好的准确率和 $F$ 度量值。

由于准确率表示多少噪声被检测到,$F$ 度量值表示召回率和准确率的加强调和平均数,它们对结果的衡量更有说服力。总的来说,定性和定量的分析结果都表明,四种 BBO 算法在性能上优于另外两种显著性检测方法,而在四种 BBO 算法中 Rand-BBO 算法的综合性能更好而值得推荐。

# 8.3　用于图像分割的 BBO 算法

## 8.3.1　图像分割问题

图像分割(image segmentation)指将一幅图像分解为若干个互不相交的区域,

每个区域具有不同的特性,以便从中提取出感兴趣的目标。传统的图像分割技术主要包括边缘检测法、区域提取法和直方图(阈值)法等[24-26]。近年来,结合小波分析、聚类分析、人工神经网络和进化算法等新型计算模型的图像分割方法也引起了人们广泛的研究兴趣[27-30]。

　　从底层抽象的角度来看,图像分隔的本质是将图像中的像素点按不同的特性进行分类和重组。因此,聚类分析技术被广泛应用于图像分割中。$k$-means 算法是最经典的聚类算法之一,其基本思想就是将数据点集划分为 $k$ 个聚类,而后通过控制策略不断调整聚类中的数据点,使得每个聚类中所有点到其质心的平均距离尽可能小。该方法的优点是实现简单、收敛速度快,缺点是难以发现分布形状比较复杂的聚类。

　　模糊 $C$ 均值聚类(fuzzy C-means,FCM)算法[31,32]是在 $k$-means 算法基础上发展起来的一种聚类算法,它将模糊集中的隶属度概念引入图像分隔中,避免了阈值设定的问题,使得聚类过程中不需要人工干预,从而得到了广泛的应用。FCM 的基本思想是给定 $n$ 个样本点 $X = \{x_1, x_2, \cdots, x_n\}$,将其划分为 $c$ 个聚类,每个样本点 $x_k$ 相对于每个聚类 $i$ 的隶属度为 $u_{ik}(1 \leqslant k \leqslant n, 1 \leqslant i \leqslant c)$,这样分类结果由一个模糊隶属矩阵 $\boldsymbol{U} = \{u_{ik}\}$ 表示,使得

$$\min J_m(\boldsymbol{U}, \boldsymbol{V}; \boldsymbol{X}) = \sum_{i=1}^{c} \sum_{k=1}^{n} (u_{ik})^m \parallel x_k - v_i \parallel^2$$

$$\text{s.t.} \quad \sum_{i=1}^{c} u_{ik} = 1, \quad k = 1, 2, \cdots, n$$

$$\sum_{k=1}^{n} u_{ik} > 0, \quad i = 1, 2, \cdots, c \tag{8.20}$$

$$0 \leqslant u_{ik} \leqslant 1, \quad k = 1, 2, \cdots, n; i = 1, 2, \cdots, c$$

式中,$V$ 为 $c$ 个聚类中心的集合,$m > 1$ 为模糊系数。

　　FCM 算法的基本过程如下。

　　(1)初始化 $c$ 个聚类中心 $V = \{v_1, v_2, \cdots, v_c\}$。

　　(2)对每个样本 $x_k$,计算其相对于每一个聚类 $i$ 的隶属度 $u_{ik}$:

$$u_{ik} = \frac{1}{\left( \sum_{j=1}^{c} \frac{\parallel x_k - v_i \parallel}{\parallel x_k - v_j \parallel} \right)^{\frac{2}{m-1}}} \tag{8.21}$$

　　(3)按式(8.22)更新每个聚类中心 $v_i$:

$$v_i = \frac{\sum_{k=1}^{n} x_k (u_{ik})^m}{\sum_{k=1}^{n} (u_{ik})^m} \tag{8.22}$$

（4）重复步骤（2）和（3）直至各聚类中心均收敛，即

$$\| V^{t+1} - V^t \| \leqslant \varepsilon \qquad (8.23)$$

式中，$t$ 表示算法迭代的次数；$\varepsilon$ 为预定义的收敛精度。

以上 FCM 算法存在聚类数和初始聚类中心确定困难、迭代收敛过程可能较长、易陷入局部最优等问题[33]。因此，最近人们将进化算法与 FCM 算法结合起来进行研究[34]，对一个种群中的多个聚类中心进行并发搜索和进化，以提高聚类的速度和精度。

### 8.3.2　基于 BBO 的模糊 $C$ 均值聚类算法

文献[35]中提出了一种基于生物地理学优化的模糊 $C$ 均值聚类（BBO-FCM）算法，并将其应用于图像分割。该算法的基本步骤如算法 8.3 所示。

---

**算法 8.3　用于图像分割的 BBO-FCM 算法**

步骤 1　随机生成一个初始种群，种群中的每个解（栖息地）对应一组 $c$ 个聚类中心。

步骤 2　对种群中每个解 $H$ 依次执行如下操作：

　步骤 2.1　按式（8.21）计算模糊隶属度矩阵。

　步骤 2.2　按式（8.22）更新聚类中心。

　步骤 2.3　如未满足式（8.23），继续转步骤 2.1。

　步骤 2.4　计算式（8.20）中的目标函数值的倒数，作为 $H$ 的适应度值。

步骤 3　基于每个解适应度，计算其迁入率、迁出率和/或变异率。

步骤 4　对种群中的每个解 $H$ 依次执行如下操作：

　步骤 4.1　应用 BBO 算法的迁移操作。

　步骤 4.2　应用 BBO 算法的变异操作。

　步骤 4.3　重新计算 $H$ 的适应度。

步骤 5　若满足终止条件，则返回当前已找到的最优解；否则，转到步骤 2。

---

除了 BBO-FCM 算法外，文献[35]还分别使用 PSO 算法[36]、ABC 算法[37] 和 AFSA 算法[38] 来优化 FCM（相应的算法分别记为 PSO-FCM、ABC-FCM 和 AFSA-FCM），并将其与 BBO-FCM 进行比较。以图 8-5（a）所示的辣椒图为例，其余 5 个子图分别对应 FCM 算法以及四种进化 FCM 算法的图像分割结果。通过定性的观察可以发现，BBO-FCM 算法的分割效果最好，它不仅准确地将灰度值接近的红辣椒和绿辣椒分为一类，而且分割的线条形状连贯。

文献[35]中采用的是基本 BBO 算法。在此基础上，分别应用以下 3 个版本的 BBO 算法来实现算法 8.3。

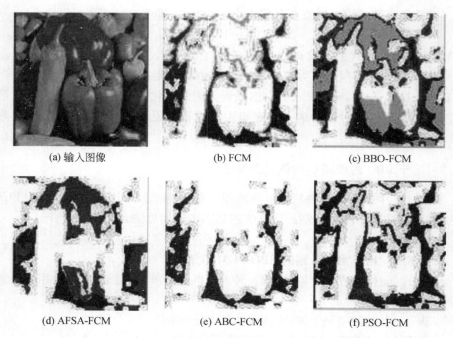

|  |  |  |
|---|---|---|
| (a) 输入图像 | (b) FCM | (c) BBO-FCM |
| (d) AFSA-FCM | (e) ABC-FCM | (f) PSO-FCM |

图 8-5　一个输入图像以及五种 FCM 算法的图像分割结果示例[35]

（1）采用差分变异与 BBO 迁移相混合的 DE/BBO 算法[39]。

（2）采用随机结构的局部化 DE/BBO 算法,记为 L-DE/BBO[20]。

（3）采用全局迁移和局部迁移相混合的 EBO 算法[8]。

### 8.3.3　算法性能实验

下面分别对基本的 FCM 算法、文献[35]中实现的四种算法以及我们实现的三种改进型 BBO-FCM 算法进行比较。测试图像为文献[35]中选用的 8 幅图像,图像名分别为 Lena、Baboon、Woman、Peppers、Milktrop、Camera、Bridge 和 Plane,内容如图 8-6 所示。

为了对不同算法的分割效果进行定量评价,这里使用如下 5 个评价指标[40]。

（1）分区指数 SC,反映了不同聚类之间的松紧度之和(其中,$n_i$ 表示划分到聚类 $i$ 的样本个数):

$$SC = \sum_{i=1}^{c} \frac{\sum_{k=1}^{n} (u_{ik})^m \parallel x_k - v_i \parallel^2}{n_i \sum_{j=1}^{c} \parallel v_j - v_i \parallel^2} \tag{8.24}$$

（2）谢尔贝尼指数 XB,反映了单个聚类与所有聚类的变异比例:

图 8-6　用于比较图像分割算法的 8 幅测试图像

$$\mathrm{XB} = \frac{\displaystyle\sum_{i=1}^{c}\sum_{k=1}^{n}(u_{ik})^{m}\parallel x_{k}-v_{i}\parallel^{2}}{n\min\limits_{1\leqslant i\leqslant c,1\leqslant k\leqslant n}\parallel x_{j}-v_{i}\parallel^{2}} \tag{8.25}$$

（3）分类熵 CE，反映了单个聚类内部的模糊程度：

$$\mathrm{CE} = -\frac{1}{n}\sum_{i=1}^{c}\sum_{k=1}^{n}u_{ik}\log_{2}u_{ik} \tag{8.26}$$

（4）分离指数 $S$，反映了有效性区分距离：

$$S = \frac{\sum\limits_{i=1}^{c} \sum\limits_{k=1}^{n} (u_{ik})^2 \parallel x_k - v_i \parallel^2}{n \min\limits_{1 \leqslant i < c, 1 \leqslant j \leqslant c} \parallel v_j - v_i \parallel^2} \tag{8.27}$$

(5)分隔系数 PC,反映了样本与聚类之间的重叠量:

$$PC = \frac{1}{n} \sum_{i=1}^{c} \sum_{k=1}^{n} (u_{ik})^2 \tag{8.28}$$

在上述指标中,SC、XB 和 CE 的值越小,聚类的效果越好;反之,S 和 PC 的值越大,聚类的效果越好。

各算法均采用原始文献中的推荐参数设置。模糊指数设为 2。为保证公平比较,所有算法的最大函数估值次数均设为 15000。表 8-6～表 8-13 分别给出了 8 幅图像上八种算法分割结果的度量指标值(文献[35]中实现的四种算法的结果直接取自该文献),其中每项指标的最优值以粗体标注。

**表 8-6　在图 Lena 上各算法的分割结果度量**

| 度量指标 | FCM | AFSA-FCM | ABC-FCM | PSO-FCM | BBO-FCM | DE/BBO-FCM | L-DE/BBO-FCM | EBO-FCM |
|---|---|---|---|---|---|---|---|---|
| SC | 1.07 | 2.27 | **0.57** | 5.34 | 1.27 | 1.21 | 1.18 | 1.16 |
| XB | 24.04 | 0.35 | 0.90 | 0.39 | **2.50E−11** | 1.36E−07 | 3.60E−07 | 3.13E−05 |
| CE | 0.99 | 2.04 | 1.35 | 2.09 | 8.51E−05 | 5.63E−06 | 2.01E−06 | **1.64E−06** |
| S | 1.07E−04 | 0.55 | 0.15 | **1.40** | 0.28 | 0.46 | 0.61 | 0.61 |
| PC | **0.53** | 0.33 | 0.06 | 0.39 | 2.49E−11 | 7.29E−03 | 1.65E−02 | 0.08 |

**表 8-7　在图 Baboon 上各算法的分割结果度量**

| 度量指标 | FCM | AFSA-FCM | ABC-FCM | PSO-FCM | BBO-FCM | DE/BBO-FCM | L-DE/BBO-FCM | EBO-FCM |
|---|---|---|---|---|---|---|---|---|
| SC | 1.61 | **0.96** | 1.30 | 2.04 | 2.35 | 1.86 | 1.75 | 1.70 |
| XB | 21.46 | 1.74 | 1.74 | **0.01** | 0.14 | 0.18 | 0.31 | 0.09 |
| CE | 0.81 | 1.26 | 1.24 | 0.46 | 1.40 | 0.98 | 0.59 | **0.39** |
| S | 1.23E−04 | 0.30 | 0.39 | 0.61 | 0.67 | 0.75 | **0.93** | 0.85 |
| PC | 0.58 | **1.03** | 0.14 | 0.01 | 0.13 | 0.21 | 0.36 | 0.39 |

表 8-8　在图 Woman 上各算法的分割结果度量

| 度量指标 | FCM | AFSA-FCM | ABC-FCM | PSO-FCM | BBO-FCM | DE/BBO-FCM | L-DE/BBO-FCM | EBO-FCM |
|---|---|---|---|---|---|---|---|---|
| SC | 1.10 | 3.33 | **1.03** | 1.10 | 2.05 | 1.33 | 1.10 | 1.08 |
| XB | 21.36 | **7.39E−09** | 0.08 | 0.74 | 1.75E−04 | 2.69E−03 | 2.54E−03 | 0.01 |
| CE | 0.81 | 1.53 | 1.17 | 1.14 | 0.07 | 0.05 | 0.05 | **0.04** |
| $S$ | 1.10E−04 | 1.26 | 0.25 | 0.27 | 0.64 | 1.01 | 0.98 | **1.33** |
| PC | **0.60** | 0.16 | 0.17 | 0.28 | 1.36E−04 | 0.02 | 0.03 | 0.10 |

表 8-9　在图 Peppers 上各算法的分割结果度量

| 度量指标 | FCM | AFSA-FCM | ABC-FCM | PSO-FCM | BBO-FCM | DE/BBO-FCM | L-DE/BBO-FCM | EBO-FCM |
|---|---|---|---|---|---|---|---|---|
| SC | **1.10** | 1.69 | 2.18 | 1.55 | 2.39 | 1.92 | 1.57 | 1.37 |
| XB | 40.98 | 0.01 | **1.48E−08** | 0.20 | 0.08 | 0.13 | 0.06 | 0.06 |
| CE | 0.82 | 0.51 | **0.0018** | 1.46 | 1.19 | 0.50 | 0.09 | 0.05 |
| $S$ | 3.78E−05 | 0.42 | 0.5278 | 0.46 | 0.69 | 0.73 | **0.88** | 0.85 |
| PC | **0.60** | 0.01 | 8.87E−09 | 0.14 | 0.06 | 0.12 | 0.18 | 0.37 |

表 8-10　在图 Milktrop 上各算法的分割结果度量

| 度量指标 | FCM | AFSA-FCM | ABC-FCM | PSO-FCM | BBO-FCM | DE/BBO-FCM | L-DE/BBO-FCM | EBO-FCM |
|---|---|---|---|---|---|---|---|---|
| SC | 0.88 | 2.14 | 2.80 | 1.30 | 2.25 | 1.55 | 1.30 | **0.73** |
| XB | 32.08 | **0.01** | 0.42 | 0.47 | 0.04 | 0.09 | 0.32 | 0.04 |
| CE | 0.57 | 0.49 | 0.57 | 0.95 | 1.05 | 0.75 | 0.57 | **0.48** |
| $S$ | 6.38E−05 | 0.74 | 1.08 | 0.29 | 0.72 | 1.03 | 1.02 | **1.21** |
| PC | **0.71** | 0.01 | 0.24 | 0.23 | 0.09 | 0.23 | 0.26 | 0.35 |

表 8-11　在图 Camera 上各算法的分割结果度量

| 度量指标 | FCM | AFSA-FCM | ABC-FCM | PSO-FCM | BBO-FCM | DE/BBO-FCM | L-DE/BBO-FCM | EBO-FCM |
|---|---|---|---|---|---|---|---|---|
| SC | 0.70 | **0.27** | 2.65 | 2.01 | 2.07 | 1.77 | 1.63 | 0.95 |
| XB | 27.64 | 3.96 | **1.10E−03** | 0.42 | 0.23 | 0.42 | 0.36 | 0.46 |
| CE | 0.44 | 0.13 | 0.55 | 1.46 | 1.35 | 0.55 | 0.22 | **0.09** |
| $S$ | 7.08E−05 | 0.11 | 0.86 | 0.65 | 0.61 | 0.81 | 0.90 | **0.93** |
| PC | 0.78 | **3.73** | 1.87 | 0.42 | 0.21 | 0.42 | 0.42 | 0.80 |

表 8-12　在图 Bridge 上各算法的分割结果度量

| 度量指标 | FCM | AFSA-FCM | ABC-FCM | PSO-FCM | BBO-FCM | DE/BBO-FCM | L-DE/BBO-FCM | EBO-FCM |
|---|---|---|---|---|---|---|---|---|
| SC | 2.06 | 1.09 | 7.50 | 2.20 | 0.37 | 0.39 | 0.37 | **0.35** |
| XB | 31.13 | 1.63 | **0.05** | 0.35 | 4.62 | 4.33 | 8.38 | 8.06 |
| CE | 0.86 | 0.84 | 1.20 | 1.23 | 0.11 | **0.09** | 0.30 | 0.11 |
| $S$ | 1.55E−04 | 0.35 | **2.77** | 0.62 | 0.13 | 0.30 | 0.30 | 0.35 |
| PC | **0.54** | 0.04 | 0.12 | 0.16 | 1.05E−04 | 0.02 | 0.04 | 0.09 |

表 8-13　在图 Plane 上各算法的分割结果度量

| 度量指标 | FCM | AFSA-FCM | ABC-FCM | PSO-FCM | BBO-FCM | DE/BBO-FCM | L-DE/BBO-FCM | EBO-FCM |
|---|---|---|---|---|---|---|---|---|
| SC | 1.13 | 0.91 | 1.23 | 1.41 | 1.60 | 1.46 | 1.23 | **0.76** |
| XB | 35.03 | **0.27** | 1.47 | 0.49 | 0.67 | 0.81 | 1.23 | 1.00 |
| CE | **0.40** | 0.84 | 0.78 | 1.43 | 1.06 | 0.72 | 0.72 | 0.55 |
| $S$ | 9.84E−05 | 0.26 | 0.56 | 0.47 | 0.63 | 0.84 | 0.79 | **0.96** |
| PC | 0.78 | 0.24 | **1.40** | 0.39 | 0.66 | 0.80 | 0.90 | 0.96 |

从实验结果中可以看出,很难有一种算法在所有 5 个指标上同时取得改善。相对而言,比较 BBO 算法和其他四种算法,可以看到以下几点。

(1)基本 FCM 算法在 PC 值上表现最好(在 5 幅图像上取得最佳值),在 SC 值和 CE 值上表现一般,在 XB 值和 $S$ 值上表现较差。

(2)AFSA-FCM 算法在 XB 值上表现最好(在 3 幅图像上取得最佳值),在 SC 值和 CE 值上表现一般,在 $S$ 值上表现较差,且在 PC 值上表现起伏较大。

(3)ABC-FCM 算法的各个指标值都有一定的起伏,如 SC 值在 2 幅图像上取得最佳值、在 3 幅图像上却取得最差值;其 XB 值和 CE 值上也有类似的情况。

(4)PSO-FCM 算法没有特别突出的性能表现,在 SC 值上表现最差(在 1 幅图像上取得最差值,在 4 幅图像上取得倒数第二的值),只在 XB 值和 $S$ 值上表现中等偏上。

而基本 BBO-FCM 算法在大部分指标上表现较为均衡,这使得其能够作为实际图像分隔应用中一个较可靠的选择。

比较 4 个版本的 BBO-FCM 算法,可以发现以下几点。

(1)在 SC 值上的总体表现是 EBO-FCM ＞ L-DE/BBO-FCM ＞ DE/BBO-FCM ＞ BBO-FCM,即 DE 变异操作比 BBO 原始迁移操作更能够改善 SC 值,而混合迁移操作的效果比 DE 变异操作更好。

（2）在 XB 值上的总体表现是 BBO-FCM > DE/BBO-FCM > L-DE/BBO-FCM > EBO-FCM,这与 SC 值上的表现正好相反,说明新的算子在这项指标上不如 BBO 原始操作更有效。

（3）在 CE 值上,DE/BBO-FCM、L-DE/BBO-FCM 和 EBO-FCM 的表现各有优劣,但总体优于基本 BBO-FCM 算法。

（4）在 S 值和 PC 值上,DE/BBO-FCM、L-DE/BBO-FCM 和 EBO-FCM 的性能大致呈依次递增,而且均优于基本 BBO-FCM 算法。

总的看来,EBO-FCM 的综合性能在所有八种算法中是最理想的:它在 3 幅图像上取得 SC 的最佳值,在 5 幅图像上取得 CE 的最佳值,在 4 幅图像上取得 S 的最佳值;在 PC 值上的表现中等偏上,仅在 XB 值上的表现不够理想。这些结果说明 EBO-FCM 是一个有效的图像分割算法。

# 8.4　小　结

本章介绍了 BBO 及其改进算法在几个图像处理问题中的应用,其特点是算法一般要依次针对图像的各个像素或区域进行求解。因此,对于较多数量和较复杂的图像,算法的迭代次数不能太多,而算法的操作效率显得尤为重要。实验结果表明,在求解这些图像处理问题时,BBO 或其改进算法相对于其他算法有着很好的竞争力。

## 参 考 文 献

[1] Barni M. Document and Image Compression[M]. Boca Raton：CRC press,2006.

[2] Fisher Y. Fractal Image Compression：Theory and Application[M]. New York：Springer-Verlag,1994.

[3] Mandelbrot B B. The Fractal Geometry of Nature[M]. New York：Freeman,1977.

[4] Jacquin A E. Image coding based on a fractal theory of iterated contractive image transformations[J]. IEEE Transactions on Image Processing,1992,1(1)：18-30.

[5] 袁静. 分形图像压缩快速算法研究[D]. 广州：中国人民解放军第一军医大学,2003.

[6] Simon D. Biogeography-based optimization[EB/OL]. http://academic.csuohio.edu/simond/bbo. [2009-5-28].

[7] Ma H,Simon D. Blended biogeography-based optimization for constrained optimization[J]. Engineering Applications of Artificial Intelligence,2011,24(3)：517-525.

[8] Zheng Y J,Ling H F,Xue J Y. Ecogeography-based optimization：Enhancing biogeography-based optimization with ecogeographic barriers and differentiations[J]. Computers & Operations Research,2014,50(1):115-127.

[9] Wang Z C,Wu X B. Hybrid biogeography-based optimization for integer programming[J].

The Scientific World Journal,2014:672983-1-672983-9.

[10] Wu M S,Teng W C,Jeng J H,et al. Spatial correlation genetic algorithm for fractal image compression[J]. Chaos Solitons & Fractals,2006,28(2):497-510.

[11] Tseng C C,Hsieh J G,Jeng J H. Fractal image compression using visual-based particle swarm optimization[J]. Image and Vision Computing,2008,26(8):1154-1162.

[12] Borji A,Sihite D N,Itti L. What/Where to look next? Modeling top-down visual attention in complex interactive environments[J]. IEEE Transactions on Systems,Man,and Cybernetics:Systems,2014,44(5):523-538.

[13] Itti L,Koch C,Niebur E. A model of saliency-based visual attention for rapid scene analysis[J]. IEEE Transactions on Pattern Analysis & Machine Intelligence,1998,1(11):1254-1259.

[14] Pham D L,Xu C,Prince J L. Current methods in medical image segmentation[J]. Annual Review of Biomedical Engineering,2000,2(1):315-337.

[15] Talha A M,Junejo I N. Dynamic scene understanding using temporal association rules[J]. Image and Vision Computing,2014,32(12):1102-1116.

[16] Zhang W,Wu Q M J,Wang G,et al. An adaptive computational model for salient object detection[J]. IEEE Transactions on Multimedia,2010,12(4):300-316.

[17] Navalpakkam V,Itti L. An integrated model of top-down and bottom-up attention for optimizing detection speed[C]. Proceedings of the IEEE International Conference on Computer Vision and Pattern Recognition,New York,2006:2049-2056.

[18] Liu T,Yuan Z,Sun J,et al. Learning to detect a salient object[J]. IEEE Transactions on Pattern Analysis and Machine Intelligence,2011,33(2):353-367.

[19] Wu X B,Wang Z C. Salient object detection using biogeography-based optimization to combine features[J]. Applied Intelligence,2016,doi:10.1007/s10489-015-0739-x.

[20] Zheng Y J,Ling H F,Wu X B,et al. Localized biogeography-based optimization[J]. Soft Computing,2014,18(11):2323-2334.

[21] Batra D,Kowdle N,Parikh D,et al. Icoseg:Interactive co-segmentation with intelligent scribble guidance[C]. Proceedings of the IEEE Conference on Computer Vision and Pattern Recognition,San Francisco,2010:3169-3176.

[22] Alpert S,Galun M,Brandt A,et al. Image segmentation by probabilistic bottom-up aggregation and cue integration[J]. IEEE Transactions on Pattern Analysis and Machine Intelligence,2012,34(2):315-327.

[23] Singh N,Arya R,Agrawal R. A novel approach to combine features for salient object detection using constrained particle swarm optimization[J]. Pattern Recognition,2014,47(4):1731-1739.

[24] 林瑶,田捷. 医学图像分割方法综述[J]. 模式识别与人工智能,2002,15(2):192-204.

[25] 韩思奇,王蕾. 图像分割的阈值法综述[J]. 系统工程与电子技术,2002,24(6):91-94.

[26] 林开颜,吴军辉,徐立鸿. 彩色图像分割方法综述[J]. 中国图象图形学报,2005,10(1):1-10.

［27］Choi H,Baraniuk R G. Multiscale image segmentation using wavelet-domain hidden Markov models[J]. IEEE Transactions on Image Processing,2001,10(9)：1309-1321.

［28］Coleman G B, Andrews H C. Image Segmentation by Clustering[J]. Proceedings of the IEEE,1979,5(67)：773-785.

［29］Kuntimad G,Ranganath H S. Perfect image segmentation using pulse coupled neural networks[J]. IEEE Transactions on Neural Networks,1999,10(3)：591-598.

［30］Bhandarkar S M,Zhang H. Image segmentation using evolutionary computation[J]. IEEE Transactions on Evolutionary Computation,1999,3(1)：1-21.

［31］Dunn J C. A fuzzy relative of the isodata process its use in detecting compact well-separated clusters[J]. Cybernetics and Systerms,1974,3(1)：32-57.

［32］Bezdek J C. Pattern recognition with fuzzy sets[J]. Journal of Mathematical Biology,1974, 1(1)：57-71.

［33］朱岿鹏. 基于聚类算法的图像分割[D]. 无锡：江南大学,2009.

［34］Hruschka E R,Campello R J G B,de Castro L N. Evolutionary search for optimal fuzzy C-means clustering[C]. Proceedings of the IEEE International Conference on Fuzzy Systems,Budapest,2004：685-690.

［35］李真真. 基于生物地理学优化算法的图像分割技术及应用[D]. 哈尔滨：哈尔滨工业大学, 2013.

［36］Kennedy J,Eberhart R. Particle swarm optimization[C]. Proceedings of the IEEE International Conference on Neural Networks,Perth,1995;1942-1948.

［37］Karaboga D. An Idea Based on Honey Bee Swarm for Numerical Optimization[R]. Kayserispor：Erciyes University,2005.

［38］李晓磊,钱积新. 基于分解协调的人工鱼群优化算法研究[J]. 电路与系统学报,2003,8(1)： 1-6.

［39］Gong W, Cai Z, Ling C X. DE/BBO：A hybrid differential evolution with biogeography-based optimization for global numerical optimization[J]. Soft Computing, 2010, 15(4)： 645-665.

［40］Balasko B, Abonyi J, Feil B. Fuzzy Clustering and Data Analysis Toolbox[R]. Veszprem：University of Veszprem,2005.

# 第 9 章 基于生物地理学优化的神经网络训练

20 世纪 40 年代，心理学家 McCulloch 和数学家 Pitts 提出了人工神经网络（artificial neural network，ANN）的第一个数学模型——MP 模型[1]，开创了神经网络这一研究领域，并成为人工智能的一个重要基础。80 年代出现的反向传播（back-propagation，BP）模型[2] 和 Hopfield 模型[3] 将神经网络的研究推向了一个高潮。进入 21 世纪以来又兴起了卷积神经网络和深度学习的研究[4]，赋予了神经网络更强的生命力。

神经网络具有强大的函数逼近和模式分类能力，但其性能受结构设计和参数选择影响很大，传统的结构和参数优化方法存在训练时间长、易陷入局部极小和过拟合等问题。近年来，人们尝试将启发式算法应用于神经网络的设计和训练，取得了良好的效果。本章介绍我们将 BBO 算法用于前向神经网络和模糊神经网络的一些优化训练。

## 9.1 神经网络简介

ANN 模型是一种模仿生物学神经网络特别是人脑工作方式的计算模型。如图 9-1 所示，生物神经元的典型结构由细胞体、轴突和树突构成，其中轴突能够将神经信号输出到其他神经元，而树突能够接收来自其他多个神经元的信号输入。

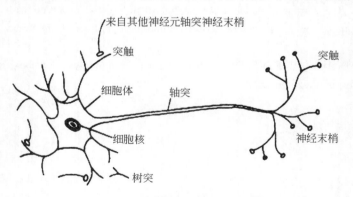

图 9-1 生物神经元构造示意图[5]

人工神经元是 ANN 中的基本信息处理单元，它是对生物神经元的抽象模拟：一个神经元可以接受其他多个神经元的输入信号，并产生一个输出信号。如图 9-2

所示,一个人工神经元主要由以下三部分元素组成。

(1)一组输入连接线,其中每条线一次能够接受一个标量输入,故整个神经元的输入是一个向量;每条线上还有一个权值。

(2)内置计算单位,通常是一个加法器,用以计算输入的加权和(即输入向量与权向量的内积),而后与一个内置的阈值进行比较。

(3)激励单位,也叫激励函数或传递函数,通常是对内置计算单位的输出标量进行一个非线性变化,作为神经元的实际输出。

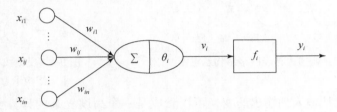

图 9-2　人工神经元模型

设神经元 $i$ 有 $n$ 个输入,$\omega_{ij}$ 为第 $j$ 个输入的权值,$\theta_i$ 为神经元本身的阈值,$f_i$ 为激励函数,则一般通过如下公式来计算神经元的输出 $y_i$:

$$y_i = f_i(\sum_{j=1}^{n} \omega_{ij} x_{ij} - \theta_i) \tag{9.1}$$

常见的激励函数 $f_i$ 有以下三种。

(1)阶跃型激励函数,输出为 1 代表神经元兴奋,输出为 0 代表神经元抑制:

$$f(x) = \begin{cases} 1, & x \geqslant 0 \\ 0, & x < 0 \end{cases} \tag{9.2}$$

(2)Sigmoid 函数(又称为 S 型函数),将输出限定在 $[0,1]$ 内:

$$f(x) = \frac{1}{1 + \mathrm{e}^{-ax}} \tag{9.3}$$

(3)双曲正切函数:

$$f(x) = \frac{1 - \mathrm{e}^{-ax}}{1 + \mathrm{e}^{-ax}} \tag{9.4}$$

ANN 由许多人工神经元相互连接而成。按照神经元之间的连接方式(也称为网络的拓扑结构),神经网络主要分为前馈式和反馈式两大类。

前馈式神经网络是对神经元进行分层组织而形成的网络,信息只能单向地从一层传递到下一层,而同一层的神经元之间不存在信息交流。第一层称为输入层,最后一层称为输出层,其他中间层被称为隐含层。图 9-3 给出了一个 3 层(只有一个隐含层)的前馈式神经网络结构。

在反馈式神经网络中,神经元的输出可以作为当前层或之前层中其他神经元的输入,从而形成反馈控制。图 9-4 给出了一个包含 3 个神经元的反馈式神经网络结构,其中每个神经元的输出都作为另两个神经元的输入。

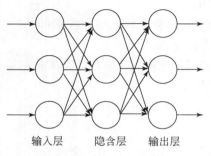

输入层        隐含层        输出层

图 9-3    前馈式神经网络结构示意图

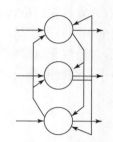

图 9-4    反馈式神经网络
结构示意图

神经网络从输入到输出的变换可以看成是一个高度复杂的计算函数,这类函数往往难以通过传统的数学方式来表达。设定神经网络的结构以及各条连接线上的权值,使得网络的实际计算结果尽可能地符合预期计算结果,这称为神经网络的学习或训练。

根据学习环境不同,神经网络的学习方式可分为监督学习和非监督学习。在监督学习中,有一组现成的输入-输出对(称为训练样本集);每次将一个样本的输入放到网络输入端,由神经网络计算得到输出,并将其与样本的期望输出进行比较,根据比较的误差来调整网络参数;当网络对整个训练样本集的平均误差小于一个预定义的误差时,就达到了学习目标,而后可以将网络用于实际计算。在非监督学习中,事先没有样本,而是"边工作边学习"。

# 9.2    基于 BBO 的神经网络参数优化

### 9.2.1    前馈神经网络的参数优化问题

前馈神经网络是应用最为广泛的一类神经网络,其训练问题可以看成一个优化问题。当网络结构(网络的层数以及每一层的神经元个数)已经确定时,待优化的参数就是网络中的各个连接的权值 $\omega_{ij}$ 以及各个神经元的阈值 $\theta_i$,优化目标是使得神经网络在训练集上的实际输出与预期输出尽可能地接近。

设训练集中包含 $N$ 个样本,每个样本的输入-输出对记为 $(x_i, y_i)$,输入向量在网络上的实际输出为 $o_i$,最常用的目标函数是使得所有样本实际输出与预期输出的均方根误差(root mean square error,RMSE)最小:

$$\min \text{RMSE} = \sqrt{\frac{1}{n}\sum_{i=1}^{n}|y_i - o_i|^2} \tag{9.5}$$

当整个网络的输出不是一个标量 $y_i$ 而是一个向量 $\boldsymbol{y}_i$ 时,该向量与实际输出向量 $\boldsymbol{o}_i$ 之间的距离可定义为如下形式(其中,$m$ 表示向量的长度):

$$|\boldsymbol{y}_i - \boldsymbol{o}_i| = \sqrt{\sum_{j=1}^{m}(y_{im} - o_{im})^2} \tag{9.6}$$

对于一个 $K$ 层的前馈神经网络,设每层平均有 $n$ 个神经元,则相邻两层之间的连接数就有 $n^2$ 个,那么共需要对 $(K-1)n^2$ 个权值以及 $Kn$ 个阈值进行优化,即问题的维度是 $(Kn^2 - n^2 + Kn)$。一般认为,三层前馈神经网络能够满足绝大多数非线性函数的逼近问题[6],设输入层、隐含层和输出层的神经元数量分别是 $n_1$、$n_2$ 和 $n_3$,则问题的维度是 $(n_1 n_2 + n_2 n_3 + n_1 + n_2 + n_3)$。

神经网络的每个输入单元通常对应不同的特征,在训练前应对样本集进行预处理,将每个输入分量变换到 $[0,1]$ 或 $[-1,1]$。此时,每个连接权值和阈值也可以规定在对应的范围内,这就构成了问题的 $(n_1 n_2 + n_2 n_3 + n_1 + n_2 + n_3)$ 维搜索空间。因此,神经网络的学习问题可以看成一个高维连续函数优化问题。

### 9.2.2　用于网络参数优化的 BBO 算法

前馈神经网络传统的学习算法是误差反向传播算法,也称为 BP 算法,这是一种基于梯度下降的学习算法,其基本过程如下。

(1)信号正向传播,即将每个样本的输入向量从网络输入层传入,经各隐含层神经元逐层计算后,从输出层输出结果。

(2)误差反向传播,即计算样本的期望输出与实际输出的误差,将该误差分摊到输出层的所有神经元,据此来修正该层的各项输入权值和阈值,并计算前一层的各项输出误差,重复上述过程直至回到输入层。

(3)反复执行上述两步,直至整个样本集上的 RMSE 小于指定的误差,或达到预定的迭代次数。

BP 算法虽然每次迭代计算时间较短,但在复杂样本上达到收敛的时间可能很长,而且易陷入局部最优。近年来,人们尝试将 GA、PSO 等启发式算法用于前馈神经网络的训练,体现出了比 BP 算法更快的收敛速度和更好的优化效果[7,8]。

这里将 BBO 算法用于前馈神经网络训练。编码时,每个解(栖息地)是一个 $(n_1 n_2 + n_2 n_3 + n_1 + n_2 + n_3)$ 维的向量,向量的每一个分量都是一个实数,且取值一般都限制在 $[0,1]$ 或 $[-1,1]$,因此可以直接应用 BBO 算法的迁移和变异操作。

算法每生成一个新解后,都基于该解对神经网络进行设置,而后在该网络实例上对训练集中的每个样本进行分类,以训练结果的 RMSE 值对解进行评估:RMSE 值越小,解的适应度越高。

算法 9.1 给出了用于前向神经网络参数优化的 BBO 算法框架。

---

**算法 9.1　用于前向神经网络参数优化的 BBO 算法**

步骤 1　初始化神经网络结构,对样本集进行归一化预处理,并确定算法目标误差或最大迭代次数。

步骤 2　随机初始化一个种群,其中每个解(栖息地)封装了网络的所有权值和阈值,即代表了一个网络实例。

步骤 3　对种群中每个解所代表的网络实例,计算其对样本集的实际输出与期望输出的 RSME,以此来评估解的适应度。

步骤 4　基于适应度来计算每个解 $H$ 的迁入率 $\lambda_H$、迁出率 $\mu_H$ 和变异率 $\pi_H$。

步骤 5　对种群中的每个解 $H$,在每一维上依次执行如下操作:

步骤 5.1　以 $\lambda_H$ 的概率对 $H$ 执行迁移操作。

步骤 5.2　以 $\pi_H$ 的概率对 $H$ 执行变异操作。

步骤 6　如修改后的解优于 $H$,则用其在种群中替换 $H$。

步骤 7　如果终止条件未满足,转步骤 3。

步骤 8　将最优解中的各项权值和阈值赋给神经网络,即得到训练好的神经网络。

---

除了标准 BBO 算法外,还分别实现了用于前向神经网络参数优化的 B-BBO 算法[9]、Local-BBO 算法(基于环形结构)[10] 以及 EBO 算法[11]。注意,EBO 算法采用全局迁移和局部迁移的混合方式,而且舍弃了步骤 5.2 中的变异操作。

### 9.2.3　算法性能实验

为验证 BBO 算法训练前馈神经网络的可行性和有效性,采用经典的 UCI 测试数据集中的 WINE 样本集[12]进行算法性能实验。该样本集共有 178 个酒类样本,这些样本可分为三类,分别包含 59、71 和 48 个样本。每个样本有 13 个属性(包括酒精含量、酸度和颜色等)。神经网络的作用是对酒进行分类,因此其输入层有 13 个节点,输出层只有一个节点(输出值为整数,对应酒的类型),而隐含层的节点个数根据经验取值为 11。

实验的基本方式是将样本集划分为训练集和测试集两部分,在训练集上使用算法对网络参数进行优化,得到训练好的神经网络实例,并在其上对测试集进行分类,以分类正确率(classification accuracy of the training set,CATS)作为评价准则(其中,$r$ 表示测试集中正确分类的样本个数):

$$\text{CATS} = \frac{r}{N} \times 100\%$$

(9.7)

不过,这里存在着一个如何划分训练集和测试集的问题,目前尚无一种绝对有效的划分方法:如果训练样本的个数太少,则无法完成充分的训练,导致神经网络的能力过低;如果训练样本的个数过多,不仅增加了训练时间,还可能导致过拟合现象。因此,我们将实验分为三组,各组实验中训练样本个数与测试样本个数的比例(TR∶TS)分别设为 2∶3、3∶2 和 4∶1。

使用上述 4 个版本的 BBO 算法来训练神经网络,将得到的结果与文献[6]中 GA 训练的神经网络以及文献[7]中 PSO 训练的神经网络进行比较。各算法中均使用文献中所建议的参数设置,神经网络的最大训练次数(即算法目标函数最大估值次数)设置为 1000。

在每组实验中,每种算法在训练集上随机独立运行 20 次。表 9-1～表 9-3 分别给出了三组实验中各算法训练得到的神经网络的分类正确率的最大值、最小值、平均值和均方差。

**表 9-1　TR∶TS 为 2∶3 时各算法训练得到的神经网络的分类结果(%)**

|  | 度量 | GA | PSO | BBO | B-BBO | Local-BBO | EBO |
|---|---|---|---|---|---|---|---|
| CATS | 最大值 | 83.18 | 92.52 | 88.79 | 96.26 | 90.65 | **96.26** |
|  | 最小值 | 79.44 | 90.65 | 82.24 | 92.52 | 86.92 | 94.39 |
|  | 平均值 | 81.33 | 91.67 | 85.20 | 94.80 | 88.22 | 95.13 |
|  | 标准差 | 1.88 | 0.90 | 2.12 | 1.79 | 1.35 | 1.02 |

**表 9-2　TR∶TS 为 3∶2 时各算法训练得到的神经网络的分类结果(%)**

|  | 度量 | GA | PSO | BBO | B-BBO | Local-BBO | EBO |
|---|---|---|---|---|---|---|---|
| CATS | 最大值 | 84.87 | 93.28 | 89.08 | 96.64 | 91.60 | **97.48** |
|  | 最小值 | 80.67 | 91.60 | 84.87 | 93.28 | 88.24 | 94.96 |
|  | 平均值 | 83.15 | 92.35 | 87.11 | 95.15 | 90.28 | 96.29 |
|  | 标准差 | 2.06 | 0.89 | 2.33 | 1.63 | 1.72 | 1.15 |

**表 9-3　TR∶TS 为 4∶1 时各算法训练得到的神经网络的分类结果(%)**

|  | 度量 | GA | PSO | BBO | B-BBO | Local-BBO | EBO |
|---|---|---|---|---|---|---|---|
| CATS | 最大值 | 83.33 | 94.44 | 88.89 | 97.22 | 88.89 | **97.22** |
|  | 最小值 | 75.00 | 94.44 | 80.56 | 91.67 | 83.33 | 97.22 |
|  | 平均值 | 80.78 | 94.44 | 82.90 | 95.05 | 85.20 | 97.22 |
|  | 标准差 | 3.20 | 0.00 | 3.16 | 2.13 | 1.90 | 0.00 |

从实验结果中可以看到,在三组实验中,EBO 算法均取得了最佳的分类效果,B-BBO 算法的性能次之,GA 的训练效果最差。在第一组实验中,尽管 B-BBO 算法取得的 CATS 最大值与 EBO 算法相同,但其 CATS 最小值和平均值均不如 EBO 算法。在后两组实验中,EBO 算法的 CATS 最大、最小和平均值均高于其他五种算法。在第二组的 119 个测试样本上,EBO 算法的最佳结果仅对两个样本分类错误;而在第三组的 36 个训练样本上,EBO 算法的所有结果都仅对一个样本分类错误。这充分说明了 EBO 全局迁移与局部迁移相结合的有效性。

在 4 个版本的 BBO 算法中,原始 BBO 的性能最差;Local-BBO 的性能相对 BBO 算法略有提高,说明其局部邻域结构能够在一定程度上避免早熟、改善训练效果。但 BBO 和 Local-BBO 算法的性能距离 B-BBO 和 EBO 算法仍较大,这是因为它们的直接迁移算子限制了种群多样性,只能主要依靠少量变异操作来提高多样性,而且分类效果对初始种群的依赖性很大,因此 BBO 和 Local-BBO 算法的稳定性也较差(二者较大的 CATS 方差值也说明了这一点)。

# 9.3　基于 BBO 的神经网络结构与参数优化

## 9.3.1　前馈神经网络的结构与参数优化问题

9.2 节中研究的问题是假定神经网络的结构已经确定、只对连接权值和阈值进行训练。而在面对实际问题时,不同的结构对神经网络的性能也有很大影响,因此往往还需要确定有效的网络结构。前面介绍过,对于前馈神经网络,三层结构能够满足绝大多数问题的需要,其中输入层和输出层的神经元个数与所要求解的实际问题相关,那么在结构设计中就只要再确定隐含层中的神经元个数 $n_2$。大量实践也表明,该参数对前馈神经网络的预测精度具有极大的影响:如果神经元太少,会限制网络的计算能力,也会大大延长网络的训练时间;如果神经元太多,则网络容易出现过拟合的现象,也可能将样本中一些非规律性的信息(如数据中的噪声等)存储到网络中。

将 $n_2$ 作为一个待确定的参数,那就需要确定其选取范围。令 $n_1$ 表示输入层的节点个数,$n_3$ 表示输出层的节点个数,则 $n_2$ 的选取范围通常按式(9.8)进行确定:

$$\log_2 n_1 \leqslant n_2 \leqslant \sqrt{n_1 + n_3} + 10 \tag{9.8}$$

这时,神经网络的优化目标有两个:一是网络实际输出与期望输出之间的误差尽可能小,二是使网络结构尽可能简单——$n_2$ 值尽可能小。将问题的目标函数设为如下形式:

$$\min f = w \left( \frac{1}{2} \sum_{j=1}^{n} |y_i - o_i|^2 \right) + (1 - w) \frac{n_2}{n_1 + n_3 + \sqrt{n_1 + n_3} + 10} \tag{9.9}$$

式中，$w$ 表示 RMSE 在目标函数中所占的权重，取值通常为 0.6～0.9；目标函数等号右侧的分式部分表示 $n_2$ 与网络神经元数量最大值之比。

要注意的是，$n_2$ 这个新的决策变量不仅仅给问题搜索空间增加了一个维度，而且也使得神经网络优化问题成为了一个变维优化问题：$n_2$ 取不同的值，其余待确定的连接权值和阈值的数量（即 $n_1 n_2 + n_2 n_3 + n_1 + n_2 + n_3$）也是不同的。尽管问题的目标函数和其余决策变量的取值范围仍和 9.2.1 节相同，但在算法中需要对解的编码作专门的处理。

### 9.3.2　用于网络结构与参数优化的 BBO 算法

应用启发式算法求解神经网络的结构和参数优化问题时，算法种群中不同的解可能有不同的维度，这可能会给算法操作带来问题。例如，在 BBO 算法中，如果只有一个解（栖息地）具有最长的维度，那么在它比其余解多出的维度上就无法执行迁移操作。

在设计用于前向神经网络结构和参数优化的 BBO 算法时，我们总是将隐含层的神经元数量 $n_2$ 编码为解向量的第一位，其后依次是各神经元之间的连接权值以及神经元的阈值。在算法中，从种群初始化和算子设计两方面来处理维度变化这一难题。

#### 1. 种群初始化

按照经验公式（9.8）来设置隐含层的神经元数量范围时，大多数情况下该范围不会太大。例如，对于 WINE 数据集[12]的分类问题，其范围为 [3,14]，也就是 12 个可能取值。在初始化种群时，我们不是随机设置每个解的 $n_2$ 值，而是将所有可能的取值均匀分配给每个解。设种群大小为 $N_P$，$n_2$ 的可能取值有 $K$ 个，为每个取值分配至少 $\lfloor N_p/K \rfloor$ 个解。例如，对于 WINE 数据集，种群大小为 50 时，$n_2$ 值为 3，4，…，14 的解分别有 4 个（多余的两个随机分配）。算法的种群大小按式（9.10）进行设置：

$$N_p = \max(50, 4K) \tag{9.10}$$

这使得初始种群中每个解都至少有另外 3 个解和其维度相同，在它们之间能够直接进行传统 BBO 算法中的迁移操作。当然，这也限制了算法不能处理特征量过多（即输入向量长度过大）的样本集训练问题。通常，我们控制算法的种群大小不超过 500，则样本特征量不能超过 125。在实际应用中，大部分样本集满足这一要求；对少数不满足该要求的情况，也大都可以采用主成分分析等方法对样本集进行降维预处理。

#### 2. 迁移算子设计

迁移操作首先要考虑迁出解的选择，其中迁出解的隐含层神经元数量分为三种情况：比当前解少、与当前解相同、比当前解多。通常我们更倾向于前两种情况，即不倾向于在迁移后增加隐含层的神经元数量。而当迁移后要增加或减少隐含层的神经元数量时，也不宜一次增加或减少太多。不妨设当前迁入解的隐含层神经元数量为 $n_c$，那么对于取值范围内的每一个值 $n$，通过式（9.11）计算其选择系数 $s(n)$：

$$s(n) = \begin{cases} \dfrac{K - (n_c - n)}{K}, & n \leqslant n_c \\ \min\left(\dfrac{K - 2(n - n_c)}{K}, 0\right), & n > n_c \end{cases} \tag{9.11}$$

可见，当 $n = n_c$ 时选择系数取最大值 1；在 $n < n_c$ 和 $n > n_c$ 两种情况下，都是 $n$ 越接近 $n_c$ 选择系数越大，而距离相同时前一种情况的选择系数更大。对于种群中的任一个解 $H$，记其隐含层神经元数量为 $n_H$，我们设置其被选为迁出解的概率与 $s(n_H) \cdot \mu_H$ 成正比。

下面再看三种情况下具体的迁移操作方式。

（1）迁出解与迁入解的隐含层神经元数量相同，这时直接执行一般的 BBO 迁移操作。

（2）迁出解的隐含层神经元数量小于迁入解，这时先将迁入解的 $n_2$ 值和解向量长度都设为与迁出解相同，再在剩余维度上执行一般的 BBO 迁移操作。

（3）迁出解的隐含层神经元数量大于迁入解，这时先将迁入解的 $n_2$ 值设为与迁出解相同，再在剩余维度上执行一般的 BBO 迁移操作，而后将迁入解的维度扩展到与迁出解相同，这些扩展维度直接取迁出解对应维度的值。

也就是说，算法在代表隐含层神经元数量的第一维上总是执行传统 BBO 的克隆操作，在第三种情况下对扩展维度也总是执行传统 BBO 的克隆操作，其余维度则根据所选的 BBO 基础算法来执行相应的迁移操作。

3. 变异算子设计

变异操作也是首先在解的第一维上进行。设当前解的隐含层神经元数量为 $n_c$，变异率为 $\pi_c$，设置其值有 $\pi_c/(K - n_c)$ 的概率变异为 $n_c - 1$，有 $\pi_c/K$ 的概率变异为 $n_c + 1$。可见，第一维发生变化的概率比 $\pi_c$ 小很多，而且维度减少的可能性更高。

对于其余维度，则沿用一般的 BBO 变异操作。

我们实现了两种用于前向神经网络结构和参数优化的 BBO 算法，第一种算法始终采用传统的 BBO 迁移和变异算子，第二种算法采用 B-BBO 中的混合迁移算子。在此问题上，由于种群中同维数的解的数量较少，采用局部邻域结构的作用并不明显。

算法 9.2 给出了基于 B-BBO 的前向神经网络结构和参数优化算法。

**算法 9.2　用于前向神经网络结构和参数优化的 B-BBO 算法**

步骤 1　初始化神经网络结构,对样本集进行归一化预处理,确定算法目标误差或最大迭代次数,以及隐含层神经元数量的设置范围。

步骤 2　初始化一个种群,种群大小按式(9.10)进行设置,其中每个解(栖息地)封装了网络的隐含层神经元数量、所有权值和阈值,即代表了一个网络实例;其中隐含层神经元数量在范围内均匀设置,其余值则随机设置。

步骤 3　对种群中每个解所代表的网络实例,按式(9.9)计算其适应度。

步骤 4　基于适应度来计算每个解 $H$ 的迁入率 $\lambda_H$、迁出率 $\mu_H$ 和变异率 $\pi_H$。

步骤 5　对种群中的每个解 $H$ 执行如下操作:

步骤 5.1　如果 rand()$<\lambda_H$,转步骤 6。

步骤 5.2　选取一个迁出解 $H'$,其选择概率与 $s(n_H) \cdot \mu_H$ 成正比。

步骤 5.3　将 $H$ 的第一维设置与 $H'$ 相同。

步骤 5.4　如果 $H'$ 的维数小于 $H$,则截去 $H$ 中多出的维度。

步骤 5.5　对 $H$ 的剩余每一维 $i$,设置 $H(i) = \alpha H(i) + (1-\alpha)H'(i)$。

步骤 5.6　如果 $H'$ 的维数大于 $H$,则将 $H$ 的维数扩展到与 $H'$ 相同,并对扩展的每一维 $i$ 设置 $H(i) = H'(i)$。

步骤 6　对种群中的每个解 $H$ 执行如下操作:

步骤 6.1　以 $\pi_H/(K-n_H)$ 的概率设置第一维的值减 1,以 $\pi_c/K$ 的概率设置第一维的值加 1,并相应减少或增加剩余的维度。

步骤 6.2　对解的每一维 $i$,以 $\pi_H$ 的概率执行变异操作。

步骤 7　如果终止条件未满足,转步骤 3。

步骤 8　将最优解中的结构、权值和阈值参数赋给神经网络,得到训练好的神经网络。

### 9.3.3　算法性能实验

这里同样采用 UCI 中的 WINE 样本集[12]进行算法性能实验。为进行比较,除了使用两个版本的 BBO 算法来训练神经网络外,还将我们设计的维度变化控制策略用于文献[6]中的 GA 以及文献[7]中的 PSO 算法,与其训练得到的神经网络进行比较。除了种群大小外,各个算法的参数设置均与 9.2 节中相同。由于增加了结构的变化,神经网络的最大训练次数(即算法目标函数最大估值次数)设置为 2500。

实验同样采用 9.2 节中的分组策略。表 9-4～表 9-6 分别给出了三组实验中各算法训练得到的神经网络的分类正确率的最大值、最小值、平均值和均方差。

**表 9-4　TR∶TS 为 2∶3 时各算法训练得到的神经网络的分类结果(%)**

|      | 度量 | GA | PSO | BBO | B-BBO |
|------|------|------|------|------|--------|
| CATS | 最大值 | 84.11 | 94.39 | 86.92 | **96.26** |
|      | 最小值 | 79.44 | 93.46 | 83.18 | 95.33 |
|      | 平均值 | 81.70 | 93.69 | 84.89 | 95.55 |
|      | 标准差 | 2.01 | 0.71 | 1.61 | 0.95 |

**表 9-5　TR∶TS 为 3∶2 时各算法训练得到的神经网络的分类结果(%)**

|      | 度量 | GA | PSO | BBO | B-BBO |
|------|------|------|------|------|--------|
| CATS | 最大值 | 84.87 | 94.12 | 88.24 | **97.48** |
|      | 最小值 | 82.35 | 90.76 | 85.71 | 95.80 |
|      | 平均值 | 83.60 | 92.23 | 86.86 | 96.61 |
|      | 标准差 | 1.12 | 1.55 | 1.22 | 0.91 |

**表 9-6　TR∶TS 为 4∶1 时各算法训练得到的神经网络的分类结果(%)**

|      | 度量 | GA | PSO | BBO | B-BBO |
|------|------|------|------|------|--------|
| CATS | 最大值 | 80.56 | 97.22 | 88.89 | **100.00** |
|      | 最小值 | 77.78 | 97.22 | 77.78 | 100.00 |
|      | 平均值 | 79.32 | 97.22 | 81.38 | 100.00 |
|      | 标准差 | 2.05 | 0 | 5.16 | 0 |

　　从实验结果中可以看到,在三组实验中 B-BBO 算法均取得了最佳的分类效果,PSO 算法的性能次之,BBO 算法的训练效果仍不理想,而 GA 的效果最差。在第一组实验和第二组实验中,B-BBO 算法的最佳结果都是仅对 3 个样本分类错误;而在第三组的 36 个训练样本上,B-BBO 算法的所有结果都仅对 1 个样本分类错误。

　　对比本节的实验结果和 9.2 节中的实验结果,可以看到 GA 和 BBO 算法的结构与参数优化结果并未比单纯的参数优化结果有所提高,这是因为结构参数的引入将搜索空间增大了约 12 倍,神经网络允许的最大训练次数却只是前者的 2.5 倍,而这两种算法并未能很好地对网络结构和权值/阈值参数进行协同优化。相比之前,PSO 和 B-BBO 算法取得了比单纯的参数优化更好的结果,证明了它们较好的协同搜索能力以及前述维度变化控制策略在这两种算法上的有效性。

# 9.4　基于 BBO 的模糊-神经网络训练

## 9.4.1　模糊-神经网络优化问题

模糊逻辑和神经网络是智能计算中常用的两种相互补充的工具[13]。神经网络处理原始数据时性能良好,但很难直观地描述和表达知识;模糊逻辑善于知识的表达和推理,但缺乏学习能力。模糊-神经网络(fuzzy-neuro networks)就是将二者相结合的一种计算模型。

模糊-神经网络中既有一般神经元,也有模糊神经元。基本的模糊神经元的类型主要有以下三种。

(1)模糊化神经元,其作用是将非模糊的输入值转化为模糊的输出值,这通常是求某个对象相对于某个模糊集合的隶属度。

(2)逆模糊化神经元(也称为去模糊化神经元),其作用是将模糊的输入值转化为非模糊的输出值。

(3)模糊逻辑神经元,其作用是对模糊的输入值进行模糊逻辑运算。

模糊逻辑神经元的结构和图 9-2 所示的非模糊神经元非常类似,只不过其"加法"和"乘法"是在模糊集上重新定义的。例如,对于一般神经元中形如 $\sum w_i x_i$ 的"加权求和"操作,在模糊集合上常常是采用如下几种运算形式。

(1)先取小再取大合成 $\bigvee(w_i \wedge x_i)$。

(2)先求积再取大合成 $\bigvee(w_i \times x_i)$。

(3)先取小再求和合成 $\sum(w_i \wedge x_i)$。

一个典型的模糊-神经网络模型结构如图 9-5 所示,自底向上分别为输入层、模糊化层、模糊规则层、输出成员层(也叫归一化层)以及逆模糊化层[14]。

分析模糊-神经网络的结构可知,虽然网络设计包含的变量很多,但大部分变量(如输入节点和输出节点个数、隶属函数的个数等)都是由问题的性质决定的。特别地,当网络中神经元的个数都已经确定后,真正需要训练的就只有第二层中的隶属函数以及第三层到第四层的连接权重。

上述基本的模糊-神经网络没有反馈功能,也不能处理时变信息。为此,我们在文献[15]中提出了一种混合型模糊-神经网络(hybrid neuro-fuzzy network, HNFN),这是一个 Takagi-Sugeno(T-S)型网络,其主要作用是实现如下形式的模糊规则:

$$IF(x_1 \text{ is } A_{1r}) \wedge \cdots \wedge (x_n \text{ is } A_{nr})THEN\ f_r = k_{0r} + k_{1r}x_1 + \cdots + k_{nr}x_n$$

$$(9.12)$$

式中,$x_i$ 表示输入变量;$A_{ir}$ 表示输入模糊集($i=1,2,\cdots,n$; $r=1,2,\cdots,R$ )。

HNFN 的结构如图 9-6 所示。下面介绍其各层的含义,这里用 $u_i^{(l)}$ 表示第 $l$ 层

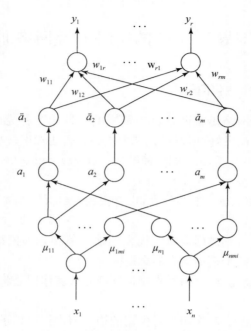

图 9-5　模糊-神经网络结构示意图

第 $i$ 个输入变量，$a_i^{(l)}$ 表示相应的输出。

第 1 层：该层中的节点直接将输入值传送给下一层节点：

$$a_i^{(1)} = x_i \tag{9.13}$$

第 2 层：该层中的每个节点代表一个由高斯隶属函数定义的模糊集，节点输出给定输入的隶属函数值：

$$a_{ir}^{(2)} = \exp\left(-\frac{(u_i^{(2)} - \mu_{ir})^2}{2\sigma_{ir}^2}\right) \tag{9.14}$$

式中，$\mu_{ir}$ 和 $\sigma_{ir}$ 分别表示高斯函数的中心（均值）和宽度（方差）。

第 3 层：该层中的节点是规则节点，其中的函数用于匹配模糊规则的前件，每个节点的输出代表相应模糊规则的激发强度：

$$a_r^{(3)} = \prod_{i=1}^{n} u_i^{(3)} \tag{9.15}$$

第 4 层：该层中的每个节点通过结合第 3 层中相应的激发强度形成一个输入变量的线性组合：

$$a_r^{(4)} = u_r^{(4)}\left(k_{0r} + \sum_{i=1}^{n} k_{ir} x_i\right) \tag{9.16}$$

第 5 层：该层中的节点通过结合第 3 层和第 4 层的所有操作对输出变量进行去模糊化：

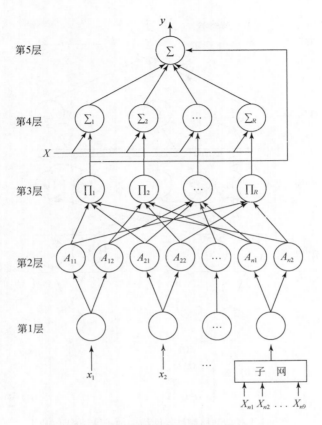

图 9-6　混合型模糊-神经网络结构示意图

$$a^{(5)} = \frac{\sum\limits_r u_r^{(5)}}{\sum\limits_r u_r^{(4)}} = \frac{\sum\limits_r \left( u_r^{(4)} \left( k_{0r} + \sum\limits_{i=1}^n k_{ir} x_i \right) \right)}{\sum\limits_r u_r^{(4)}} \tag{9.17}$$

图 9-6 中右下角的子网是一个回归模糊网络(recurrent fuzzy network, RFN)[16],它能够存储基于时间的历史信息,并采用最小训练误差(MTE)标准来减少成本函数、采用最小分类误差(MCE)[17]标准以提高时变信息的辨别能力。RFN 中模糊规则的格式如下:

$$\text{IF}(\boldsymbol{W}_1^{\text{T}} \boldsymbol{X}_1(t) \text{ is } \boldsymbol{A}_{1r}) \wedge \cdots \wedge (\boldsymbol{W}_n^{\text{T}} \boldsymbol{X}_n(t) \text{ is } \boldsymbol{A}_{nr})$$

$$\text{THEN } f_r(t+1) = k_{0r} + \sum_{i=1}^n k_{ir} \boldsymbol{W}_i^{\text{T}} \boldsymbol{X}_i(t) \tag{9.18}$$

式中,$\boldsymbol{W}_i^{\text{T}} \boldsymbol{X}_i(t)$表示时间输入变量,$i=1,2,\cdots,n$。

图 9-7 给出了子网的结构示意图,它同样包含 5 层。

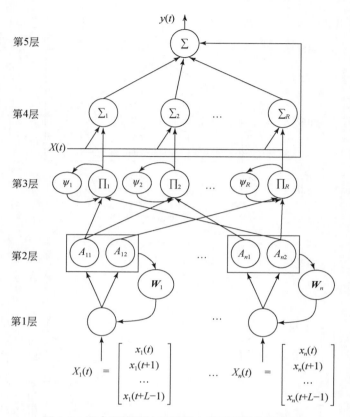

图 9-7　混合型模糊神经网络中的子网结构示意图

第 1 层:该层中的每个节点首先将输入变量的序列转化为一个向量(其中 $L$ 表示序列的长度):

$$\boldsymbol{X}_i(t) = \left[x_i(t), x_i(t+1), \cdots, x_i(t+L-1)\right]^{\mathrm{T}} \tag{9.19}$$

然后通过应用 MCE 权重 $\boldsymbol{W}_i = \left[w_{i1}, w_{i2}, \cdots, w_{iL}\right]^{\mathrm{T}}$ 来生成输出:

$$a_i^{(1)}(t) = \boldsymbol{W}_i^{\mathrm{T}} X_i(t) \tag{9.20}$$

第 2 层:该层中的每个节点代表一个由高斯隶属函数定义的模糊集:

$$a_{ij}^{(2)}(t) = \exp\left(-\frac{(u_i^{(2)}(t) - \mu_{ij})^2}{2\sigma_{ij}^2}\right) \tag{9.21}$$

第 3 层:该层中的节点使用模糊与操作来匹配模糊规则的前件,并通过应用 MTE 反馈节点 $\boldsymbol{\varPsi}_r$ 来产生输出:

$$a_r^{(3)}(t) = (1 - \boldsymbol{\varPsi}_r)\prod_{i=1}^n u_i^{(3)}(t) + \boldsymbol{\varPsi}_r a_r^{(3)}(t-1) \tag{9.22}$$

第 4 层:该层中的每个节点代表一个输出变量的模糊集:

$$a_r^{(4)}(t) = u_r^{(4)}(t)\Big(k_{0r} + \sum_{i=1}^{n} k_{ir} \boldsymbol{W}_i^{\mathrm{T}} \boldsymbol{X}_i(t)\Big) \tag{9.23}$$

第 5 层：该层中的节点通过结合第 3 层和第 4 层的所有操作对输出变量进行去模糊化：

$$a^{(5)}(t) = \frac{\sum\limits_r u_r^{(5)}(t)}{\sum\limits_r u_r^{(4)}(t)} = \frac{\sum\limits_r \Big(u_r^{(4)}(t)\big(k_{0r} + \sum\limits_{i=1}^{n} k_{ir} \boldsymbol{W}_i^{\mathrm{T}} \boldsymbol{X}_i(t)\big)\Big)}{\sum\limits_r u_r^{(4)}(t)} \tag{9.24}$$

其中，第 2 层和第 3 层的内部输出将分别作为反馈来更新内部权重 $\boldsymbol{W}_i$ 和 $\boldsymbol{\Psi}_r$，使得 MTE 和 MCE 最小化。

实际应用时，先对子网进行训练，再对主网进行训练。

### 1. RFN 子网优化问题

当网络中各层的神经元个数都已确定时，对于 RFN 子网，需要训练的参数包括以下四部分。

(1) 第 2 层中高斯隶属函数的参数 $\{\mu_{11}, \sigma_{11}, \cdots, \mu_{ir}, \sigma_{ir}, \cdots, \mu_{nR}, \sigma_{nR}\}$。

(2) 第 2 层中使用的 MCE 反馈权重 $\{w_{11}, \cdots, w_{il}, \cdots, w_{nL}\}$。

(3) 第 3 层中使用的 MTE 反馈权重 $\{\Psi_1, \cdots, \Psi_r, \cdots, \Psi_R\}$。

(4) 第 4 层中使用的连接权重 $\{k_{01}, \cdots, k_{ir}, \cdots, k_{nR}\}$。

因此，子网优化问题的维数为 $(3nR + nL + 2R)$，其中每一维的搜索范围都可以归一化到区间 $[0, 1]$。优化的目标是尽量减少网络对样本集实际输出和预期输出的误差，包括 MTE 和 MCE。对于 MTE 标准，采用如下的计算公式（基于最小均方差）：

$$R_T = \sqrt{\frac{\sum\limits_{k=1}^{N} (y_k - o_k)^2}{N}} \tag{9.25}$$

式中，$N$ 表示样本的数量；$y_k$ 为第 $k$ 个训练样本的预期输出；$o_k$ 为对应的网络实际输出。

对 MCE 标准，采用如下的计算公式（基于平均平滑分类误差）：

$$R_C = \sum_{j=1}^{m} \sum_{i=1}^{N_j} \frac{1}{1 + \exp(-d_j(\boldsymbol{W}^{\mathrm{T}} \boldsymbol{X}^{(j)}(i), \Lambda))} \tag{9.26}$$

式中，$m$ 表示分类的数量；$N_j$ 表示被标记为属于第 $j$ 类的输入向量 $\boldsymbol{W}^{\mathrm{T}} \boldsymbol{X}^{(j)}(i)$ 的数量；$\Lambda = \{\lambda_1, \lambda_2, \cdots, \lambda_m\}$ 表示高斯模型 $\lambda_j$ $(j = 1, \cdots, m)$ 的集合，$d_j$ 定义为

$$d_j(\boldsymbol{W}^{\mathrm{T}} \boldsymbol{X}^{(j)}(i), \Lambda) = -\ln(P(\boldsymbol{W}^{\mathrm{T}} \boldsymbol{X}^{(j)}(i) | \lambda_j))$$

$$+ \ln\Big(\frac{1}{m-1} \sum_{j'=1, j' \neq j}^{m} P(\boldsymbol{W}^{\mathrm{T}} \boldsymbol{X}^{(j)}(i) | \lambda_{j'})\Big) \tag{9.27}$$

2. HNFN 主网优化问题

当网络中各层的神经元个数都已确定时,对于 HNFN 主网,需要训练的参数包括以下两部分。

(1)第 2 层中高斯隶属函数的参数 $\{\mu_{11}, \sigma_{11}, \cdots, \mu_{ir}, \sigma_{ir}, \cdots, \mu_{nR}, \sigma_{nR}\}$。

(2)第 4 层中使用的连接权重 $\{k_{01}, \cdots, k_{ir}, \cdots, k_{nR}\}$。

因此,主网优化问题的维数为 $(3n+1)R$,其中,每一维的搜索范围都可以归一化到区间 $[0, 1]$。优化的目标是尽量减少网络对样本集实际输出和预期输出的误差,这里使用式(9.5)中定义的 RMSE 作为目标函数。

### 9.4.2 用于模糊-神经网络训练的 BBO 算法

我们在研究中先后尝试了使用原始 BBO、B-BBO 和 EBO 算法来训练模糊-神经网络。针对前面介绍的 HNFN 和 RFN 的训练问题,上述算法的优化效果还不是特别理想。因此,以 EBO 算法[11]为基础,设计了一种用于前述 HNFN 和 RFN 训练的算法(记为 H-EBO)。该算法与原始 EBO 算法的关键区别在于其全局迁移操作采用如下的单一形式:

$$h(d) = h_{\text{far}}(d) + \alpha(h_{\text{nb}}(d) - h(d)) \tag{9.28}$$

式中,$\alpha$ 不是均匀随机数,而是一个均值为 0.5、方差在 $[0.1, 0.3]$ 的高斯随机数。

在训练子网时,基于 $R_T$ 和 $R_C$ 的加权组合来评估每个解的适应度:

$$\min f = w_T R_T + w_C R_C \tag{9.29}$$

式中,$w_T$ 和 $w_C$ 分别为 $R_T$ 和 $R_C$ 的权重系数。为了提高优化效果,我们对这两个权重采用动态变化的策略:在初始化时,权重 $w_T$ 和 $w_C$ 均设置为 0.5;在算法每次迭代后,分别计算 $R_T$ 和 $R_C$ 的减少量,记为 $\Delta R_T$ 和 $\Delta R_C$,而后按如下公式更新权重:

$$w_T = \begin{cases} \min(w_T + \Delta w, 0.9), & \Delta R_T < \Delta R_C \\ \max(w_T - \Delta w, 0.1), & \text{其他} \end{cases} \tag{9.30}$$

$$w_C = 1 - w_T \tag{9.31}$$

式中,$\Delta w$ 是一个预定义的间隔,通常设置在 $10^{-3}$ 量级。这使得算法能够在 $R_T$ 和 $R_C$ 的并行优化上达到较好的平衡:如果本次迭代对 $R_T$ 的优化效果更好,那么下一次迭代将更侧重于优化 $R_C$,反之亦然。

算法 9.3 给出了 H-EBO 算法的基本框架。

---

**算法 9.3   用于混合型模糊神经网络训练的 H-EBO 算法**

步骤 1   初始化神经网络结构,对样本集进行归一化预处理,并确定算法目标误差或最大迭代次数。

步骤 2　随机初始化一个种群,初始化局部邻域结构,并令 $\eta = \eta_{\max}$。

步骤 3　对种群中每个解所代表的网络实例,计算其对样本集的实际输出与期望输出的误差,以此来评估解的适应度。

步骤 4　基于适应度来计算每个解 $H$ 的迁入率 $\lambda_H$、迁出率 $\mu_H$ 和变异率 $\pi_H$。

步骤 5　对种群中的每个解 $H$ 执行如下操作。

　步骤 5.1　对解的每一维 $i$ 执行如下操作:

　　步骤 5.1.1　如果 $\text{rand}() > \lambda_H$,则转下一维;

　　步骤 5.1.2　按照迁出率选出一个与 $H$ 相邻的栖息地 $H_{\text{nb}}$;

　　步骤 5.1.3　如果 $\text{rand}() > \eta$,则按照式(4.1)执行局部迁移操作;

　　步骤 5.1.4　否则,再按照迁出率选出一个与 $H$ 不相邻的栖息地 $H_{\text{far}}$,并按式(9.28)执行全局迁移操作。

　步骤 5.2　评估迁移后 $H$ 的适应度,如果优于原解,则替换种群中的原解。

　步骤 5.3　否则,对解的每一维以 $\pi_H$ 为概率执行变异操作。

步骤 6　更新当前最优解,按式(4.3)对 $\eta$ 值进行更新;对 RFN 仍更新 $w_T$ 和 $w_C$。

步骤 7　如果没有搜索到新的最优解,则重置局部拓扑。

步骤 8　如果终止条件未满足,转步骤 3。

步骤 9　将最优解中的各项权值和阈值赋给模糊-神经网络,即得到训练好的网络。

### 9.4.3　算法性能实验

下面针对 RFN 子网和 HNFN 主网来测试算法性能。样本集分别来源于 6 个地区的人群分类数据,其分布区域、人群密度以及用于主网和子网的样本数如表 9-7 所示。

表 9-7　RFN 子网和 HNFN 主网的六组样本集

| 测试实例 | 样本数(主网) | 样本数(子网) | 分布区域/千米 | 人群密度/$(1/千米^2)$ |
|:---:|:---:|:---:|:---:|:---:|
| #1 | 68 | 68 | [300,500] | $\geqslant 1000$ |
| #2 | 909 | 960 | [250,500] | [300,1000] |
| #3 | 666 | 716 | [200,300] | [300,1000] |
| #4 | 350 | 358 | [100,200] | [500,1000] |
| #5 | 305 | 312 | [100,200] | [200,500] |
| #6 | 787 | 816 | [0,100] | [500,1000] |

　　为进行比较,还分别应用以下三种启发式算法来进行混合模糊-神经网络训练。

　　(1)综合学习粒子群优化(CLPSO)算法[18],每个粒子都可以向其他任何粒子的最优位置进行学习。

　　(2)多子群粒子群优化(MSPSO)算法[19],粒子被聚集成多个子群,每个子群中的粒子均被其子群中的领袖所吸引。

　　(3)自适应差分变异(SaDE)算法[20],搜索过程中采用试错法动态地在四种DE变异操作中进行选取。

　　各算法的种群大小均设为50,最大适应度评估次数(NFEs)设为150000,并使用相同的编码方式和适应度函数,其中权重间隔 $\Delta w = 0.005$,聚类阈值 $\varepsilon = 0.045n$。

　　在对比实验之前,从样本集中选取60个样本(每组10个)用来调整算法的关键参数值,确定的参数设置如下。

　　(1)对于CLPSO算法,刷新间隔 $m=5$,学习系数 $c=1.453$。

　　(2)对于MSPSO算法,速度控制参数 $\chi=0.76$。

　　(3)对于SaDE算法,学习期 $L_P=35$。

　　(4)对于EBO算法,平均邻域大小 $K=2.5$,$\sigma_a=0.22$。

　　算法的其他控制参数分别根据其文献中的建议值进行设置。

　　实验采用五倍交叉验证的方式,即将样本集平均划分为五部分,每次选取一部分作为测试集,其余部分作为训练集。在每次交叉验证时,各算法均随机独立运行30次,这样总的分类准确率是根据150次运行结果的平均值得到。

　　对于RFN子网,根据样本集确定 $n=9,L=5,R$ 的值由模糊C均值聚类方法[21]确定。表9-8给出了各算法在六组RFN测试集上的分类正确率。

**表9-8　各算法训练RFN子网的分类正确率(%)**

| 测试实例 | RFN-CLPSO | RFN-MSPSO | RFN-SaDE | RFN-EBO |
|---|---|---|---|---|
| #1 | 76.47+ | 76.47+ | 77.94+ | **80.88** |
| #2 | 68.75+ | 68.33+ | 70.00+ | **71.46** |
| #3 | 74.72+ | 72.35+ | 75.28 | **75.56** |
| #4 | 79.05 | 77.65+ | 78.89 | **81.01** |
| #5 | 76.28+ | 75.64+ | 76.60+ | **80.45** |
| #6 | 59.07+ | 56.37+ | 63.24+ | **68.75** |
| 合计 | 69.66+ | 68.11+ | 71.36+ | **73.81** |

　　从实验结果中可以看到,在四种比较算法中,EBO算法在6个样本集上均表

现出了最佳的性能,其总的平均正确率分别比 CLPSO 算法、MSPSO 算法和 SaDE 算法高约 6%、8.36%、3.43%。EBO 算法在前五组数据上的正确率均超过 70%,其中在♯1、♯4 和♯5 上的正确率接近或超过 80%,仅在最为复杂的组别♯6 上低于 70%。

　　另外还对 EBO 算法和其他三种算法的结果进行了配对 $t$ 统计检验,并以上标"+"表示 EBO 的结果显著优于对应的比较算法(置信度为 95%)。可以看到,EBO 算法的结果仅在组♯4 上与 CLPSO 算法无显著区别,在组♯3 和♯4 上与 SaDE 算法无显著差异,而在其余情况下均显著优于其他算法。

　　图 9-8 绘制了上述算法在训练子网时的收敛曲线。从图中可见,各算法在起初的 15000~20000NFEs 过程中均表现出了快速的收敛速度。然而,CLPSO 和 MSPSO 算法在 RMSE 值分别为 0.039 和 0.055 左右时均陷入了局部最小;SaDE 算法的收敛速度在进化初期时比 EBO 算法稍快,但在后期变得较慢。相比而言,EBO 算法能有效跳出局部最优并继续在搜索空间中进行探索,最终在约 35000NFEs 时达到 RMSE 的最小值 0.027。这一结果表明,EBO 算法良好地平衡了探索能力和开发能力,从而有效地避免了过早收敛。

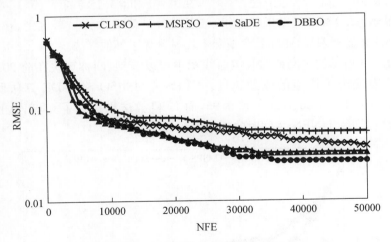

图 9-8　四种算法在训练 RFN 子网过程中的收敛曲线

　　针对 HNFN 的主网同样使用上述四种算法来进行训练实验。类似地,先选取 60 个样本用来调整算法的关键参数值,确定的参数如下。

　　(1)对于 CLPSO 算法,刷新间隔 $m=6$,学习系数 $c=1.48$。

　　(2)对于 MSPSO 算法,速度控制参数 $\chi=0.76$。

　　(3)对于 SaDE 算法,学习期 $L_P=38$。

　　(4)对于 EBO 算法,$K=2.7$,$\sigma_\alpha=0.26$。

表 9-9 给出了各种算法在六组 RFN 测试集上的分类正确率。类似地,上标 "⁺"表示 EBO 算法的结果显著优于对应的比较算法(置信度为 95%)。

**表 9-9　各算法训练 HNFN 主网的分类正确率(%)**

| 测试实例 | RFN-CLPSO | RFN-MSPSO | RFN-SaDE | RFN-EBO |
|---|---|---|---|---|
| ♯1 | 66.18⁺ | 67.65⁺ | 70.59⁺ | **75.00** |
| ♯2 | 63.81⁺ | 62.38⁺ | 63.59⁺ | **70.19** |
| ♯3 | 70.72⁺ | 68.77⁺ | 72.82 | **73.12** |
| ♯4 | 72.86⁺ | 70.86⁺ | 73.71⁺ | **76.00** |
| ♯5 | 68.52 | 66.56⁺ | 68.20⁺ | **69.18** |
| ♯6 | 53.75⁺ | 50.70⁺ | 54.38⁺ | **65.82** |
| 合计 | 64.28⁺ | 62.20⁺ | 64.99⁺ | **70.37** |

从结果中可以看到,EBO 算法在 6 个样本集上均表现出了最佳的性能,其总的正确率达到 70.37%,而其他三种算法的总正确率均小于 65%。在前五组数据上 EBO 算法的正确率接近或超过 70%,在组 ♯1 和 ♯4 上均高于 75%。统计检验的结果显示 EBO 算法的结果仅在组 ♯3 上与 SaDE 算法无显著区别、在组 ♯5 上与 CLPSO 无显著差异,而在其余情况下均显著优于其他算法。

从图 9-9 所示的主网训练收敛曲线图中可以看到,四种算法在前 20000NFEs 的阶段均表现出了快速的收敛速度。CLPSO、MSPSO 和 SaDE 算法所达到的 RMSE 值分别为 0.056、0.063 和 0.05,而 EBO 算法则达到了 0.03,这也说明了 EBO 算法在训练 HNFN 主网时的有效性。

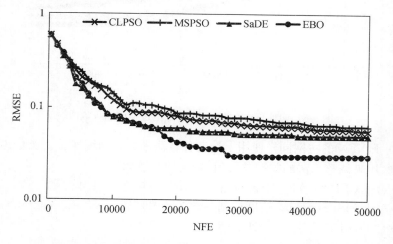

图 9-9　四种算法在训练 HNFN 主网过程中的收敛曲线

# 9.5　小　　结

本章介绍了 BBO 及其改进算法在神经网络训练中的应用。其最大特点在于，每个解的估值一般都要通过网络对一组训练集的训练来完成，也就是说，解的适应度函数估值复杂度很高，这对算法的性能提出了很高的要求。实验结果表明，基于 BBO 的算法在训练这些神经网络中表现出了很好的性能。

## 参 考 文 献

[1] McCulloch W S, Pitts W. A logical calculus of the ideas immanent in nervous activity[J]. The Bulletin of Mathematical Biophysics, 1943, 5(4)：115-133.

[2] Hopfield J J. Neural networks and physical systems with emergent collective computational abilities[J]. Proceedings of the National Academy of Sciences, 1982, 79(8)：2554-2558.

[3] Hopfield, J J. Neurons with graded response have collective computational properties like those of two-state neurons[J]. Proceedings of the National Academy of Sciences, 1982, 81(10)：3088-3092.

[4] Lee H, Grosse R, Ranganath R, et al. Convolutional deep belief networks for scalable unsupervised learning of hierarchical representations[C]. Proceedings of the 26th Annual International Conference on Machine Learning, Montreal, 2009：609-616.

[5] Russell S, Norvig J P. Artificial Intelligence：A Modern Approach[M]. Englewood Cliffs：Prentice Hall, 1995.

[6] Kůková V. Kolmogorov's theorem and multilayer neural networks[J]. Neural Networks, 1992, 5(3)：501-506.

[7] Leung F H F, Lam H K, Ling S H, et al. Tuning of the structure and parameters of a neural network using an improved genetic algorithm[J]. IEEE Transactions on Neural Networks, 2003, 14(1)：79-88.

[8] Zhang J R, Zhang J, Lok T M, et al. A hybrid particle swarm optimization – back-propagation algorithm for feedforward neural network training[J]. Applied Mathematics and Computation, 2007, 185(2)：1026-1037.

[9] Ma H, Simon D. Blended biogeography-based optimization for constrained optimization[J]. Engineering Applications of Artificial Intelligence, 2011, 24(3)：517-525.

[10] Zheng Y J, Ling H F, Wu X B, et al. Localized biogeography-based optimization[J]. Soft Computing, 2014, 18(11)：2323-2334.

[11] Zheng Y J, Ling H F, Xue J Y. Ecogeography-based optimization：enhancing biogeography-based optimization with ecogeographic barriers and differentiations[J]. Computers & Operations Research, 2014, 50(1)：115-127.

[12] Forina M. Using chemical analysis determine the origin of wines[DB/OL]. http：//archive.

ics. uci. edu/ml/datasets/Wine. [2015-01-10].

[13] Negnevitsky M. Artificial Intelligence: A Guide to Intelligent Systems[M]. Harlow: Pearson Education, 2005.

[14] Lin C T. Neural Fuzzy Systems: A Neuro-fuzzy Synergism to Intelligent Systems[M]. Englewood Cliffs: Prentice Hall, 1996.

[15] Zheng Y J, Ling H F, Chen S Y, et al. A hybrid neuro-fuzzy network based on differential biogeography-based optimization for online population classification in earthquakes[J]. IEEE Transactions on Fuzzy Systems, 2015, 23(4): 1070-1083.

[16] Wu G D, Zhu Z W, Huang P H. A TS-type maximizing-discriminability-based recurrent fuzzy network for classification problems[J]. IEEE Transactions on Fuzzy Systems, 2011, 19(2): 339-352.

[17] Juang B H, Katagiri S. Discriminative learning for minimum error classification[J]. IEEE Transactions on Signal Processing, 1992, 40(12): 3043-3054.

[18] Liang J J, Qin A K, Suganthan P N, et al. Comprehensive learning particle swarm optimizer for global optimization of multimodal functions[J]. IEEE Transactions on Evolutionary Computation, 2006, 10(3): 281-295.

[19] Juang C F, Hsiao C M, Hsu C H. Hierarchical cluster-based multispecies particle-swarm optimization for fuzzy-system optimization[J]. IEEE Transactions on Fuzzy Systems, 2010, 18(1): 14-26.

[20] Qin A K, Huang V L, Suganthan P N. Differential evolution algorithm with strategy adaptation for global numerical optimization[J]. IEEE Transactions on Evolutionary Computation, 2009, 13(2): 398-417.

[21] Bezdek J C. Pattern recognition with fuzzy sets[J]. Journal of Mathematical Biology, 1974, 1(1): 57-71.

# 附录　几种主要 BBO 算法的 Matlab 代码

　　下面给出用于连续函数优化的几种 BBO 算法的 Matlab 代码,代码中使用的测试函数可从 CEC 2014 单目标数值优化竞赛网站下载:

http://www.ntu.edu.sg/home/EPNSugan/index_files/CEC2014/CEC2014.htm
用户可根据需要将其中的测试函数替换为其他需要优化的函数。

## 1. 主测试程序 main.m

```
id=1;                              % 函数编号,取 1~30
D=30;                              % 函数维度,一般取 10、30、50 或 100
pop_size=50;                       % 算法的种群规模
nfes=100000;                       % 算法的最大函数估值次数(终止条件)
lowers=ones(D,1.0)*-100;
uppers=ones(D,1.0)*100;            % 搜索空间的上下限,默认取 [-100,100]^D
fhd=str2func('cec14_func');
runs=20;                           % 仿真次数
for i=1:runs
    [optValue, optVec]=BBO(fhd,D,pop_size,nfes,lowers,uppers,id);
                                   % 此处 BBO 可替换为其他算法
    fbest(i)=optValue;             % 每次仿真的求解结果
end
f_mean=mean(fbest);
f_mean % runs 次仿真的平均结果
```

## 2. BBO 算法

```
% BBO.m (Basic biogeography-based optimization)
function [optValue, optVec]=BBO(fhd, D, size, nfes, lowers, uppers, varargin)
    eps=0.00000001;
    pi=0.02;                       % 变异率
    x=Init(fhd, D, size, lowers, uppers, varargin{:});        % 初始化种群
    [minI,maxI]=MinMax(x);  % 找出种群中的最佳解和最差解
    optValue=x(minI,D+1);
    [emg,img,hemg,sum]=Calc(x,x(minI,D+1),x(maxI,D+1),eps); % 计算迁移率
    nfe=0;

    while nfe<nfes                                     % 迭代进化
        for i=1:size
```

```matlab
            u=zeros(1,D,'double');
            c=0;
            for d=1:D
                if (rand()<img(i))
                    nIndex=Select(x,i,sum,emg);% 选择迁出解
                    u(d)=x(nIndex,d);                % 迁移
                    c=1;
                else
                    u(d)=x(i,d);
                end
                if (emg(i)< hemg)                    % 种群后半部分执行变异
                    if (rand()<pi)
                        u(d)=lowers(d)+rand()*(uppers(d)-lowers(d)); % 变异
                        c=1;
                    end
                end
            end
            if c==1
                newValue=feval(fhd,u',varargin{:});
                nfe=nfe+1;
                if newValue<x(i,D+1)
                    x(i,1:D)=u;
                    x(i,D+1)=newValue;
                end
            end
        end
        [minI,maxI]=MinMax(x);
        if  x(minI,D+1)<optValue
            optValue=x(minI,D+1);                    % 更新当前最优解
        end
        [emg,img,hemg,sum]=Calc(x,x(minI,D+1),x(maxI,D+1),eps); % 计算迁移率
    end
    optValue=x(minI,D+1);
    optVec=x(minI,1:D);
end

function [x]=Init(fhd, D, size, lowers, uppers, varargin) % 初始化种群
    x=zeros(size,D+1);
    for i=1:size
        for j=1:D
            x(i,j)=lowers(j)+rand()*(uppers(j)-lowers(j));
        end
```

```matlab
        x(i,D+1)=feval(fhd,x(i,1:D)',varargin{:});
        nfe=nfe+1;
    end
end
function [minI,maxI]=MinMax(pop)                 % 找出种群中的最佳解和最差解
    [m,n]=size(pop);
    minI=1;
    maxI=1;
    bv=pop(1,n);
    wv=bv;
    for i=2:m
        if pop(i,n)<bv
            minI=i;
            bv=pop(i,n);
        elseif pop(i,n)>wv
            maxI=i;
            wv=pop(i,n);
        end
    end
end
function [emg,img,hemg,sum]=Calc(pop, minV, maxV, eps) % 计算迁入率和迁出率
    if ~ exist('eps', 'var')
        eps=0.00000001;
    end
    den=maxV-minV+eps;
    [m,n]=size(pop);
    emg=zeros(1,m);
    img=zeros(1,m);
    sum=0;
    for i=1:m
        emg(i)=(maxV-pop(i,n)+eps)/den;
        img(i)=(pop(i,n)-minV+eps)/den;
        sum=sum+emg(i);                          % 迁出率之和
    end
    hemg=median(emg);                            % 迁出率的中位数
end
function [nIndex]=Select(pop,index,sum,emg) % 根据迁出率选择迁出解(轮盘赌)
    if sum< =0
        nIndex=minI;
        return;
```

```
    end
    [m,n]=size(pop);
    c=0.0;
    sum1=sum-emg(index);
    r=rand()*sum1;
    for i=1:m
        if i==index
            continue;
        end
        c=c+emg(i);
        if r<c
            nIndex=i;
            return;
        end
    end
end
```

### 3. Blended-BBO 算法

```
% BlendedBBO.m (Blended biogeography-based optimization)
function [optValue, optVector]=BlendedBBO(fhd, D, size, nfes, lowers, uppers,
varargin)
    eps=0.00000001;
    pi=0.02;
    x=Init(fhd, D, size, lowers, uppers, varargin{:});
    [minI,maxI]=MinMax(x);
    optValue=x(minI,D+1);
    [emg,img,hemg,sum]=Calc(x,x(minI,D+1),x(maxI,D+1),eps);
    nfe=0;
    while nfe<nfes                          % 迭代进化
        for i=1:size
            u=zeros(1,D,'double');
            c=0;
            for d=1:D
                if (rand()<img(i))
                    nIndex=Select(x,i,sum,emg);        % 选择迁出解
                    alpha=0.5;
                    u(d)=alpha*u(d)+(1-alpha)*x(nIndex,d);   % 迁移
                    c=1;
                else
                    u(d)=x(i,d);
                end
```

```
            if (emg(i)<hemg)                    % 种群后半部分执行变异
                if (rand()<pi)
                    u(d)=lowers(d)+rand()*(uppers(d)-lowers(d)); % 变异
                    c=1;
                end
            end
        end
        if c==1
            newValue=feval(fhd,u',varargin{:});
            nfe=nfe+1;
            if newValue<x(i,D+1)
                x(i,1:D)=u;
                x(i,D+1)=newValue;
            end
        end
    end
    [minI,maxI]=MinMax(x);
    if x(minI,D+1)<optValue                    % 更新当前最优解
        optValue=x(minI,D+1);
    end
    [emg,img,hemg,sum]=Calc(x,x(minI,D+1),x(maxI,D+1),eps); % 计算迁移率
end
optValue=x(minI,D+1);
optVector=x(minI,1:D);
end
% 函数 Init、MinMax、Calc、Select 的代码与 BBO.m 中相同
```

## 4. Local-RingBBO 算法

```
% LocalRingBBO.m (Biogeography-based optimization with local ring topology)
function [optValue, optVec]=LocalRingBBO(fhd, D, size, nfes, lowers, uppers,
varargin)
    eps=0.00000001;
    pi=0.02;
    x=Init(fhd, D, size, lowers, uppers, varargin{:});      % 初始化种群
    [minI,maxI]=MinMax(x);                    % 找出种群中的最佳解和最差解
    optValue=x(minI,(D)+1);
    [emg,img,hemg,sum]=Calc(x,x(minI,D+1),x(maxI,D+1),eps);  % 计算迁移率
    nfe=0;
    while nfe<nfes                            % 迭代进化
        for i=1:size
            u=zeros(1,D,'double');
```

```
            c=0;
            for d=1:D
                if (rand()<img(i))
                    nIndex=Select(x,i,emg);
                    u(d)=x(nIndex,d);
                    c=1;
                else
                    u(d)=x(i,d);
                end
                if (emg(i)<hemg)
                    if (rand()<pi)
                        u(d)=lowers(d)+rand()*(uppers(d)-lowers(d));
                        c=1;
                    end
                end
            end
            if c==1
                newValue=feval(fhd,u',varargin{:});
                nfe=nfe+1;
                if newValue<x(i,D+1)
                    x(i,1:D)=u;
                    x(i,D+1)=newValue;
                end
            end
        end
        [minI,maxI]=MinMax(x);
        if  x(minI,D+1)<optValue
            optValue=x(minI,D+1);          % 更新当前最优解
        end
        [emg,img,hemg,sum]=Calc(x,x(minI,D+1),x(maxI,D+1),eps); % 计算迁移率
    end
    optValue=x(minI,D+1);
    optVec=x(minI,1:D);
end

function [nIndex]=Select(pop,i,emg)      % 根据迁出率选择邻居迁出解
    [m,n]=size(pop);
    pre=i-1;
    if pre<=0
        pre=m;
    end
    next=i+1;
```

```
    if next>m
        next=1;
    end
    if rand()<emg(pre)/(emg(pre)+emg(next));
        nIndex=pre;
    else
        nIndex=next;
    end
end
% 函数 Init、MinMax、Calc 的代码与 BBO.m 中的相同
```

## 5. Local-RandBBO 算法

```
% LocalRandBBO.m (Biogeography-based optimization with local random topology)
function [optValue, optVec]=LocalRandBBO(fhd, D, size, nfes, lowers, uppers,
varargin)
    eps=0.00000001;
    pi=0.02;
    x=Init(fhd, D, size, lowers, uppers, varargin{:});          % 初始化种群
    [minI,maxI]=MinMax(x);         % 找出种群中的最佳解和最差解
    optValue=x(minI,(D)+1);
    [emg,img,hemg,sum]=Calc(x,x(minI,D+1),x(maxI,D+1),eps);       % 计算迁移率
    top=RandTop(size,3);           % 初始化邻域结构
    nfe=0;
    while nfe<nfes                 % 迭代进化
        for i=1:size
            u=zeros(1,D,'double');
            c=0;
            [nbs,sum1]=GetNeighbors(x,i,top,emg);
            for d=1:D
                if (rand()<img(i))
                    nIndex=SelectNeighbor(nbs,sum1,emg);
                    u(d)=x(nIndex,d);
                    c=1;
                else
                    u(d)=x(i,d);
                end
                if (emg(i)<hemg)
                    if (rand()<pi)
                        u(d)=lowers(d)+rand()*(uppers(d)-lowers(d));
                        c=1;
                    end
```

```
                    end
                end
            if c==1
                newValue=feval(fhd,u',varargin{:});
                nfe=nfe+1;
                if newValue<x(i,D+1)
                    x(i,1:D)=u;
                    x(i,D+1)=newValue;
                end
            end
        end
        [minI,maxI]=MinMax(x);
        if  x(minI,D+1)<optValue
            optValue=x(minI,D+1);          % 更新当前最优解
        else
            top=RandTop(size,3);           % 重置邻域结构
        end
        [emg,img,hemg,sum]=Calc(x,x(minI,D+1),x(maxI,D+1),eps); % 计算迁移率
    end
    optValue=x(minI,D+1);
    optVec=x(minI,1:D);
end

function [nbs,sum]=GetNeighbors(pop,index,top,emg)        % 获取邻居解集
    [m,n]=size(pop);
    j=1;
    nbs=[];
    sum=0;
    for i=1:m
        if top(index,i)==1 && i~=index
            nbs(j)=i;
            sum=sum+emg(i);
            j=j+1;
        end
    end
end

function [nIndex]=SelectNeighbor(nbs,sum,emg)        % 从邻居中选取迁出解
    if sum==0
        nIndex=nbs(1);
        return;
    end
```

```
    c=0.0;
    r=rand()*sum;
    len=length(nbs);
    for i=1:len
        c=c+emg(nbs(i));
        if r<c
            nIndex=nbs(i);
            return;
        end
    end
end

function [top]=RandTop(size,k)                   % 设置邻域结构
    prob=1.0-power(1.0-1.0/size, k);
    top=zeros(size,size);
    for i=1:size
        iso=1;
        for j=1:size
            if i~=j && rand()<prob
                top(i,j)=1;
                top(j,i)=1;
                iso=0;
            end
        end
        if iso==1
            j=unidrnd(size); % 每个个体至少有一个邻居
            while (i==j)
                j=unidrnd(size);
            end
            top(i,j)=1;
            top(j,i)=1;
        end
    end
end
% 函数 Init、MinMax、Calc 的代码与 BBO.m 中的相同
```

## 6. Local-DE/BBO 算法

```
% LocalRingDEBBO.m (DE/BBO with local ring topology)
function [optValue, optVec]=LocalRingDEBBO(fhd, D, size, nfes, lowers, uppers,
varargin)
    eps=0.00000001;
    F=0.5;                        % 差分系数
```

```
cr=0.9;                              % 交叉率
x=Init(fhd, D, size, lowers, uppers, varargin{:});           % 初始化种群
[minI,maxI]=MinMax(x);    % 找出种群中的最佳解和最差解
optValue=x(minI,(D)+1);
[emg,img,hemg,sum]=Calc(x,x(minI,D+1),x(maxI,D+1),eps);      % 计算迁移率
nfe=0;
while nfe<nfes                % 迭代进化
    for i=1:size
        u=zeros(1,D,'double');
        [r1,r2,r3]=GetRandIndexDiff(size,i);
        j=randi(D);
        c=0;
        for d=1:D
            r=rand();
            if r<img(i)
                c=1;
                if (rand()<cr|| j==d)            % 差分变异操作
                    u(d)=x(r1,d)+F*(x(r2,d)-x(r3,d));
                    if (u(d)<lowers(d)||u(d)>uppers(d))
                        u(d)=lowers(d)+rand()*(uppers(d)-lowers(d));
                    end
                else                             % 基本 BBO 的迁移操作
                    nIndex=Select(x,i,emg);
                    u(d)=x(nIndex,d);
                end
            else
                u(d)=x(i,d);
            end
        end
        if c==1
            newValue=feval(fhd,u',varargin{:});
            nfe=nfe+1;
            if newValue<x(i,D+1)
                x(i,1:D)=u;
                x(i,D+1)=newValue;
            end
        end
    end
    [minI,maxI]=MinMax(x);
    if  x(minI,D+1)<optValue
        optValue=x(minI,D+1);                    % 更新当前最优解
```

```
        end
        [emg,img,hemg,sum]=Calc(x,x(minI,D+1),x(maxI,D+1),eps); % 计算迁移率
    end
    optValue=x(minI,D+1);
    optVec=x(minI,1:D);
end
function [r1,r2,r3]=  GetRandIndexDiff(m,i)      % 找出 3 个不同的下标
    r1=unidrnd(m);
    while r1==i
        r1=unidrnd(m);
    end
    r2=unidrnd(m);
    while r2==i || r2==r1
        r2=unidrnd(m);
    end
    r3=unidrnd(m);
    while r3==i || r3==r2 || r3==r1
        r3=unidrnd(m);
    end
end
% 函数 Init、MinMax、Calc、Select 的代码与 LocalRingBBO.m 中的相同
```

## 7. Local-RandDE/BBO 算法

```
% LocalRandDEBBO.m (DE/BBO with local random topology)
% Biogeography-based optimization with local random topology
function [optValue, optVec]=LocalRandDEBBO(fhd, D, size, nfes, lowers, uppers,
varargin)
    eps=0.00000001;
    F=0.5;                  % 差分系数
    cr=0.9;                 % 交叉率
    x=Init(fhd, D, size, lowers, uppers, varargin{:});          % 初始化种群
    [minI,maxI]=MinMax(x);    % 找出种群中的最佳解和最差解
    optValue=x(minI,(D)+1);
    [emg,img,hemg,sum]=Calc(x,x(minI,D+1),x(maxI,D+1),eps);     % 计算迁移率
    top=RandTop(size,3);      % 初始化邻域结构
    nfe=0;
    while nfe<nfes             % 迭代进化
        for i=1:size
            u=zeros(1,D,'double');
            [r1,r2,r3]=GetRandIndexDiff(size,i);
            j=randi(D);
```

```
            c=0;
            [nbs,sum1]=GetNeighbors(x,i,top,emg);
            for d=1:D
                if (rand()<img(i))
                    c=1;
                    if(rand()<cr||j==d)          % 差分变异操作
                        u(d)=x(r1,d)+F*(x(r2,d)-x(r3,d));
                        if (u(d)<lowers(d)||u(d)>uppers(d))
                            u(d)=lowers(d)+rand()*(uppers(d)-lowers(d));
                        end
                    else                          % 基本 BBO 的迁移操作
                        nIndex=SelectNeighbor(nbs,sum1,emg);
                        u(d)=x(nIndex,d);
                    end
                else
                    u(d)=x(i,d);
                end
            end
            if c==1
                newValue=feval(fhd,u',varargin{:});
                nfe=nfe+1;
                if newValue<x(i,D+1)
                    x(i,1:D)=u;
                    x(i,D+1)=newValue;
                end
            end
        end
        [minI,maxI]=MinMax(x);
        if  x(minI,D+1)<optValue
            optValue=x(minI,D+1);              % 更新当前最优解
        else
            top=RandTop(size,3);               % 重置邻域结构
        end
        [emg,img,hemg,sum]=Calc(x,x(minI,D+1),x(maxI,D+1),eps); % 计算迁移率
    end
    optValue=x(minI,D+1);
    optVec=x(minI,1:D);
end
```

% 函数 Init、MinMax、Calc、GetNeighbors、SelectNeighbor、RandTop 的代码与 Local-RandBBO.m 中的相同

% 函数 GetRandIndexDiff 的代码与 LocalRingDEBBO.m 中的相同

## 8. EBO 算法

```
% EBO.m (Ecogeography-based optimization)
function [optValue, optVec]=EBO(fhd, D, size, nfes, lowers, uppers, varargin)
    eps=0.00000001;
    eta=0.7;                                        % 不成熟度系数
    x=Init(fhd, D, size, lowers, uppers, varargin{:});       % 初始化种群
    [minI,maxI]=MinMax(x);                          % 找出种群中的最佳解和最差解
    optValue=x(minI,(D)+1);
    [emg,img,hemg,sum]=Calc(x,x(minI,D+1),x(maxI,D+1),eps); % 计算迁移率
    top=RandTop(size,3);
    nfe=0;
    nimp=0;
    while nfe<nfes
        for i=1:size
            u=zeros(1,D,'double');
            [nbs,sum1]=GetNeighbors(x,i,top,emg);
            j=unidrnd(D);
            for d=1:D
                if (rand()<img(i) || j==d)
                    nIndex=SelectNeighbor(nbs,sum1,emg);
                    if rand()< eta
                        fIndex=SelectFar(x,i,nIndex);
                        if x(nIndex,D+1)< x(fIndex,D+1)
                            u(d)=x(nIndex,d)+rand()*(x(fIndex,d)-x(i,d));
                        else
                            u(d)=x(fIndex,d)+rand()*(x(nIndex,d)-x(i,d));
                        end
                        if (u(d)<lowers(d) || u(d)>uppers(d))
                            u(d)=lowers(d)+rand()*(uppers(d)-lowers(d));
                        end
                    else
                        u(d)=x(i,d)+rand()*(x(nIndex,d)-x(i,d));
                    end
                else
                    u(d)=x(i,d);
                end
            end
            newValue=feval(fhd,u',varargin{:});
            nfe=nfe+1;
            if newValue<x(i,D+1)
```

```
                x(i,1:D)=u;
                x(i,D+1)=newValue;
            end
        end
        [minI,maxI]=MinMax(x);
        if   x(minI,D+1)<optValue
            optValue=x(minI,D+1);
            nimp=0;
        else
            nimp=nimp+1;
            if (nimp>=3)
                top=RandTop(size,3);
                nimp=0;
            end
        end
        [emg,img]=Calc(x,x(minI,D+1),x(maxI,D+1),eps);
        eta=0.7-nfe*0.3/nfes;
    end
    optValue=x(minI,D+1);
    optVec=x(minI,1:D);
end

function [fIndex]=SelectFar(pop,index,nIndex)     % 从非邻居中选取迁出解
    [m,n]=size(pop);
    i=unidrnd(m);
    while i==index || i==nIndex
        i=unidrnd(m);
    end
    j=unidrnd(m);
    while j==index || j==nIndex || j==i
        j=unidrnd(m);
    end
    if pop(i,n)<pop(j,n)
        fIndex=i;
    else
        fIndex=j;
    end
end
```

% 函数 Init、MinMax、Calc、GetNeighbors、SelectNeighbor、RandTop 的代码与 Local-RandBBO.m 中的相同